1 MONTH OF
FREE
READING

at

www.ForgottenBooks.com

By purchasing this book you are eligible for one month membership to ForgottenBooks.com, giving you unlimited access to our entire collection of over 1,000,000 titles via our web site and mobile apps.

To claim your free month visit:

www.forgottenbooks.com/free997252

ISBN 978-0-260-98284-1
PIBN 10997252

KUOPIO,

O. W. BACKMANS DRUCKEREI, 1894.

Lindén, John, Beiträge zur Kenntniss des westlichen Theiles des russischen Lapplands. Mit einer Karte und einer Tafel. (Aus: Fennia 9, n:o 6. (S. 1—24; 1894).

Ramsay, W. und **Hackman, V.,** Das Nephelinsyenitgebiet auf der Halbinsel Kola. I. Mit XX Karten und Tafeln. (Aus: Fennia 11, n:o 2. S. 1—225; 1894).

Beiträge zur Kenntniss des westlichen Theiles des russischen Lapplands.

Von

John Lindén.

Mit einer Karte.

(Vorgelegt am 29 Mai 1893.)

Die Kenntniss, die wir von den Naturverhältnissen und der Geographie der Halbinsel Kola besitzen, kann gegenwärtig, wenigstens was gewisse Theile betrifft, als ziemlich befriedigend angesehen werden. Die Ursache dazu müssen wir vor allem in der trefflich ausgerüsteten finnischen Kola-Expedition vom Jahre 1887 suchen.[1] Sowohl durch die damals angestellten Beobachtungen als durch die wiederholten Forschungsreisen in dieselben Gegenden, zu denen diese Expedition Veranlassung gegeben hat,[2] ist die Kenntniss dieses Gebietes in hohem Grade erweitert worden.

Dasselbe kann nicht von den Gegenden des russischen Lapplands gesagt werden, die sich westlich von der eigentlichen Halbinsel Kola befinden. Von dem grossen Gebiet zwischen Inari und Imandra weiss man nur wenig.

Als Stipendiat der Gesellschaft *Societas pro Fauna et Flora Fennica* unternahm ich im Sommer 1891 eine Reise in diese Theile des russischen Lapplands. Die Gegend um den Nuotjaur, den langen schmalen See NW von der Imandra und SW von der Stadt

---

[1] Vergl. A. O. Kihlman und J. A. Palmén: Die Expedition nach der Halbinsel Kola im Jahre 1887 (Fennia 3, N:o 5; 1890).

[2] Vergl. Wissenschaftliche Ergebnisse der Finnischen Expeditionen nach der Halbinsel Kola in den Jahren 1887—1892. Helsingfors 1890—1892. (Sep. Abdr.).

Kola war vor allem bei der Untersuchung in's Auge gefasst. Von den Naturverhältnissen dieses Gebietes weiss man kaum etwas Sicheres. Böhtlingk und Schrenk sind allerdings schon im Jahre 1839 den Nuotjok entlang zum Nuotjaur, und von dort nach Kola gefahren und haben also dieses Gebiet besucht. Sie haben aber von dieser Reise nichts publicirt, was die in Frage stehenden Gegenden berühren könnte. *Jakob Fellman*, der fleissige Botaniker und Propst in Utsjoki, hatte noch früher diese Gegenden bereist, aber seine Aufschlüsse von dort beschränkten sich auf die Angabe des Standortes einzelner Pflanzen. Die längste Zeit haben sich am Nuotjaur zwei neulich verstorbene Finnen *R. Enwald* und *H. Hollmén* aufgehalten, welche im Jahre 1883 während eines Monats am südlichen Ende dieses Sees ihr Lager aufgeschlagen hatten. Ein kurzer, meist Funde von Insecten betreffender Reisebericht von Enwald ist gleichwohl alles, was ich von dieser Reise mitgetheilt gefunden habe.

Obwohl meine Hauptaufgabe in der Untersuchung der Vegetation und der Flora dieses Gebietes bestand, bin ich dennoch im Stande, einige Beobachtungen von allgemeinerem geographischem Interesse mitzutheilen. Da ich bei der Reise den Nuotjok hinab einsah, wie wenig die von dem russischen Generalstab entworfene Karte über dieses Gebiet mit den faktischen Verhältnissen übereinstimmte, entschloss ich mich schon damals, so weit möglich, diesen Fluss zu skizziren. Von seinem mittleren Lauf an glückte dieses mir auch, da die Stromschnellen nicht mehr so dicht auf einander folgten. Bei der Rückreise den Nuotjok hinauf zeichnete ich auf dieselbe Weise den oberen Lauf des genannten Flusses bis zur Mündung des Sotajoki auf. Mittelst eines kleinen Diopter Compasses bestimmte ich den südlichen Theil des Nuotjaur und habe auf beifolgender Kartenskizze die gemachten Beobachtungen zusammengestellt. Auf derselben Skizze habe ich auch den unteren Lauf des Nuotjok bis Paatesvaara (Podusoivi) aufgenommen, damit der Leser darnach urtheilen möge, wie verschieden der wirkliche Lauf des Nuotjok von demjenigen ist, der auf den Karten des Generalstabes aufgezeichnet ist. Da der ganze Nuotjok nur mit Hülfe des Compasses ohne

⌐irekte Messungen aufgezeichnet ist, kann er auf keine andere Bezeichnung Anspruch machen als auf die einer in ihren Einzelheiten richtigen Skizze. Darum habe ich von demselben auch nur einige Theile mitgetheilt, wie den unteren Lauf des Flusses auf der oben erwähnten Kartenskizze vom südlichen Ende des Nuotjaurs nebst umgebenden Gebirgsgegenden, und den mittleren Lauf desselben, um die reiche Bildung alluvialer Inseln zu zeigen. Was die Aufzeichnung der Hauptkartenskizze betrifft, hatte ich zwei Basislinien gemessen. Die eine, 3.4 km lang, auf der ziemlich ebenen Hochfläche zwischen Viertsoivi und Siulutaldi. Die zweite, 1 km lang, war auf dem Peuranpää. Da ich mich meistens in den Gegenden am südlichen Ende des Nuotjaurs aufhielt, ist der übrige Theil des Sees auf dieselbe Weise aufgezeichnet wie der Nuotjok, ohne Messungen und mit nur punktirten Umrissen. Longitud- oder Latitudbestimmungen konnte ich nicht vornehmen. Um die Lage des untersuchten Gebietes ungefähr anzugeben, habe ich auf meiner Karte das Gradnetz der Karte des Russischen Generalstabs eingestellt.

Beinah täglich stellte ich regelmässige meteorologische Beobachtungen an. Durch Vergleiche mit gleichzeitig von den Herren *Petrelius* und *Ramsay* am Imandra-See angestellten Barometerbeobachtungen habe ich mit relativ grosser Sicherheit die Höhe des Nuotjaurs über dem Meer bestimmen können. Dadurch haben wiederum die von mir gemachten Höhenmessungen in dem Gebirge an Zuverlässigkeit gewonnen.

Erst will ich in Kürze den Verlauf meiner Reise zum Nuotjaur referiren.

Ich wählte denselben Weg, den Böhtlingk und Schrenk benutzt hatten, um zum Nuotjaur zu kommen, d. h. ich fuhr aus Uleåborg und Kemi per Post nach Kemijärvi. Von dort setzte ich die Reise zu Boot den Kemi hinauf bis zu dessen Quellen fort. Vier Meilen nördlich von Martti, dem letzten Dorf am Kemijoki, bog ich in den kleinen Vouhtujoki ein, um auf diesem Wege zum Sotataival zu kommen, der Wasserscheide zwischen genanutem Fluss und dem Sotajoki, der sich in den Nuotjok ergiesst, und dessen Wasser also schliesslich in's Eismeer strömt. Dieses ist der gewöhnliche Weg, der jeden Herbst von Fischern aus den finnischen Dörfern Martti, Kuosku und Nousu benutzt wird, wenn sie sich zum Forellenfang zum Nuotjok begeben. Dieser Weg ist jedoch keineswegs sehr bequem. Die kleinen Bäche Vouhtu- und Sotajoki entspringen je zu einer Seite des Sotataival und fliessen in unaufhörlichen Krümmungen durch niedrig gelegenen Waldboden, viele Kilometer weit sich erstreckende Versumpfungen, Mooren u. s. w. Sie sind allerdings in ihrem unteren Lauf ziemlich fahrbar; höher hinauf aber versperren dichte Weidengebüsche stellenweise ganz und gar das sonst auch schmale Strombett, so dass man bei einer Bootfahrt auf diesen Bächen, besonders stromaufwärts, grosse Schwierigkeiten zu überwinden hat. Ein tüchtiges Tagewerk erforderte auch das Schleppen des Bootes und der Bagage über den 3.6 km breiten Sotataival, einem niedrigen, ziemlich ebenen, kieferbewachsenen, mit Flechten bedeckten Haideland, in welchem einander parallel laufende Versumpfungen auftraten. Um ihre Böte nicht dieses lange Stück Weges über Land schleppen zu brauchen, haben die finnischen Fischer sowohl an den Quellen des Vouhtujoki als auch an denen des Sotajoki Böte liegen.

Die Fahrt den reissenden, an Stromschnellen ganz besonders reichen Nuotjok hinab ging sehr rasch. In seinem obersten Lauf fliesst der Nuotjok durch ein niedrig gelegenes, von spärlichen Fichten- und Birkenwäldern und weiten Morästen bedecktes Gebiet, in dessen Oede die in einiger Entfernung vom Flusse befindlichen, mit Kiefern bewachsenen Bergrücken mit ihren zum grossen Theil aus alten verdorrten Föhren bestehenden Bäumen dem Auge nur wenig Abwechselung bieten. In der Nähe der russischen Grenze zeigen die Ufer einen ganz anderen Anblick. Der Fluss war zu einem schmalen Strombett zusammengepresst, den meilenlange, beinahe in einer Fortsetzung auftretende Stromschnellen charakterisirten. Zu beiden Seiten erhoben sich steil abfallende Uferabhänge bis zu einer Höhe von 100—130 m. Diese waren stellenweise beinahe nackt, mit Massen von scharfeckigen Steinen

und Blöcken bedeckt, oder auch, dieses besonders am nördlichen
Ufer, mit Kiefer- und Fichtenwäldern bewachsen. Diese Gegenden
gehörten zu den eigenthümlichsten des durchreisten Gebietes und
haben schon früher die Aufmerksamkeit Reisender auf sich gezogen. *Tigerstedt* ist nämlich schon im Jahr 1880 den Nuotjok hinab
bis zur Grenze gefahren, und er hat in einem Aufsatz von diesen
Ufern, die jedoch erst auf der russischen Seite der Grenze in all
ihrer öden Wildheit auftreten, eine Schilderung gegeben. [1]

Den untersten Lauf des Nuotjok charakterisiren eine Menge
alluvialer Inseln, die in dem breiter gewordenen Flusse auftreten
(Siehe Karte 2). Sie haben sich ganz und gar aus Sand gebildet
und tragen reichere oder ärmlichere *Salix*-bestände oder andere
Laubholzformationen, üppiger oder dürftiger, je nachdem wie alt
diese Formationen sind. Viele dieser kleinen, aus dem Flusse
aufsteigenden Inseln haben kaum eine Spur einer beginnenden
Vegetation aufzuweisen. Auf anderen sind Gräser und Kräuter
(Carex aqvatilis, Thalictrum rariflorum) vorherrschend. Auf den
grössten und ältesten Inseln nehmen hübsche Birkenwälder oder
dichte, bis 5 m hohe *Salix*-gebüsche das Terrain vollständig ein.

Sechs Meilen jenseits der Grenze passirten wir das erste und
einzige Gebirge am Nuotjok, nämlich Podusoivi oder Paatesvaara,
welches bei der Reise den Fluss hinab schon einige Mal zum Vorschein gekommen war und unwillkürlich die Aufmerksamkeit an
sich gefesselt hatte. Seine charakteristische röthbraune Farbe gab
Veranlassung, eine ungewöhnlichere Bergart als die am Flusse
gewöhnlichen Granite zu vermuthen. Da der westlichste Gipfel
des Gebirges nicht weiter als 3.5 km vom Flusse entfernt, an dessen nördlichem Ufer liegt, besuchte ich es sowohl auf der Hin-
als Rückreise und fand, dass seine eigenthümliche Farbe durch
den verwitterten Olivinfelsen, der den ungefähr 3 km langen, verhältnissmässig schmalen, stark zerklüfteten Gebirgsrücken bildet,
hervorgerufen wurde. Verwitterte Theile dieser Bergart bilden

---

[1] A. TIGERSTEDT, Beskrifning af de geologiska formationerna i sydöstra
delen af Enare samt nordöstra delen af Sodankylä socknar. Bergsstyrelsens
årsberättelse 1882. H:fors 1884. pag. 168.

weite Sandfelder auf den Abhängen des Gebirges, wo die im höchsten Grade unterdrückte Vegetation unvermeidlich die Aufmerksamkeit auf sich zieht. Nur einige, aber charakteristische Arten können in diesem Grus gedeihen *(Arenaria ciliata, Sagina nodosa, Asplenium viride).* Der Kamm des Podusoivi ragt etwas über die Baumgrenze hinaus, und der höchste, von mir besuchte Gipfel liegt 375 m über dem Nuotjok und c. 600 m über dem Meere. Auf seinen niedriger gelegenen Abhängen trifft man gewaltige Klüfte von Talkschiefer an. Bis hierher hatten die Wälder und die Abwesenheit höherer Berge jede Orientirung in der Landschaft unmöglich gemacht. Vom Podusoivi bot sich nun eine weite Aussicht über die umliegende Gegend dar. Vor allem wurde der Blick von den Gebirgen, welche sich im Norden und Nordosten gegen den Horizont abhoben, und welche noch (am 3. Juli) stark mit Schnee bedeckt waren, gefesselt. Im Osten waren keine Gebirge zu sehen, nur ein endloser, coupirter Wald. Im Süden zeigte die Landschaft einen noch flacheren Charakter. Im Westen erhoben sich die Gebirge längs dem Luttojoki.

Vom Podusoivi an ist der Nuotjok weniger reissend. Seine Ufer sind durch ausserordentlich fruchtbares Wiesenland charakterisirt, wo das Gras beinahe Manneshöhe erreicht. Die grössten und schönsten Representanten, die an der Bildung dieser grossartigen natürlichen Wiesen theilnehmen, sind *Calamagrostis phragmitoides* und *Baldingera arundinacea.*

Nachdem sich der grosse Jaurijok mit dem Nuotjok vereinigt hat, strömt dieser nunmehr mit einer imponirenden Wassermenge dahin. Die vier Neitokoski Stromschnellen, einige Kilometer unterhalb der Mündung des Jaurjoks erschweren die Passage im Nuotjok und sind unleugbar die gefährlichsten, aber zugleich die grössten und schönsten im ganzen Fluss. Nachdem man sie glücklich passirt hat, fliesst der breite Fluss ziemlich ruhig den 5 Meilen weiten Weg zum Nuotjaur. Die Ufer und die umgebende Landschaft sind von einem ungleich fröhlicheren Aussehen als vorher. Üppige Laubwälder, aus reichlichen Faulbeerbäumen, *Ribes rubrum,* *Rosa cinnamomea* und *Salix* gebildete Gebüschbestände wechseln mit schönem, fettem Wiesenland ab und sind charakterisirend für die Ufer des Nuotjok von hier an bis zu seiner Mündung. Wir näherten uns immer mehr den schneebedeckten Bergen, und als wir am 6 Juli bei den finnischen Colonisten anlangten, die sich vor 10 Jahren an der Flussmündung angesiedelt haben, befanden sich die nächsten Berge in einer Entfernung von ungefähr einer Meile. Von der Ansiedelung war die Aussicht über die hübsche Gebirgslandschaft am südöstlichen Ufer des Nuotjaur ziemlich frei.

Auf der 30 Meilen langen Strecke, die ich aus Martti, dem letzten finnischen Dorf am Kemijoki, bis zu diesen finnischen Ansiedlern zurückgelegt hatte, hatte ich keine anderen Menschen getroffen als eine Lappenfamilie, die an der Mündung des Jaurjok ihren Wohnplatz für den Sommer aufgeschlagen hatte. Mein mitgebrachter Proviant und der grosse Reichthum an Vögeln und besonders Forellen im Fluss machte mich auch ganz unabhängig von den Ansiedlern in diesen Gegenden. Da der eine der Ansiedler, der alte Pekka Ketola aus Kittilä, den Theilnehmern an der Kolaexpedition vom Jahre 1887 wohl bekannt, ein neugebautes, prächtiges kleines Haus zu meiner Disposition zu stellen hatte, gab ich so viel als möglich mein Zeltleben auf und nahm mein Hauptquartier bei ihm. Hier hatte ich während meines ganzen Aufenthalts dort einen grösseren Naudetschen Barometer vom Physikalischen Laboratorium zu Helsingfors stationirt, während ich auf meinen Ausflügen einen guten kleineren Aneroid (Naudet) und einen älteren kleinen Taschenaneroid benutzte. Während meiner längeren Exkursionen wurden Temperatur- und Barometerbeobachtungen von den Ansiedlern notirt, welche ich in dem Ablesen von sowohl Termometer als Barometer instruirt hatte.

Aus der Ansiedlung unternahm ich dann Ausflüge in die umliegende Gegend. Nördlich bis zum Lachsfangort in Tuloma am nördlichen Ende des Nuotjaurs, und östlich bis zur Gebirgsgruppe Wuojim. Westlich kam ich nur bis zum Rahkujoki.

Die Reise den Nuotjok hinab hatte ich nur mit Hülfe des Mannes unternommen, den ich in Kemijärvi für den ganzen Sommer engagirt hatte. Die Rückreise den Nuotjok hinauf trat ich

am 24. August an, jetzt von zwei Ansiedlern als extra Gehülfen
begleitet. Am 29. August waren wir wieder am Sotataival. Am
31. August trennten wir uns an der Mündung des Vouhtujoki von
unseren Begleitern, die zu Fuss zum Nuotjaur zurückwanderten.
Mit meinem Begleiter setzte ich die Reise den Kemijoki hinab fort
und langte am 3. September bei der Kemijärvi Kirche an.

Hohe, meistens waldige Anhöhen und niedrige Bergrücken
und zwischen ihnen Versumpfungen oder von kleinen Flüssen und
Bächen durchzogene Thäler verleihen der Landschaft um den Nuotjaur dasselbe stark coupirte Aussehen, welches das finnische Lappland kennzeichnet. Der Nuotjaur ist ein 64 km langer, sehr schmaler See, der an seiner breitesten Stelle am Luttoselkä nur ungefähr 4 km breit ist. In der Hauptrichtung von SW—NE bildet
der See das Bassin, in welches, ausser einer Menge anderer klei-
nerer Flüsse, die 20—25 Meilen langen, wasserreichen Flüsse Nuotjok und Luttojok aus den verschiedensten Gegenden das Wasser
leiten. Auf dem Profil I sieht man einen Durchschnitt des Nuotjok in der Nähe seiner Mündung bei der Ansiedlung Nivavaara.
Der Fluss ist hier 435 m breit, die grösste Tiefe beträgt 2.85 m.
Der Nuotjaur ist im allgemeinen seicht, wie aus den Profilen II—III
hervorgeht. Die Tiefe der beiden ersten Durchschnitte im südlichen Theil des Sees überschreitet nicht 9.5 m. In Tuotalahti (Profil V) und bei Valasniemi (Profil VI) ist die Tiefe bedeutend grösser — bis auf 22 m. Schmal wie er ist, sieht der Nuotjaur im
Anfang wie eine Erweiterung des Nuotjok aus. Stellenweise, wie
im südlichsten Theil des Sees, in Rippisalmi und in der Nähe von
Ristikenttä, einige km westlich vom nördlichsten Ende des Sees,
ist die Strömung ziemlich stark. Besonders im Frühling und Herbst
ist die Strömung sehr stark auf der seichten, durch eine Mehrzahl
von Inseln ausgezeichneten Stelle, etwas westlich von dem letzten
tieferen Becken (15—20 m) bei Ristikenttä, von wo das Wasser
durch den schäumenden Tulomajoki sich in's Eismeer ergiesst.

Die Inseln im Nuotjaur sind nicht zahlreich und unbedeutend. Am südlichsten Ende des Sees wächst während des Som-

mers *Carex aqvatilis* bis zur Oberfläche des Flusses und bildet grosse Grasinseln. Kleine Sandinseln mit spärlicher Gras- *(Calamagrostis stricta)* und Kräutervegetation *(Sceptrum carolinum)* und Saliceten und Birkenbeständen sieht man nur selten. Noch seltener sind grössere, hochgelegenere, fichtenbewachsene Inseln (wie bei Rajaniemi).

Die Vegetation des Seebodens ist auf seichteren Stellen ziemlich reich *(Subularia, Callitriche autumnalis, Myriophyllum spicatum, Potamogeton rufescens, P. natans, P. gramineus, Spargania,* u. a.). Auf grösseren Tiefen trifft man *Potamogeton prælongus, P. perfoliatus, Batrachium heterophyllum* an.

Die Ufer des Nuotjaurs sind im allgemeinen niedrig gelegen. Fichtenwälder herrschen vor. Auch gemischte Wälder, meistens aus Birken und Fichten bestehend, wurden beobachtet. Nur auf einzelnen, höher gelegenen und trockneren Stellen findet man Kieferbestände. Hier haben gewöhnlich die Lappen ihre Wohnplätze für den Sommer aufgeschlagen. Sandige und steinichte Ufer sind selten. Festes Gestein habe ich nur an wenigen Stellen bemerkt.

Von der 135 m über dem Meer gelegenen Fläche des Nuotjaurs erhebt sich das Terrain allmählich zu ziemlich bedeutenden Höhen. Am westlichen Ufer sind die Anhöhen im Vergleich zu den Gebirgen am südöstlichen Ufer des Sees unbedeutend. Nur einige von ihnen erheben ihre von Flechten graugefärbten runden Häupter über die Baumgrenze, so wie der Ohmoivi und der Oinasvaarri. Eine mehrere km weite Ebene nimmt das Terrain westlich von diesen Anhöhen ein und zeichnet sich durch *Eriophorum*-moräste, Moore und Seen aus, von denen die grössten der Laukku- und der Rahkujaur sind. Diese Seen stehen durch den Kaskimjaur, den Luosluoppal und den Kaskimjok mit dem Nuotjok in Verbindung, welches Seesystem auf den Karten des Generalstabs ganz unrichtig wiedergegeben ist. Auf der westlichen und nördlichen Seite dieses niedrig gelegenen Gebietes erheben sich einzelne niedrigere Berge, von denen man sagt, dass sie eine ziemlich zusammenhängende Reihe längs dem südlichen Ufer des Luttojoki bilden und sich bis zu den wilden Gebirgsgegenden von Saariselkä in Sodankylä-Lappland erstrecken sollen.

Ein ganz anderes Aussehen zeigt das östliche Ufer des Nuotjaur. Der Kahperioivi und der Viertsoivi erheben sich schon we-
nige km vom Seeufer hoch über die Baumgrenze, bis 645, resp.
680 m über den Meeresspiegel. Die Gebirgsreihen Tuatash (ca.
950 m) und Siuluoivi (ca. 800 m), die sich von eben genannten
Bergen, einander ziemlich parallel laufend nach SE erstrecken,
werden durch ein Hochplateau mit einander vereinigt, in dessen
südlichem Theil der höchste Punkt des Gebirgskomplexes, der Siu-
lntaldi, sein schmales, stark zersprengtes Haupt 1032 m über den
Meeresspiegel erhebt. Der hohe und schmale, mit Steinblöcken
bedeckte Gebirgsrücken Siuluoivi-Siulutaldi wird durch einen Ge-
birgssattel mit dem parallel laufenden Rousselkä vereinigt, von
dessen Spitzen die höchste 875 m hoch ist. Die steil abfallenden,
stellenweise vollkommen nackten und ebenen Bergwände des Rousselkä und des Siulutaldi fallen in schmale, von sprudelnden Ge-
birgsbächen durchzogene Thalschluchten ab. In diesen wird das
Wasser von der einen Seite des Gebirgssattels zum Tuotajoki und
Nuotjaur, von der anderen Seite durch den Rousjoki in den Nuotjok geleitet.

Das Thal des Tuotajoki trennt das eben beschriebene Gebirgs-
komplex von dem im SE befindlichen Vuojimgebirge. Von dem
schön gelegenen, von kieferbewachsenem Haideland umgebenen
See Mutkajärvi (ca. 235 m über dem Meere) erhebt sich das Terrain rasch zu einigen niedrigeren laubbekleideten Anhöhen. Diese
sind durch tiefe, fichtenbewachsene Thäler von der eigentlichen
Gebirgsgruppe von Wuojim getrennt, von deren Gipfeln sich die
zwei von mir bestiegenen je 940 und 1000 m über dem Meeresspiegel befinden. Während meines Besuches in diesem Gebirge
war ich von einem, viele Tage hindurch anhaltenden schlechten
Wetter, Nebel, Schnee und Regen verfolgt, so dass ich nicht einmal ein ungefährliches Bild von der ausgedehnten Gebirgsgegend
geben kann, die, wie man sagt, östlich von den von mir bestiegenen Bergen ihren Anfang nimmt. Nicht einmal in den günstig-
sten Augenblicken glückte es mir, die höchsten Gipfel des Wuo-
jims von Nebel befreit zu sehen.

Ich stelle hier die Resultate von den von mir ausgeführten Höhenmessungen zusammen:

	Meter ü. d. Meere
Nivaselkä	360
Der östlichste Gipfel des Ohmoivi	395
Viertsvaara, der Gipfel bei der Mündung des Nuotjok .	335
Viertsoivi, der nordwestlichste Gipfel	565
Viertsoivi, der südlichere höchste Gipfel	680
Der höchste Gipfel der Siuluoivi	775
Siulutaldi	1,030
Der höchste Gipfel des Rousselkä . . . . ·	875
Vuojim, das Untergebirge SE vom Mutkajärvi	545
Vuojim, die Gipfel des Hochgebirges . . . . . 940 u.	1000
Das westlichste Gipfelplateau des Kahperioivi	645
Die drei höchsten, beinah gleich hohen Gipfel des Kahperioivi	765

. Was die geologischen Verhältnisse betrifft habe ich keine Beobachtungen angestellt, und über die petrographischen kann ich nur eine oberflächliche Vertheilung der wichtigsten Bergarten mittheilen. [1] Längs dem Nuotjok sind die Granite vorherrschend. Wo festes Gestein an den Tag tritt, wie am oberen Lauf des Flusses, ist dieses ein grauweisser, feinkörniger, bisweilen gneissartiger Granit. Ein grobkörniger Syenit wurde auf einer Stelle beobachtet, aber am unteren Lauf des Flusses, wie bei Neitokoski, trifft man wieder ähnliche Granite wie am oberen Lauf an. Bei Kaskimajoki bestand das Gestein aus granatreichem oder einem sehr feinkörnigen rothen, granulitartigen Granit. Am Ufer des Nuotjaur, wo der Granitgrund nur an einigen Stellen an den Tag tritt, wurde an einer Stelle Amphibolit beobachtet. Bei Tulomakoski ist das Gestein ein Hornblendegranit.

In den Gebirgen tritt festes Gestein überall an den Tag und ist ein Hornblendesyenit. Der Viertsvaara, der Viertsoivi und die

---

[1] Proben aller weiter unten angeführten Bergarten hat Prof. F. J. Wiik gütigst untersucht.

zahlreichen Gipfel zwischen genannten Gebirgen, der Siuluoivi, der Siulutaldi, der Tuatasch, der Kahperioivi, der Peuranpää, alle auf dem östlichen, und der Ohmoivi auf dem westlichen Ufer des Nuotjaur bestehen beinahe ausschliesslich aus diesem Gestein. Quarzit findet sich im Thal zwischen dem Peuranpää und dem Kahperioivi und am Südabhang des Siuluoivi. Granulit wurde nur am westlichen Abhang des Untergebirges vom Vuojim beobachtet. Ein weisser, granulitartiger Granit wurde zwischen dem Rousselkä und dem Tuotajoki gefunden. Die von mir besuchten Gipfel des Hochgebirges von Vuojim waren von losen, aus einem feinkörnigen rothen, granulitartigen Granit bestehenden Steinen ganz bedeckt. Ähnliche Gesteine wurden im Thal zwischen den Vuojim Gebirgen beobachtet.

Ueber die meteorologischen Verhältnisse kann ich nur was den Sommer 1891 betrifft Auskunft geben. Ich versuchte täglich drei regelmässige Beobachtungen zu bestimmten Zeiten anzustellen. Die Temperatur der Luft, die Stärke und Richtung des Windes, der Stand des Barometers und das Aussehen des Himmelsgewölbes wurde am 7 Uhr Morgens, 1 Uhr Nachmittags und 9 Uhr Abends notirt. Die auf derselben Stelle, in der Ansiedelung von Nivavaara angestellten Beobachtungen scheinen mir von so hohem Interesse zu sein, dass ich sie unten zusammengestellt habe. Ausserdem habe ich die gleichzeitig angestellten Termometer- und Barometerbeobachtungen für die Zeit vom 6 Juli—23 August mitgetheilt.

Aus diesen Beobachtungen geht hervor, dass dem Barometermaximum Mitte Juli eine gleichzeitige warme Zeit entspricht. Diese Periode war durch starke Dürre ausgezeichnet. Vom 3—22 Juli fiel kein Tropfen Regen. Vom 25 Juli wiederum bis zum Ende des Sommers verging kaum ein Tag ohne Regen. Am 26 Juni des Abends und am 23 August, 9 Uhr Abends, war die Temperatur unter 0° oder nur wenig über 0°. Ausser diesen Frostnächten trat in der Nacht zum 13 August ein starker Sommerfrost ein, (Temp. um 9 Uhr Abends $+ 4°.8$ C.) der die Kartoffelstauden auf den Feldern der Ansiedler zerstörte. Nach ihren Aussagen hat während ihres zehnjährigen Aufenthalts hier kein Frost so früh im Sommer ihre Kartoffelfelder verheert. Man sagte mir, dass der erste Herbstfrost gewöhnlich erst ungefähr einen Monat später eintritt.

Aus 150 angestellten Beobachtungen über Stärke und Richtung des Windes geht hervor, dass nördliche und nordöstliche, weniger oft südwestliche Winde vorherrschend waren. Die warme und durch hohen Luftdruck charakterisirte Zeit war durch ruhiges Wetter oder südliche und südwestliche oder östliche Winde ausgezeichnet. Die kalte regnichte, neblige spätere Periode des Sommers war durch stärkere nördliche oder nordöstliche Winde ausgezeichnet. Die Windstärke dieser wurde ein Paar Mal auf 8 nach Beauforts Skala geschätzt.

Während der drei ersten Wochen des Juli war das Himmelsgewölbe beinahe immer klar, im August wiederum war der Himmel mehr oder weniger bewölkt.

Gewitter entluden sich in diesem Sommer nur zwei Mal über den Nuotjaur. Diese Gewitter traten gerade auf der Grenze zwischen der trockenen und der regnichten Periode ein. Am 22 Juli am Tage wurde ein schwaches Donnern im NW vernommen. Stärker war das andere Gewitter am folgenden Tage. Schon früh am Nachmittag vernahm man schwache Donnerschläge im SW. Nach Verlauf einer Stunde wurden die stärksten Schläge beinahe im Zenith im N gehört. Das Gewitter war von Sturzregen und heftigen Windstössen begleitet. Noch 9 Uhr Abends vernahm man ein schwaches Gedonner im W.

Die finnischen Ansiedler representiren hier in doppelter Bemerkung die Cultur. Auf dem sonnigen, warmen Abhang des Nivaselkä haben sie kleine Ackerfelder urbar gemacht, wo Gerste und Kartoffeln wohl gedeihen (68° 22′ N. Br.). Die Rübe wird auch gebaut. Die Gerste setzte am 11 Juli Aehren. Neue Kartoffeln wurden zum ersten Mal am 13 Aug. gegessen, und waren dieselben klein, aber wohlschmeckend. ·

Die *Baumarten* verdienen nähere Aufmerksamkeit. Die *Fichte* ist der vorherrschende Waldbildner und wird in den Flussthälern, auf Höhen- und Gebirgsabhängen ein hübscher, oft 15—18 m ho-

her Baum. Auch die ausgedehnten Sümpfe, welche den Boden
der Thäler zwischen den Gebirgen bedecken, sind mit Fichtenwäldern bewachsen. Noch hoch in die Gebirgsregionen hinauf sieht
man die Fichte paar Quadratmeter grosse kriechende Matten bilden, die durch ihr dunkles Grün scharf gegen die graubraune
Grundfarbe der Tundra abstechen. Auf die Exposition beruhend und
ungleich auf den verschiedenen Gebirge ist die Höhe der Fichtengrenze
über dem Meere. Am südwestlichen Abhang des Kahperioivi befindet sie sich 430 m über dem Meere. In dem, durch eine reiche
Vegetation ausgezeichneten Kesseltbal zwischen dem Viertsoivi-,
dem Siuluoivi- und Rousselkä-gebirge geht sie wie ein dickstam-
miger, 5—6 m hoher Baum mit vielverzweigtem Gipfel viel höher,
bis 580 m. Auf den südlichen Abhängen geht sie immer höher
als auf den nördlichen. Und kriechende Fichtengebüsche werden
noch bedeutend höher, z. B. auf dem südwestlichen Abhang des
Siulutaldi, in einer Höhe von 745 m über dem Meere angetroffen.

Die *Kiefer* nimmt als Waldbildner den zweiten Platz ein.
Sie kann, was die Ausdehnung betrifft, nirgends mit der Fichte
wetteifern, bildet aber gleichwohl, besonders am oberen Lauf des
Nuotjok, auf flechtenbewachsenen Haiden grosse Wälder von grad-
stämmigen Bäumen. Am unteren Lauf des Nuotjok sind grössere
Kieferwälder selten. Am südlichen Ende des Nuotjaur trifft man
grössere Bestände längs den Abhängen des Nivaselkä und des
Ohmoivi und an den Ufern des Rahkujoki an. Am östlichen Ufer
sah ich grössere Kieferbestände zwischen dem Peuranpää und dem
Nuotjaur. Von Viertsvaara wandert man nach Osten bis zu den
Ufern des Tuotajoki, ohne eine einzige Kiefer zu erblicken. Hier
erst sieht man sie auf Mooren. Und auf dem Haideland um den
Mutkajärvi bildet sie hübsche Wälder. Die Kiefer geht nicht so
hoch wie die Fichte. Ein kleiner Kieferschössling wurde am Süd-
westabhang des Kahperioivi in einer Höhe von 435 m angetroffen.
3 m hohe Kiefern sahen wir in Gebirgsspalten nahe dem Gipfel
der Untergebirge von Viertsvaara (330 m) und Vuojim (450 m).
Längs den Ufern des Nuotjaur trifft man die Kiefer hie und da
auf höher gelegenen, trockneren Stellen an. Beinah regelmässig

sind diese Stellen des Sommers von den Lappen zu Wohnplätzen ausersehen worden.

Die *Birke* ist neben der Fichte der gewöhnlichste Waldbildner in den Flussthälern. Gradstämmige, 10—12, bisweilen 14 m hohe Birkenbestände sind für den unteren Lauf des Nuotjoks auszeichnend. Besonders auf den Inseln und auf ebenen, aus Sand gebildeten Strandwällen sind sie am reinsten und hübschesten. Je weiter man sich vom Flussbett entfernt, desto unregelmässiger und knorriger wird die Birke. Die Bestände auf den Gebirgsabhängen, nahe der Baumgrenze sind 3—5 m hoch. Die Bäume sind rundgipfelig und knorrig. Einzelne niedrige Birkengebüsche werden auf ungefähr derselben vertikalen Höhe angetroffen wie die Fichte.

Die *Espe* sieht man hie und da, wie auf den westlichen Abhängen des Viertsvaara und den südlichen des Nivaselkä, kleine Bestände bilden. Auf dieser letzteren Stelle ist die Espe ein 10-sogar bis 16 m hoher gradstämmiger Baum. Kleine Espenschösslinge sahen wir auf dem südwestlichen Abhang des Siulutaldi, 700 m über dem Meer.

Weit allgemeiner als die Espe ist die *Erle (Alnus incana)*, welche charakteristisch für die Fluss- und Bachthäler ist. Sie wird nicht über 7 m hoch und wird in den Gebirgsregionen nicht angetroffen. Den *Vogelbeerbaum* und den *Faulbeerbaum* trifft man an ähnlichen Stellen an, wie die Erle. Der Vogelbeerbaum steigt bis in die Gebirgsregionen hinauf. Eine weit bedeutendere Rolle in der Vegetation als diese letztgenannten Baumarten spielen die massenweise auftretenden *Salix*-arten, die besonders an den Fluss- und Bachufern beinah undurchdringliche Gebüsche bilden. Die wichtigsten Gebüschbildner sind *S. phylicæfolia* und *S. lapponum*, welche, jeder für sich oder zusammen, 3—4 m hohe Bestände bilden, wo beinahe alle Bodenvegetation unterdrückt ist.

Am unteren Lauf des Nuotjoks hat man Gelegenheit, hübsches Wiesenland zu sehen (siehe S. 6). Ähnliche Formationen giebt es an den Ufern bei seiner Mündung. Die Colonisten haben hier rings um sich mehr Wiesenland als sie brauchen. Auf trockneren Wiesen sind *Poa*-arten, *Calamagrostis phragmitoides* u. a. Gräser nebst einer bunten Sammlung Kräuter (u. a. *Trollius, Geranium silvaticum, Thalictrum rariflorum var. boreale, Mulgedium sibiricum, Arenaria lateriflora, Cirsium heterophyllum, Majanthemum, Rubus saxatilis, Veronica longifolia, Equisetum pratense*) vorherrschend. *Carex aqvatilis* nimmt allein grosse Areale an den Seeufern ein und bildet die grossen Grasinseln am südlichsten Ende des Nuotjaur.

Auf der Tundra, die einen grossen Theil des Gebirgsgebietes am südöstlichen Ufer des Nuotjaur einnimmt, bilden nur *Betula nana, Salix lanata* und *S. glauca* kleinere Bestände, die einige Abwechselung in die dürftige Vegetation bringen. Unter charakteristischen Gewächsen in den höchsten Gebirgsregionen mögen genannt werden: *Aspidium lonchitis, Cryptogramme crispa, Carex pedata, C. atrata, C. capitata, Hierochloa alpina, Salix polaris, Alchemilla alpina, Dryas octopetala* und *Arnica alpina*. Rother Schnee (*Sphærella nivalis*) wurde in einer Thalschlucht auf den Abhängen des Kahperioivi, 475 m über dem Meer beobachtet. Das hübsche, für das russische Lappland charakteristische *Castilleja pallida* trifft man hoch im Gebirge an, es wird aber auch, wenn auch selten, im Flussthal des Nuotjok beobachtet.

Die finnischen Colonisten bewohnen zwei gezimmerte Häuser, ganz nahe von einander am nördlichen Ufer des Nuotjok. In der einen Ansiedlung (Ketola) wohnten 8 erwachsene Personen mit einem kleinen Kinde. Der Schwiegersohn des Hofes hatte jedoch schon den Bau einer dritten Ansiedlung begonnen. Die Bewohner der anderen Ansiedlung bestanden aus nur 3 erwachsenen Personen und einem Kinde. Zusammen also 13 Personen. Neben einem unbedeutenden Ackerbau (vergl. S. 13) ist die Viehzucht ihr wichtigster Nahrungszweig. Die Ansiedlung des Pekka Ketola besass 10 milchende Kühe und einige zwanzig Schafe. Das ausgezeichnete Wiesenland um die Ansiedlung macht es den Colonisten möglich, ohne grosse Mühe und grossen Fleiss genug Heu zum Wintervorrath ihres Viehs zusammenzubringen. Rennthiere besitzen sie auch einige zwanzig, meist Ziehrennthiere. Mit grösserem Fleiss

und mehr Sorgfalt könnten ihre Existenzbedingungen sich bedeutend besser gestalten. Der Fischfang z. B. könnte ein wichtiger
Nebenerwerb für sie werden. Diesen Sommer wenigstens liessen
sie sich von den Lappen gegen Austausch von Milch und Butter
vollständig mit Fisch versorgen. Während der Heuernte, die nach
alter Sitte gewöhnlich am »Jaakonpäivä», am 25 Juli, beginnt,
haben sie mehr Arbeit. Diese ihre an Arbeit reichste Zeit dauert
bis zum Ende des Sommers (Ende August). Im Winter ist die
Jagd von Gewicht. Der grosse Reichthum an Vogelwild macht es
ihnen möglich, in jedem Winter für einen Werth von mehreren
Zehnern Rubeln nach Kola meist Auerhühner, aber auch Hasel-
und Schneehühner zu verkaufen. Bisweilen soll auch ein Bär er-
legt werden. Des Winters unternehmen sie Reisen, bisweilen nach
Finland, nach Sodankylä und Kittilä, aber auch nach Wadsö, um
einen lutherischen Prediger zu hören, um sich trauen oder ein
Kind taufen zu lassen. Alle können lesen und schreiben. Durch
die Verhältnisse gezwungen, hatten sie allmählich die Sprache der
Lappen gelernt, die Männer auch etwas russisch.

Die Lappen wohnen in Erd- und Holzhütten (»Kota»), einige
auch in gezimmerten Häusern an den Ufern des Nuotjaur. Rennthiere besitzen sie sämmtlich. Einige von ihnen haben sich soweit
vom alten Brauch emancipirt, dass sie Schafe besitzen, ein Lappe
hatte sogar eine — Kuh. Wenigstens dem Namen nach Acker-
bauer war der Lappe, der bei Kalliosalmi wohnte, denn hier sah ich
kleine Kartoffelfelder. Im Sommer ist der Fischfang (Schnepelfang
im Nuotjaur) ihr Haupterwerbzweig. Zu öfterst in den Nächten
sind sie auf dem See mit ihren Netzen. Während des Tages ruhen sie aus. Ihre beste Nahrungsquelle ist gleichwohl der Lachsfangort in Tuloma, der für alle Lappen, die des Sommers ihr Fi-
schereigebiet im Hirvasjoki, Jaurijoki, Kaskimjaur, Nuotjaur und
Luttojoki haben, gemeinsam ist. Mit gemeinsamen Anstrengungen
wird so zeitig im Frühling wie möglich die »Pata» in dem schäumenden Tulomankoski in Stand gesetzt. Zur Pflege und Obhut
derselben werden Wächter ausersehen, welche den Transport der
Lachse in Böten den Tulomajoki hinab nach Kola zu besorgen

haben. Die für die Fische erhaltene Summe wird gleichmässig unter alle Lappen vertheilt. Leider kommt beinahe alles, auf diese Weise erhaltene Geld in die Taschen der Branntweinhändler in Kola. Ristikenttä und der Lachsfangort am Tuloma werden durch den lebhaften Verkehr, der besonders während gewisser Zeiten des Sommers hier herrscht, rechte Marktplätze, wo man auch das gewöhnliche Leben der Märkte nicht vermisst. Zum Winter siedein alle Lappen an das nördliche Ende des Nuotjaur über. Eine halbe Meile von Ristikenttä entfernt ist das grosse Lappendorf gelegen, und hier befindet sich auch ihr Beerdigungsplatz. Die Lappen haben einen eigenen Prediger, der bei der Kirche in Ristikenttä wohnt. Kleinere Kapellen sah ich am Nuotjaur und beim Lachsfangort am Tuloma.

Nur die Frauen scheinen sich nunmehr noch an eine bestimmte Nationaltracht zu halten. Sie trugen alle hohe rothgefärbte und mit Zierrathen versehene Kopfbedeckungen und rothgeblümte Röcke nebst ärmellosen, weiten Leibchen. Mit den gutmüthigen Menschen ist es leicht zurechtzukommen. Um die Freundschaft zu befestigen, sind nur einige Glas The nothwendig. Alle Männer sprechen russisch. Ich machte auch die Bekanntschaft von zweien, die etwas finnisch sprachen. Sie hatten aber diese Kenntniss theuer erkaufen müssen — sie hatten wegen Rennthierdiebstahl in Uleåborg im Gefängniss gesessen. Es soll nämlich leider nicht ungewöhnlich sein, dass besonders Hirvasjärvi Lappen Streifzüge in das finnische Gebiet unternehmen und finnische Kuolajärvi Rennthiere über die Grenze treiben, um sie dann zu schlachten.

Ich stiess auf mehrere dieser Lappen, die lesen und schreiben können — allerdings nicht ihre Muttersprache, sondern russisch. Die Ursache hierzu muss zum Theil in den Volkschulen mit russischer Unterrichtssprache gesucht werden, die im Winter unter dem aufwachsenden Geschlecht in Thätigkeit sind.

Während der Reise notirte ich folgende

Meteorologische Beobachtungen.

Tag (N. St.) 1891	Ort	Bewöl-kung 0—4	Wind 0—12	Temp. C°	Barom. mm	Bemer-kungen.
VI. 28. 10ʰ p	i. Sotajoki	0	0	—0.7		
» 10ʰ45ᵐ p		1	0	—2.1		
29. 6ʰ a		3	0—1	7		
» 7ʰ a		1	»	7		
» 1ʰ p		2	0	14		
» 9ʰ p		4	0	8.1		◕°
30. 7ʰ a	k	»	1 E	6.5		●
» 1ʰ p		»	1 WSW	9.8		◍ ▲
» 9ˡ p		»	1 ESE	8		10ʰ 30 p 3° C.
VII. 1. 6ʰ a	o	»	0	7.9		
» 7ʰ30ᵐ a		»	0	8		●
» 12ʰ		»	0	10		●°
» 9ʰ p		»	0	7		●
2. 7ʰ a	j	»	2 N	3.7		●✳
» 1ʰ p		»	3 N	9		●
» 9ʰ p		»	1 NNE	5.2		●°
3. 6ʰ a		»	1 N	5		
» 1ʰ p	t	»	3 N	7		
» 3ʰ p		2	3 N	8		
» 9ʰ p		1	1 N	5.3		
4. 8ʰ a	o	0	2 N	15		
» 9ʰ p		0	1 E	11.4		
5. 11ʰ a		0	3 SE	18		
» 9ʰ p	u	4	0	13.4		
6. 4ʰ a		2	8 NNE	8		↙
» 1ʰ p		2	7 NNE	12		
» 6ʰ p		3	3 NNE	7.9		
» 11ʰ p	N	4	3 NNE	—	756.1	

Tag 1891		Ort	Bewöl- kung 0—4	Wind 0—12	Temp. C°	Barom. mm	Bemer- kungen
VII.	7. 10ʰ a		0	0	—	757.2	
»	9ʰ p		0	0—1	10.2	756.7	
	8. 7ʰ a		0—1	2 SSW	12	757.2	
»	1ʰ p		»	3 SSW	18.2	756.0	
»	9ʰ p		»	1 SSW	12.9	755.7	
	9. 7ʰ a		»	3 SW	14.1	754.1	
· »	9ʰ p		0	0	13.8	751.6	
	10. 7ʰ a		0	2 SSW	17	751.3	
»	1ʰ p		0	0	22.4	750.5	
»	9ʰ p		0—1	0	14.7	750.6	
	11. 7ʰ a		»	2—3 SW	18.4	750.5	
»	1ʰ p		»	2 SSW	21.4	749.1	
»	9ʰ p		»	0—1 E	16.3	749.5	
	12. 8ʰ a		»	2 E	—	·752,2	
»	2ʰ p		»	3 E	21	754.8	
»	10ʰ p		0	0—1 E	13.6	758.3	
	13. 7ʰ a		0	1 E	20	762.2	
»	1ʰ p		0—1	1 SW	25.5	762.9	
»	10ʰ p		»	0	15	764.1	
	14. 7ʰ a		»	2—3 SW	21	765.7	
»	1ʰ p		»	3—4 SW	26	764.8	
»	9ʰ p		2	1 NW	17	764.1	
	15. 7ʰ a		2	0—1 SW	19.8	764.4	
»	7ʰ p		2	0—1 E	17	763.9	
,	10ʰ p		2	0—1 ENE	12.4	764.7	
	16. 7ʰ a		4	1 ENE	10.4	766.6	
»	7ʰ p		0	»	14.2	765.9	
»	9ʰ p		0	»	12.3	765.0	
	17. 7ʰ a		0	0—1 E	16,8	764.2	
»	1ʰ p		0	1 N	25	762,4	
»	9ʰ p		0	0 E	16	761.1	

(Ort: Nivaara. Nuotj. südl. Ansiedlung Nivaara N)

Tag 1891	Ort	Bewöl-kung 0—4	Wind 0—12	Temp. C°	Barom. mm	Bemer-kungen
VII. 18. 6ʰ a	a	0	2 W	16	760.1	
» 9ʰ p	N i v a v a a r a	0	0	14.5	758.2	
19. 8ʰ a		0	0	22.2	758.2	
» 2ʰ p		0—1	2 SW	28.5	756.8	
» 9ʰ p		0—1	0	16	755.6	
20. 7ʰ a	a. Südl. Nuotjavr.	»	2 ENE	19.4	757.6	
» 1ʰ p		2	4 NE	19	758.4	
» 9ʰ p		3—4	5 NE	14.1	759.9	☉°
21. 9ʰ a		0—1	3 NNE	15	758.7	
» 1ʰ p		2	1 WNW	19.2	758.0	
» 9ʰ p		0—1	1 SW	14.4	755.9	
22. 5ʰ a		0—1	5 SW	16.4	754.6	
» 1ʰ p		3	8—9 NW	21.8	754.6	☇ (S. 13).
» 9ʰ p	r	4	4 NW	12.4	755.3	
23. 8ʰ a		4	0	16	754.1	
» 1ʰ p	a	1	3 SW	22	752.0	☇ (S. 13).
» 9ʰ p		3	1 SW	14	749.1	☉° ☇° W
24. 6ʰ15ᵐ a		1	2 SW	14.4	750.1	
» 9ʰ p	a	4	0—1 N	14.6	750.6	
25. 8ʰ a		4	5 NE	14.2	748.7	
» 1ʰ p	v	4	»	18.6	746.5	
» 9ʰ30ᵐ p		4	2—3 NE	13.4	743.7	●
26. 8ʰ a		4	3 NE	10	738.7	●
» 1ʰ p	a	4	»	10.7	739.2	●
» 9ʰ p		4	»	7.4	740.8	●
27. 8ʰ30ᵐ a	v	4	»	5.6	742.0	
» 1ʰ p		4	4 NE	8	743.0	
» 9ʰ p	i	3—4	2 ENE	5.5	746.0	☉°
28. 6ʰ a		0	0	8	748.9	
» 12ʰ		0	0	12	749.4	
» 9ʰ p	N	3	1 NNW	7	751.2	

Tag 1891	Ort	Bewölkung 0—4	Wind 0—12	Temp. C°	Barom. mm	Bemerkungen
VII. 29. 7ʰ a		4	0	10.9	751.2	
» 10ʰ p		0—1	5—6 SW	13.4	747.8	
30. 8ʰ a		4	1 N	8	748.1	⊘ ⚏
» 2ʰ p		4	4 N	9.2	750.8	
» 9ʰ30ᵐ p		4	3 N	6	752.9	
31. 6ʰ a		4	2 E	8	755.0	
» 7ʰ a		3—4	1 E	9.2	755.1	
» 6ʰ p		0—1	0	13.5	756.1	
» 10ʰ30ᵐ p		3—4	0	8	756.4	
VIII. 1. 7ʰ a		0—1	3 SW	12	757.2	
» 2ʰ p		3—4	2—3 NE	16	757.5	
» 9ʰ p		0—1	0	10.3	757.8	
2. 7ʰ a		2	3 S	13	757.5	
» 2ʰ p		3—4	3 S	17.4	756.7	
» 10ʰ p		0—1	0	9	754.9	
3. 7ʰ a		0—1	2 SW	15	752.9	
» 10ʰ a		1	2 SW	18.3	752.1	
» Abends		4			751.2	
4. Morg.		3—4		11	751.8	◓
» Mittags		3—4			751.8	◓
» Abends		3—4		8.5	750.5	
5. Morg.		3—4		7.5	748.5	●
» Mittags		3—4		10	747.0	⚏ ●
» 2ʰ p		4	2—3 S	11	746.7	
» 9ʰ p		4	1 E ?	10	747.3	●
6. 7ʰ30ᵐ a		4	5 NE	7.3	747.8	●
» 1ʰ p		4	5 NE	8.5	747.4	
» 9ʰ p		4	6 NE	6.7	746.5	◕
7. 7ʰ a		4	6—7 NE	6.1	746.2	
» 1ʰ p		4	»	8.8	747.2	
» 4ʰ p		4	»	8.8	747.0	

Ort: Nuotjaur südlich · a. rava va i N

Tag 1891	Ort	Bewöl- kung 0—4	Wind 0—12	Temp. C°	Barom. mm	Bemer- kungen
VIII. 7. Abends	a	4	N	7	748.7	
8. Morg.		4	»	7	751.7	◉
» Mittags		4	»		752.4	
» Abends		4	»	6.5	752.4	
9. Morg.	r	4	»		752.4	≡
» Mittags		4	»		751.8	◉
» Abends		4	»		751.7	
10. Morg.	a	4	N		751.7	
» Mittags		4	S	9.5	751.8	
» Abends		4	0	7	751.6	◉
11. Morg.		4	0	7	752.7	≡
» Mittags	a	4	N		753.7	
» Abends		4	N	7	753.5	
12. Morg.		4	N	8.5	754.8	
» 8ʰ a		4	0	8.5	754.4	
» 9ʰ p	v	0	0	4.8	753.9	Frost (S. 12).
13. 7ʰ a		0	0	9	753.8	
» 4ʰ30ᵐ p		4	2 NW	15.2	752.8	◉
» 10ʰ30ᵐ p		1	0	8.5	753.2	
14. 7ʰ a	a	4	0	11.3	752.8	
16. 2ʰ p		0—1	4 N	15.5	755.6	
» 9ʰ p		0—1	0—1	10	755.8	≡
17. 7ʰ a	v	4	2 NE	7	756.3	
» 1ʰ p		2	2—3 SW	14	755.3	
» 9ʰ p		4	1 S	11.5	753.2	
18. 8ʰ a		4	5 NE	6.2	755.1	
» 7ʰ p	i	4	4—5 NE	6.4	757.0	
19. 7ʰ a		4	2 NE	5.3	758.3	
20. 4ʰ p		4	5 NNE	7.7	757.1	
21. 7ʰ a		4	5 NE	4.4	757.4	◉°
» 9ʰ p	N	4	3 NNE	6	757.1	

Tag 1891	Ort	Bewöl-kung 0—4	Wind 0—12	Temp. C°	Barom. mm	Bemer-kungen
VIII. 22. 8ʰ a	Nivavaara	4	4 NNE	6.3	751.1	
23. 8ʰ a		2	5 NNE	5	757.1	
» 11ʰ p		0—1	0	1	755.0	Frost n.
24. 6ʰ a		0—1	1 SW		755 0	

Die mangelhaften Beobachtungen am 3—5 und 7—12 Aug. wurden von den Ansiedlern notirt.

I. Profil vom Nuotjok an der Ansiedlung Nivavaara.

II.   ,,   ,,   Nuotjaur V von Kalliosalmi.
III.   ,,   ,,   ,,   V ,,   Tuotalahti.
IV.   ,,   ,,   ,,   N ,,   ,,
V.   ,,   ,,   ,,   bei Tuotalahti.
VI.   ,,   ,,   ,,   V von Valasalmi.

Maasstab:
{
Breite 1: 10,000.

Tiefe 1: 500.
}

0 100 200 300 400 500 600 700 800 900 1000 m

0 5 10 15 20 25 m

FENNIA, 11, N:o 2.

DAS

NEPHELINSYENITGEBIET

AUF DER

HALBINSEL KOLA.

I.

VON

WILHELM RAMSAY und VICTOR HACKMAN.

MIT XIX TAFELN.

(Vorgelegt den 20 Januar 1894.)

HELSINGFORS 1894.

KUOPIO,

O. W. BACKMANS DRUCKEREI, 1894.

Mit der vorliegenden Arbeit, *Das Nephelinsyenitgebiet auf der Halb-insel Kola I* betitelt, wird eine ausführlichere Mittheilung einiger geologisch-petrographischen Resultate der finnländischen Expeditionen nach dem russischen Lappland in den Jahren 1887—1892 der Öffentlichkeit übergeben. Sie umfasst die allgemeine Beschreibung des genannten Gebietes und seiner Geologie sowie die petrographischen Untersuchungen der Gesteine des Gebirges Umptek. Ein zweiter Theil dieser Publication ist den Gesteinen des Lujavr-Urt und den Mineralien der Nephelinsyenite gewidmet.

In dieser Arbeit dürfte der Leser mehr als einmal auf Stellen von trockener, ermüdender Ausführlichkeit und auf häufige Wiederholung stossen. Dies bitten wir in Hinsicht darauf zu entschuldigen, dass wir uns bemühten aus dem so weit abgelegenen Untersuchungsgebiete, welches wieder zu besuchen wir wohl kaum so bald, wenn überhaupt jemals, Gelegenheit finden werden, Alles mitzutheilen, was dem Leser oder einem künftigen Forscher zur Unterrichtung beitragen kann. Wenn andrerseits wiederum dem Leser manches Mal die Schilderung kurz oder gedrängt erscheinen wird, wo er eine grössere Ausführlichkeit gewünscht haben würde, so beruht das in manchen Fällen auf unseren unvollständigen Beobachtungen, die nur durch neue Reisen ergänzt werden können. In anderen Fällen, z. B. bei den Mineralbeschreibungen haben wir jetzt nur dasjenige angeführt, was uns selbst als Argument bei der Bestimmung diente, oder vor Allem solche Data hervorgehoben, welche von Einfluss sind auf dem Gesammtcharacter und der Structur des Gesteines, da wir später unsere Beobachtungen möglichst vollständig mittheilen werden.

Die einzelnen Abschnitte sind mit den Namen des resp. Verfassers versehen. Der eine von uns, HACKMAN, hat bei Ausführung des ihm zugefallenen Theiles der Untersuchungen eine wesentliche und nicht genug zu schätzende Förderung seiner Arbeit dadurch erfahren, dass diese unter der bewährten Leitung des Herrn Geheimen Bergrathes Prof. H. ROSENBUSCH in Heidelberg vollführt wurde. Er fühlt sich daher gedrungen dem geschätzten Lehrer hier seinen wärmsten Dank auszusprechen. Desgleichen ist er Herrn Prof. P. JANNASCH in Heidelberg zu herzlichem Dank verpflichtet ihm bei Anfertigung von Gesteinsanalysen gegebene Anleitung.

Der andere von uns hat seine Untersuchungen im mineralogischen Museum der Universität zu Helsingfors gemacht, nachdem ihm jedoch der grosse Vortheil zu Theil geworden war, ebenfalls von Herrn Geh. Bergrath Prof. H. ROSENBUSCH die werthvollesten Rathschläge erhalten zu haben, sowie, während eines Aufenthaltes in Paris, von Herrn Prof. A. LACROIX ein reiches Vergleichsmaterial aus den von ihm so vorzüglich beschriebenen Nephelinsyeniten und von Präparaten seltener Mineralien zur Verfügung gestellt bekommen zu haben. Er nimmt hier gerne die Gelegenheit wahr, den beiden genannten Herren seinen aufrichtigsten Dank zu bezeugen.

Ferner sind wir für freundliche Übernahme der Ausführung chemischer Gesteinsanalysen den folgenden, hier zu nennenden Herren Dank schuldig: dem Herrn Director Dr. C. VON JOHN, welcher mit liebenswürdiger Bereitwilligkeit die Anfertigung einiger unserer Analysen im Laboratorium der geol. Reichsanstalt zu Wien gestattete, Herrn F. EICHLEITER, der dieselben ausführte, Herrn Dr. C. KJELLIN, Herrn Dr. W. PETERSSON, Herrn Phil. Mag. H. BERGHELL und Herrn Ingenieur H. BLANKETT.

Zum Schluss erlauben wir uns dem Hohen Canzler der Alexanderuniversität in Helsingfors, welcher durch die dem einen von uns gewährte Unterstützung die Expedition des Jahres 1891 ermöglichte, sowie auch dem Herrn Prof. J. A. PALMÉN, Mitglied der Kolaexpedition des Jahres 1887, welcher stets so warmes Interesse für unsere Forschungen an den Tag legte und sie durch Rath und That auf das wirksamste unterstützte, unseren Dank auszusprechen.

Helsingfors, Mai 1894.

Die Verfasser.

Inhalt.

Einleitung.

Als der eine von uns im Jahre 1887 grosse Nephelinsyenitgebirge auf der Halbinsel Kola angetroffen hatte [1], schien
sich hier ein geeignetes Gebiet für Studien über die Geologie und
Petrographie dieser Gesteinsfamilie, von welcher damals nur eine
sehr beschränkte Anzahl von Vorkommen bekannt und genauer
untersucht war, zu erschliessen. Kurz vorher hatte er während
seiner Studienzeit bei W. C. BRÖGGER die südnorwegischen Syenite
und ihren Mineralienreichthum kennen gelernt, und es war zum
grossen Theil die Hoffnung ebenso schöne Mineralien zu finden,
wie sie dort vorkommen, welche das Interesse für das Nephelinsyenitgebiet auf der Halbinsel Kola anfachte und lebendig erhielt,
bis endlich im Jahre 1891 die Gelegenheit zu neuen Forschungen
sich darbot.

In jenem Jahre unternahmen wir beide zusammen eine For-
schungsreise nach den westlichen Theilen des Nephelinsyenitgebietes. [2] Unsere Erwartungen, ein reiches petrographisches Unter-
suchungsmaterial zu finden, wurden keineswegs getäuscht, und die
Mineralien, welche wir in den Pegmatitgängen antrafen, zeigen,
dass man hier nur die Untersuchungen fortzusetzen braucht, um
ebenso interessante Funde wie in Südnorwegen und auf Grönland
zu machen. Das ausgedehnte Gebiet konnte nicht während jener
Reise vollständig durchforscht werden. Die noch unbekannten
Theile wurden darum im folgenden Sommer, 1892, von dem einen

---

[1] W. RAMSAY. Fennia 3, n:o 7.
[2] W. RAMSAY. Fennia 5, n:o 7.

von uns besucht [1], während der andere schon seit dem Herbst
1891 bei Herrn Geheimen Bergrath Prof. Dr. H. Rosenbusch sich
aufhielt und unter dessen bewährter Leitung einen Theil des eingesammelten Materiales untersuchte. Die Reise im J. 1892 ergab
in mineralogischer Hinsicht nicht viel Neues. Dagegen erwiesen
sich die petrographischen Verhältnisse sehr abwechslungsreich, und
es wurden eine Menge die Geologie des Gebietes aufklärender
Beobachtungen gemacht.

Die entfernte Lage und Unzugänglichheit des Forschungsgebietes haben die Zeit für die Feldarbeit sehr eingeschränkt. Die
ganze Anzahl Tage, welche während der drei Expeditionen auf die
Untersuchungen in den Nephelinsyenitgebirgen verwandt worden
sind, beträgt 82; während 46 von diesen Tagen wurde indessen
die Arbeit von zwei Geologen gleichzeitig verrichtet (im J. 1891).
Die grosse Ausdehnung des Gebietes hat uns natürlich gezwungen,
die einzelnen Theile möglichst rasch zu durchwandern und hat
einen mehrmals erwünscht gewesenen zweiten Besuch gewisser
Gegenden nicht gestattet. Viele hinterher sich aufdrängende Fra-
gen, welche bei leichter Zugänglichkeit des Forschungsgebietes durch
einen zweiten Besuch ohne Schwierigkeit hätten erledigt werden
können, haben wir offen lassen oder ausschliesslich auf Grund im
Laboratorium vorgenommener Untersuchungen entscheiden müssen.
Es würde uns zu sehr grosser Freude gereichen, wenn unsere
Arbeit die Veranlassung zu künftigen, mehr erschöpfenden Forschungen in diesem Gebiete geben würde.

In den letzten Jahren hat sich die Anzahl bekannter Nephelinsyenitgebiete sehr rasch vermehrt und zahlreiche mikropetrogra-
phische Untersuchungen sowohl alter als neuer Vorkommnisse haben
unsere Kenntnisse über diese Gesteinsgruppe schon sehr erweitert.
Wir hoffen doch, dass die hier folgende Beschreibung des gröss-
sten bekannten Nephelinsyenitgebietes, seiner Gesteine und
Mineralien auf ein dauerndes Interesse der Geologen und Minera-
logen rechnen darf.

---

[1] Ein Reisebericht über diese Expedition, die von A. Edgren und W.
Ramsay unternommen wurde, wird nächstens in Fennia erscheinen.

Neben den Beobachtungen über das Auftreten der Nephelinsyenite und der zugehörigen Gesteine hatten wir auf unseren Reisen gute Gelegenheit auch die allgemein-geologischen und physisch-geographischen Verhältnisse dieser fernliegenden und schwer zugänglichen Gegenden zu studieren. Da vor unseren Expeditionen nur der Westrand des Gebietes von Forschungsreisenden betreten worden ist, haben wir es für unsere Pflicht gehalten die von uns gemachten geographischen und glacialgeologischen Beobachtungen mitzutheilen.

Die Resultate unserer Untersuchungen werden in folgender Ordnung gegeben:

1) Eine geographisch-topographische Beschreibung des Gebietes. Nächst dem Ural und den kaukasischen Gebirgen sind die hier zu erwähnenden Gebirge die höchsten des europäischen Russlands. Da sie bisher so gut wie vollständig unbekannt für die wissenschaftliche Welt waren, erlauben wir uns eine Beschreibung zu geben, die vielleicht sonst für eine geologische Arbeit zu umfassend wäre, aber jetzt unentberlich ist, weil sie die Unterlage der folgenden Schilderungen bildet.

2) Beobachtungen über die Verwitterung, die Erosion und recente Bildungen.

3) Beobachtungen über die Merkmale der Eiszeiten, welche ein besonderes Interesse haben, indem man nicht nur deutliche Spuren der grossen Eiszeit constatiren, sondern auch solche einer localen Vergletscherung der Nephelinsyenitgebirge wahrnehmen kann.

4) Beschreibung der, älteren, die Nephelinsyenite umgebenden Gesteine und ihres Auftretens. Das Alter des Nephelinsyenits.

5) Geologie der Nephelinsyenitmassive.

6) Beschreibung der Gesteine im Umptek.

7) Beschreibung der Gesteine des Lujavr-Urt.

8) Die Pegmatitgänge und ihre Mineralien, (vorläufig).

Ältere Literatur-angaben über das Vorkommen von Nephelinsyenit im Inneren der Halbinsel Kola waren uns bei der Expedition im Jahre 1887 unbekannt. Erst nach der Entdeckung dieses Gesteines im östlichen Theil des Gebietes wurde es klar, dass einige kurze Notizen von N. KUDRJAVZOFF und A. TH. v. MIDDENDORFF sich auf ähnliches Gestein bezogen. CH. RABOT, der im Jahre 1885 hier war, hat seine Beobachtungen erst im J. 1889 veröffentlicht.

Folgende Arbeiten, welche die Mineralogie und Geologie der Nephelinsyenite auf der Halbinsel Kola berühren, sind uns bekannt:

F. EICHLEITER, Über die chemische Zusammensetzung einiger Gesteine von der Halbinsel Kola. Verhandlungen der k. k. geologischen Reichs-Anstalt in Wien. Jahrgang 1893, N:o 9.

N. KUDRJAVZEFF, Кольскій полуостровъ. Труды С.-Петерб. Общ. естествоисп. XII. 2 und XIV. 1. St. Petersburg 1882 u. 1883.

M. P. MELNIKOFF, Матеріалы по геологіи Кольскаго Полуострова, Verhandlungen der r. k. mineralogischen Gesellschaft zu St. Petersburg. 2. Serie. XXX. 105. St. Petersb. 1893.

A. TH. v. MIDDENDORFF. Bericht über einen Abstecher durch das Innere von Lappland, während der Sommerexpedition, im J. 1840. Beiträge zur Kenntniss des Russischen Reichs. B. XI. 137. St. Petersburg 1845.

CH. RABOT, Explorations dans la Laponie russe (1884—1885). Bull. de la Soc. géogr. T. X. 457 u. T. XII. 49. Paris 1889 u. 1891.

W. RAMSAY, Geologische Beobachtungen auf der Halbinsel Kola. Fennia 3, n:o 7, 1890.

— —, Kurzer Bericht über eine Reise nach der Tundra Umptek auf der Halbinsel Kola. Fennia 5, n:o 7. 1892.

CH. VÉLAIN, Géologie. Roches cristallophylliennes et éruptives. Im oben citirten Aufsatze von CH. RABOT, Bull. de la Soc. géogr. T. XII. 49. Paris 1891.

Der Umptek und der Lujavr-Urt.

Von W. Ramsay.

Das Nephelinsyenitgebiet auf der Halbinsel Kola liegt zwischen 67° 35′ und 67° 55′ N. Br. sowie zwischen 50° 55′ und 52° 40′ E von Ferro. Im Westen wird es vom grossen See Imandra begrenzt, im Osten von dem ebenfalls bedeutenden See Lujavr. In der Mitte des Gebietes breitet sich der dritte grosse See im Centrum der Halbinsel, der Umpjavr, aus und theilt die Gebirge in zwei Massive, von denen das westliche, grössere den lappischen Namen *Umptek* trägt, während das östliche, weniger umfangreiche von den Eingeborenen *Lujavr-Urt* genannt wird. Von den Russen wird jener *Chibinä*, dieser die *Lowoserschen Tundren* (Loweserskija Tundri) benannt.

Die beigefügte Karte, Tafel I, im Maastaabe 1 : 200000 basirt auf den astronomischen und trigonometrischen Bestimmungen, welche in den Jahren 1887 und 1891 von A. Petrelius ausgeführt wurden [1], sowie auf geometrischen Messungen von demselben Kartographen und von A. Edgren im Jahre 1892 [2]. Die topographischen Details hingegen sind zum Theil den Aufnahmen der obengenannten Herren, zum grössten Theile aber den von uns selbst und anderen Mitgliedern der Expeditionen verfertigten Skizzen entnommen worden. Namentlich sind wir Herrn Dr. O. Kihlman Dank schuldig für werthvolle Aufzeichnungen über mehrere Partien des östlichen Umptek. Ausführliche Angaben über die geodetischen und kartographischen Vorarbeiten für diese Karte finden sich in Fennia 5, n:o 8 und in dem bald erscheinenden Bericht von Herrn Edgren.

---

[1] A. Petrelius. Fennia 5, n:o 8.

[2] Edgren's Untersuchungen werden bald in dieser Zeitschrift publicirt werden.

Der Umptek und der Lujavr-Urt, die höchsten Gebirge der Halbinsel Kola, erheben sich bis über die Höhe von 1200 m ü. d. M. Diese ansehnliche Höhe tritt um so mehr hervor, als die nächste Umgegend verhältnissmässig niedrig und flach ist. Am Fusse der Gebirge liegen die drei Seen, Imandra (130 m ü. d. M.), Umpjavr (143 m) und Lujavr (143 m), und zwischen ihnen breitet sich eine Waldlandschaft aus, in welcher die Wasserscheiden der verschiedenen See-systeme kaum die Höhe von 100 m erreichen. Östlich vom Lujavr breiten sich ringsum in weiter Ausdehnung kleinhügelige, seereiche Waldlandschaften oder grosse Moräste aus. Die Gegend nördlich der Hochgebirge ist ebenfalls nur flachhügelig bis an die Grenze des Nadelwaldgebietes, wo sich mehrere nackte Hochtundren erheben. Im Süden liegt wieder eine meilenweite, von Seen und Sümpfen erfüllte Waldgegend, in welcher nur vereinzelte Berggruppen die verticale Baumgrenze (c. 400 m ü. d. M.) überragen. Nur im Westen, auf der anderen Seite des Imandra erheben sich Gebirge, deren Höhe mit der des Umptek vergleichbar ist. Es sind das der *Monschetundar* und der *Tschuin*, welche für das Auge eine zusammenhängende die Aussicht gegen W abschliessende Bergkette bilden. (Siehe die Karte von Petrelius, Fennia 3, n:o 5).

Ihrer freien Lage wegen sind die Hochgebirge Umptek und Lujavr-Urt in weiter Entfernung hin sichtbar und bilden nicht nur durch ihre ansehnliche Höhe und Ausdehnung sondern auch durch ihre Beschaffenheit im Übrigen den dominirenden und den eigenartigsten Theil des russischen Lapplandes. Schon die äusseren Formen der Berge des Nephelinsyenitgebietes sind sehr characteristisch und weichen in hohem Grade von denen der anderen, aus altkrystallinischen Gesteinen bestehenden Berge im Inneren der Halbinsel ab. (Fig. 1).

Der Monschetundar, der Tschuin, die Jovgitundren, der Wirnaiv und überhaupt alle Berge in den westlichen und mittleren Theilen der Halbinsel, mit Ausnahme des Umptek und des Lujavr-Urt, besitzen eine auch für die Berge im nördlichen Finnland und im russischen Karelien gewöhnliche Configuration. Den Hügeln und den Gipfeln ist in der Regel die Form einer Kalotte oder eines gewölbten Rückens eigen, seltener die eines flachen Kegels, dann aber auch mit abgerundeter Spitze. Die Abhänge fallen von den Gipfeln sanft ab. Wenn eine Seite des Berges steil ist, ist sie doch durch eine abgerundete Partie mit dem höheren Theil verbunden. Allerdings kommen auch scharf hervorspringende Einzelpartien in diesen Bergen vor, besonders an Schlüchten und an Stellen, die durch starke Zerklüftung und Verwitterung unterwühlt worden sind, aber von einer gewissen Entfernung gesehen, zeigen sie fast ausnahmslos flach gewölbte Formen mit hie und da aufsteigenden, abgerundeten Gipfeln. (Fig 1, N:o II u. III).

Im Umptek und im Lujavr-Urt dagegen wird die Mehrzahl der einzelnen Berge oben von ganz horizontalen oder gegen die Seiten nur unbedeutend abfallenden Plateau-artigen Flächen begrenzt, welche die im Allgemeinen steilen Wände fast rechtwinkelig abschneiden. Zwar sind auch kalottförmige und konische Gipfel nicht selten, aber sie ragen nie über das Niveau der Plateauberge hervor. Ebenso giebt es natürlich zahlreiche allmählich aufsteigende Bergrücken und sanft geneigte Abhänge, aber man bemerkt immer

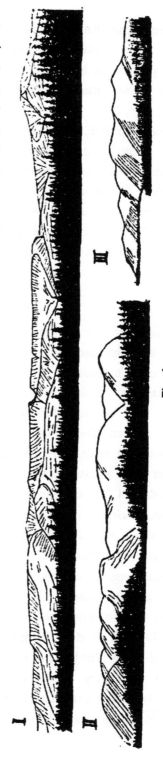

Fig. 1.

Der Umptek von Jokostroff gesehen nach einer Photographie. II. Der Tschuin nach Ch. Rabot und III. Die Jovgi-tundren nach demselben.

eine deutliche Kante zwischen denselben und der oberen Hochebene. Diese characteristische horizontale Abstumpfung der Nephelinsyenitberge lässt den Umptek und den Lujavr-Urt von einer
gewissen Entfernung gesehen als grosse Hochplateaus erscheinen.
(Fig. 1, N:o 1).

Der Umptek und der Lujavr-Urt bilden ein in der Richtung
W—E ausgezogenes Gebiet. Jeder für sich stellt ein kompaktes
Bergmassiv mit isometrischen Proportionen vor. Die Grösse des
Chibinä ist 1145 km^2, die der Lowoserschen Tundren 485 km^2. Zahl-
reiche grosse und kleine, im grossen Ganzen radial verlaufende
Thäler durchziehen diese Gebirge und zertheilen sie in mehrere
Gebirgsgruppen. Die wichtigsten unter diesen Thälern und Bergen
sollen im Folgenden ihre Erwähnung finden (siehe die Karte; Tafel I).

A. *Im Umptek (Chibinä).*

Aus der Nordostecke des Chibinä strömt der Fluss Jiditschjok [1], welcher innerhalb des Gebirges vorwiegend von S nach N
fliesst und mehrere Nebenbäche von Osten her aufnimmt, dem
Imandra zu. Sein weites Thalsystem Jiditschwum genannt,
erhebt sich an der Mündung ungefähr 75 m über dem Imandra,
in den oberen Enden der Verzweigungen c. 400 m. Der Boden
ist breit und flach; die Abhänge sind an der Thalmündung sanft
gewölbt mit moutonnirten Formen; gegen den oberen Theil des
Thalsystemes hin werden sie immer steiler; unten flach parabolisch
gebogen, stossen sie oben fast rechtwinkelig an das horizontale
Plateaudach der Berge (mittlere Höhe c. 800—900 m ü. d. M.).
An mehreren Stellen sind diese steilen Wände mit Ausbuchtungen
von Halbkesselform versehen. Von den Nebenthälern des Jiditsch-
wums ist das des Motsches-uaj, welches von E her sich erstreckt, das bedeutendste. Es endet mit einem halbkreisförmigen,
nach dem Thal des Kunjok führenden Sattel-Pass zwischen den
Plateaubergen Tschasnatschorr und Jiditschwumtschorr. Ein
ähnlich geformter Pass verbindet das Südende des Jiditschwum
mit einem Nebenthal des Tachtarwum.

---

[1] Golzovaja reka der Russen.

Das Jiditschwum ist mit einer dünnen Moränenablagerung bedeckt, auf welcher lichter Nadel- und Birkenwald bis zur Höhe von 250 m ü. d. I.[1] im unteren Thale wächst. Die Gewässer, welche während der Schneeschmelze wasserreich und reissend sind, haben alles feinere Material von ihren Betten ausgespült, zahlreiche im Spätsommer trockenliegende Nebenrinnen eingegraben, und die von den oberen Theilen des Thales mitgerissenen Produkte bis an die Flussmündung transportirt, wo sie die Veranlassung zu Deltabildungen gegeben haben.

Im südwestlichen Theil des Umptek durchfliesst der Lutnjärma-jok ein bis an das Centrum des Gebirge sich erstreckendes Thal, dessen oberes Ende den Namen Tachtarwum trägt. Im Gegensatz zum mannigfaltig verzweigten Jiditschwum verläuft das Thal des Lutnjärmajok einfach zwischen beinahe parallelen Wänden, welche um das Tachtarwum umher sich ganz steil bis an die Plateauebene der umgebenden Berge erheben (1000 m ü. d. M), während die Abhänge des unteren Thals sanfter geneigt sind. Zu beiden Seiten der steilen Wand, welche das Tachtarwum im N abschliesst finden sich 700 m ü. d. I. zwei halbkreisförmige Pässe vor, die nach dem Thale des Kunjok führen. Der östliche ist nicht zugänglich vom Tachtarwum aus, wogegen über den westlichen der Übergang möglich ist. In ihrer Nähe, eine Strecke weiter nach SE, eröffnet sich ein dritter, schluchtartiger Pass, Pespjälkagorr (450 m ü. d. I.), welcher den ausgedehnten Plateauberg Tachtarwumtschorr durchquert und die Verbindung mit dem Gebiete des Wudjavr vermittelt. Der im unteren Theile waldbewachsene Thalgrund des Lutnjärmajok steigt vom Niveau des Imandra bis zu 400 m im oberen Tachtarwum an. Er ist mit Moräne bedeckt, die im unteren Thal in mehreren quer vorgelagerten Wällen von 10 bis 20 m Höhe angestaut ist. Der reissende Fluss hat diese Wälle durchbrochen und eine bedeutende Deltabildung an seiner Mündung abgelagert. Die Unebenheit des Moränenbodens hat im Tachtarwum die Bildung zweier ganz kleiner Seen bedingt.

---

[1] ü. d. I. = über dem Imandra.

Die Thäler des Jiditschjok und des Lutnjärmajok trennen
vom übrigen Chibinä eine Gebirgsgruppe ab, die vielleicht mehr
als andere Gegenden dieses Hochgebirges einen wilden und schrof-
fen Character hat. In 1—2 km Abstande vom Imandra beginnen
die einzelnen Berge sich zu erheben und erreichen in einer Entfernung von c. 4 km ihre grösste Höhe, c. 900 m ü. d. I., das
mittlere Niveau der oberen Hochebene des Umptek. Mehrere von
den Gipfeln zeigen hier konische oder scharfe, kammähnliche Formen, keiner überragt jedoch das allgemeine Niveau, sondern sie
scheinen alle die Überreste einer durch tiefgehende Erosion zer-
schnittenen, einst zusammenhängenden Hochebene zu sein. Der
am weitesten gegen NW vorgeschobene Theil dieses Gebirges ist
der Kybinpachk auf dem Vorgebirge Kybinnjark. Aus dem
Namen dieses dem Imandra nächstliegenden Theiles des Umptek
ist wahrscheinlich die russische Benennung des Chibinä entstanden.
Der Kybinpachk ist ein Ausläufer des Kybinpachktschorr, welcher durch die Schlucht Jimjegorr von den südlicher belegenen
Bergen Jimjegorrtschorr getrennt wird. Auf diesen liegen die
drei Gipfel, die wir v. Middendorffs, Kudrjavzeffs und Rabots Spitzen nennen zur Erinnerung an die drei Forscher, welche
die ersten Mittheilungen über diesen Theil des Chibinä geliefert
haben.

Die Schlucht Jimjegorr bildet in den 800 m hohen Bergen
einen spitzwinkeligen 300—400 m tiefen Einschnitt, dessen ganz
schmaler, 450 m ü. d. I. liegender Boden von Schnee und immerfort herunterfallenden Felssplittern und Blöcken erfüllt ist. Sie
ist die unmittelbare Fortsetzung des Thales des Jimjegorruaj,
eines Bergstromes am Westabhang des Umptek (Tafel IV, Fig. 1).
Dieses Thal zeigt wie die meisten kleinen Thäler des Chibinä die
typische Form eines Wildbachthales. Die ebenen oder schwach
konvexen Abhänge begegnen einander mit einem Einfalle von c.
30° in einer Rinne, in welcher der reissende Bach über das feste
Gestein oder heruntergerutschte Verwitterungsprodukte fliesst. Das
ausgespülte Erosionsmaterial hat sich in dem unteren Thal oder
an der Bachmündung abgelagert. Unter den Bächen auf dem

Westabhange des Umptek hat nur der Jimjegorruaj die hohe Bergwand bis an das Jiditschwum durchschnitten. Die übrigen, unter
denen das Bärenthal[1] das grösste ist, nehmen ihren Anfang an
der steilen Bergwand, wo die Rinnen mehrerer kleiner, während
der Schneeschmelze wasserreichen Wildbäche sich zu krater- oder
trichterähnlichen Abschlüssen dieser Thäler vereinigen. (Siehe die
Tafel, Fig. 1, in Fennia 5, n:o 7). Zwischen diesen Thälern ziehen
sich Bergrücken hin, die von der hohen Bergwand gegen W hin
sanft abfallen. An den dem Imandra zugewandten Enden zeigen
sie abgerundete Formen, während sich an den höheren Theilen
die umgrenzenden Thalwände zu scharfen Graten vereinigen. Eine
Reihe nahe dem höchsten Theile befindlicher, N—S streichender,
10—30 m tiefer Klüfte und kleiner Thäler unterbricht den unmittelbaren Übergang der Ausläufer in die hohe Wand. Andere
kleine Klüfte durchziehen sowohl in der genannten als der dagegen
senkrechten Richtung an zahlreichen Stellen die anscheinend zusammenhängenden Berge. (Tafel VIII, Fig. 2).

Der Wald erstreckt sich bis zur Höhe von 250 m ü. d. I.
an den Abhängen hinauf. Darüber erhebt sich das graue, durch
Spaltenfrost und Verklüftung sehr zertrümmerte Gestein mit seiner
spährlichen Vegetation.

Im Strandgebiete zwischen dem Umptek und dem Imandra
liegt eine Reihe niedriger Berge vorgelagert, welche aus nichtnephelinsyenitischen Gesteinen bestehen.

Im Norden mündet ein drittes von den grossen, bis an das
Centrum des Gebirges sich erstrechenden Thälern, das Kunwum,
aus. Durch mehrere Verzweigungen und Pässe steht es in Verbindung mit den übrigen grossen Thälern des Umptek. Ausser dem
Pass nach dem Jiditschvum (siehe S. 8) und den beiden vom Südende nach dem Tachtarwum führenden Übergängen (siehe S. 9)
steht nämlich der andere südliche Thalzweig durch eine lange und
schmale, sehr bequeme Passchlucht, Kukiswum, (= das lange
Thal) (450 m ü. d. I.) in Verbindung mit dem Wudjavr-gebiet, und

---

[1] Medveschij log.

von drei östlichen Nebenthälern kann man durch Pässe (c. 600 m
ü. d. I.) in verschiedene Thäler der Tuljluchtgegend gelangen. Der
im unteren Thal c. 1.5 km breite Boden liegt 60—70 m ü. d. I.
Gegen die oberen Verzweigungen hin erhebt er sich bis 400—500
m ü. d. I. Durch eine flache parabolische Biegung steht er
im Verband mit den 100—200 m hohen, steilen Thalwänden.
(Tafel VII, Fig. 2). Im unteren Theile des Thales gehen diese
steilen Wände nach oben hin in sanfter geneigte Abhänge über;
je mehr man aber Thal aufwärts geht, desto geringer wird der
Zwischenraum zwischen den steilen Wänden und der oberen horizontalen Hochebene, bis sie zuletzt in den oberen Nebenthälern unmittelbar mit scharfer Kante an einander stossen.

In den oberen Zweigthälern finden sich an mehreren Stellen
Thalausbuchtungen mit abgeschlossenem Hintergrunde vor, ähnlich
den Ausbuchtungen im Jiditschwum (S. 8). Solche Sackthäler, »Taalgim» von den Lappen genannt, befinden sich in den
oberen Theilen fast aller Thalsysteme. Sie sind kesselförmig ausgehöhlt mit flachem von heruntergefallenen Blöcken erfülltem Boden, der durch gebogene Böschungen in die immer steiler werden-
den, bis zur Hochebene emporragenden Wände übergeht. Weisse
Schneestreifen in den Furchen und Spalten der Seiten heben die
Halbkessel- oder Eiscirkusform noch deutlicher hervor.

Der Boden des Kunvum ist mit Moränablagerung erfüllt, welche in der Thalmündung und unterhalb derselben, sowie ungefähr
in der Mitte des Thales 10—20 m hohe Querwälle bildet. Auf
beiden Seiten des Thales liegen grosse Mengen von heruntergefallenen Blöcken. Die aus den oberen Thalzweigen kommenden Bäche
vereinigen sich zum Flusse Kunjok, welcher den innerhalb der
Moränenwälle liegenden See Paj Kunjavr (c. 60 m ü. d. I.) durchfliesst und dann eine Strecke weiter nördlich ausserhalb des Gebirges ein Knie bildet, seinen Lauf nach W nimmt und mehrere
Seen, unter ihnen den Wuolle Kunjavr, durchziehend, in den
Imandra mündet. Das Waldgebiet erstreckt sich weit in das Thal
hinauf bis zur südlichen Verzweigung.

Zwischen dem Kunwum und dem Jiditschwum liegen die schon erwähnten Hochtundren Jiditschwumtschorr und Tschasnatschorr und weiter im N der Mannepachk und der Poutelitschorr, in deren sanft ansteigenden Nordseite vier kurze Wildbachthäler eingeschnitten sind.

Im Südtheile des Umptek breitet sich das verzweigte Thalsystem des Wudjavr aus. Sein unterster Theil wird vom grossen und seichten Jun Wudjavr (175 m ü. d. I.) (Tafel III, Fig. 1) erfüllt, welcher innerhalb einiger die Thalmündung absperrenden Geschiebewälle liegt. Moränenmaterial bedeckt übrigens den ganzen Boden des Gebietes. Wie bei der Thalmündung hat es sich auch in den oberen Thälern wallartig angestaut. Das Thal, wo der See Uts Wudjavr (220 m ü. d. I.) liegt, ist durch einen querlaufenden 40 m hohen Wall abgesperrt, und im östlichen Thalzweig, Juksporrlak, tritt in der Nähe der Waldgrenze ein querliegender Moränwall auf. Auf den Thalseiten liegen grosse Haufen von heruntergefallenen Gesteinsblöcken auf der Moräne.

Die aus den drei grossen Nebenthälern kommenden Flüsse, unter denen der Wudjavrjok im W der bedeutendste ist, fliessen in ein weites, sumpfiges Deltaland am Nordende des Jun Wudjavr zusammen. Aus diesem See fliesst der Fluss Enemanjok nach der Bucht Eneman aus. Er hat die in der Thalmündung liegenden Geschiebewälle durchbrochen, wobei er seinen Lauf oft verändert zu haben scheint, denn man trifft noch an mehreren Stellen Spuren alter Flussbette an.

Steile Bergwände umgeben auf drei Seiten den See Jun Wudjavr und ebenso die inneren Thäler. Man findet dieselbe Combination von unten concav gebogen Abhängen mit senkrechten Abstürzen wieder, wie im Kunwum. In diesen Thalseiten haben zahlreiche Bergbäche tiefe Rinnsäle eingefurcht. In den oberen Thalzweigen kommen mehrere »taalgim»-artige Ausbuchtungen vor. Besonders bedeutend ist das Sackthal an der Südseite des Juksporrlak im Berg Aikoaiventschtschorr.

Zwischen dem Thal des Wudjavr und dem Lutnjärmajok liegt der grosse Plateauberg Tachtarwumtschorr (1200 m), welcher

gegen Süden in einigen geneigt abfallenden von Wildbächen durch-
schnittenen Ausläufern endigt. Am Fusse derselben breitet sich
am Ufer der Bucht Eneman eine 2—3 km breite moränenbedeckte
Waldlandschaft aus, in welcher niedrige Berge von nicht-nephelin-
syenitischer Zusammensetzung auftreten.

Die oberen Enden des Wudjavrgebietes sind durch Pässe mit
anderen Thalsystemen verbunden. Das westlichste Thal besitzt
einen Pass, den früher erwähnten Pespjälkagorr, (S. 9) nach
dem Tachtarwum und einen anderen, Kukiswum, (S. 11) nach dem
Kunwum. In dem letztgenannten langen und tiefen Pass liegt ein
schmaler See, in welchem noch Ende Juli im Jahre 1891 Eisstücke
herumschwammen. Das mittlere parabolische Thal nördlich vom
Jun Wudjavr endigt mit einem Pass nach der Tuljluchtgegend (c.
500 m ü. d. I). Hier erhebt sich ein kleiner platt konischer Gipfel,
der auf der W-Seite durch einen halbkreisförmigen Sattel mit dem
grossen Hochplateau verbunden ist, während die Verbindung der
sich hier begegnenden Thäler durch eine tiefere von scharfkantigen Blöcken erfüllte Schlucht bewerkstelligt wird. Das Thal östlich
vom Jun Wudjavr, Juksporrlak nach dem Berg Juksporr genannt,
steht durch einen kurzen und schmalen Pass (c. 500 m ü. d. I.)
mit dem Thal Wuennomvum im Ost-Chibinä in Verbindung.

Die Thalsysteme des Kunjok und des Wudjavr trennen die
Chibinägebirge in zwei Theile, von denen der westliche Uts-Umptek (Klein-U.), der östliche Schur-Umptek (Gross-U.) genannt wird.

Im Osten breitet sich das bedeutende Gesenke der Tuljlucht aus, welches die Hochgebirge des Schur-Umptek in eine
nördliche und eine südliche Gruppe trennt. Es ist von ungefähr
rektangulärer Form, 20 km lang in der Richtung E—W, 7—10
km breit. Im Osten grenzt es unmittelbar an den See Umpjavr
und schliesst dessen Bucht Tuljlucht ein. In den übrigen Richtungen wird es von Plateauen umschlossen, von denen niedrigere
Bergrücken ins Tiefland auslaufen. Die Hochplateaus gehören zu
den höchsten im Umptek und deren oft senkrechte Wände sind
durch zahlreiche Eiscirken, »taalgims» (S. 12) ausgehöhlt worden.
Im W liegt der Kukiswumtschorr (1100—1200 m) die grösste

Hochebene des Chibinä. Durch die oben erwähnten nach dem Kunwum führenden Pässe (S. 12) wird es von dem Partomtschorr, dem Riestschorr und dem in NW vom Tuljluchtgebiet liegenden Ljawotschorr, dem höchsten Berge des Nephelinsyenitgebirges (1240 m), getrennt. Vom Ljavotschorr gegen den Umpjavr hin erheben sich die Berge Suoluajw mit mehreren Gipfeln, Naamuajw, der bis an den See sich erstrekt, und Njurjavrpachk nördlich von der Tuljlucht. Im Süden liegt zuerst östlich vom dem nach den Wudjavrgebiet führenden Passe eine Hochebene, welche die Fortsetzung vom Juksporr ist; dann folgen der noch hohe Gipfelberg Eveslogtschorr oder Poltpachk (c. 800 m) und die niedrigeren Höhen Njark-pachk (c. 600 m) und Koaschkapachk (400 m) am Umpjavr.

Die von den umgehenden Hochgebirgen ins Tiefland der Tuljlucht ausgehenden Bergrücken, welche diese Gegend in mehrere Einzelthäler theilen, fallen mit mässiger Neigung nach dem Waldbewachsenen Thalgrund ab. Die wichtigsten von diesen Ausläufern oder »njun» (Nasen), wie sie von den Lappen genannt werden, sind im Norden die Südabhänge des Suoluajw, im Westen die langgestreckten Partomporr und Wantomnjutsk, welche durch Schlüchte von den sich darüber erhebenden Hochplateaus getrennt werden, und im Süden der umfangreiche Schodnjun. Zwischen denselben sind folgende Thäler und Flüsse im Tuljluchtgebiet zu nennen: nördlich vom Partomporr das Thal des Majwaltajok, welcher in den wilden Sackthälern unterhalb des Ljawotschorr entspringt; zwischen dem Partomporr und dem Wantomnjutsk das Thal des Flusses Kaskasnjunajok; das Thal Tuljwum zwischen dem Wantomnjutsk und dem Schodnjun mit dem Flusse Tuljjok, in welchem auch der Kaskasnjunajok mündet. Diese Flüsse und noch zwei kleinere, auf dem Schodnjun und Njarkpachk entspringende Bäche vereinigen sich in ein gemeinsames, vielfach verzweigtes, interressantes Delta an der Westseite der Tuljlucht (S. 30). Die kleinen Seen Paij Njurjavr und Wuolle Njurjavr fliessen dem Umpjavr zu.

Von dem Delta in der Tuljlucht erhebt sich der mit Moränenablagerungen und alten Schwemmbildungen bedeckte Thalgrund

nur sehr allmählich bis c. 400 m in den oberen Thälern. Der
Wald erstreckt sich im Folge dessen tief in das Gebiet hinein.

Die Bildung der Bucht Tuljlucht ist durch ein breites aus
Moränenmaterial bestehendes Vorgebirge bedingt. Nördlich von
demselben erstrecken sich die in den Umpjavr steil abfallenden
Berge Njurjavrpachk (350 m ü. d. l.) und Naamuaiv (500 m
ü. d. l.). Dieser entfernt sich gegen N c. 2 km vom Strande, wo
ein niedriger Berg Lestiware (175 m ü. d. l.) den Platz einnimmt. Nordöstlich davon mündet das Thal des Flusses Kaljok
aus, welcher in einem Sackthal auf der Westseite des Ljawotschorr
seinen Ursprung hat und zwischen dem Namuajw auf der Südseite
und dem Waalepachk auf der Nordseite fliesst. Sein Thalgrund ist
eng; nur in der Mündung befinden sich grössere Moränenanhäufungen.

Der Waalepachk und die anderen Berge auf der Nordseite
des Schur-Umptek zeigen eine steile Aussenseite. Ausserhalb derselben erstreckt sich eine Reihe kleiner Hügel.

Die südliche Partie des Schur-Umptek erreicht im Vorgebirge
Koaschkanjark bei der Tuljlucht das Ufer des Umpjavr, weicht
aber gegen S immer mehr von demselben ab und ist durch eine
mehrere km breite Waldlandschaft von ihm getrennt, gegen welche
die Berge steil abfallen. In der Nähe des Koaschkanjark mündet
ein kurzes parabolisch geformtes Thal aus. Weiter im S eröffnet
sich das grosse Thal Wuennomwum, das in seiner Configuration
sehr grosse Ähnlichkeit mit dem Tachtarwum und dem Kunwum
besitzt. Ein Pass vom oberen Ende führt nach dem Wudjavr (S. 14),
und auf der Nordseite vereinigen sich mit ihm mehrere kurze von
Wildbächen durchflossene Thäler, von denen einige durch hohe
Pässe mit der Tuljluchtgegend verbunden sind. Auf der Südseite
laufen zwei kurze parabolisch geformte Nebenthäler mit dem
Wuennomwum zusammen.

Der 1--3 km breite moränenbedeckte Boden des Wuennomwum
liegt in der Mündung weniger als 100 m ü. d. l., im oberen Ende
c. 400 m. Die Mächtigkeit der Morändecke nimmt im oberen Thal
bedeutend ab, so dass der Fluss sogar in das feste Gesteine eine
canonähnliche Schlucht gegraben hat. In der Thalmündung ist

das Geschiebe in einer Reihe quervorgelagerter Wälle und Hügel angehäuft, innerhalb welcher ein vielverzweigter, von Torfbildungen umgebener See liegt. Der Hauptfluss des Thales, Wuennomjok, umfliesst diesen See auf der Südseite. Ebenso lässt ein zweiter innerhalb der Geschiebehügel entspringender Fluss ihn unberührt. Diese beiden Ströme fliessen auf verschiedenen Wegen dem Umpjavr zu. Der nördliche wählt sich einen ziemlich direkten Weg, während der Wuennomjok nach dem Austritt aus dem Gebirge nach Süden ausbiegt, in gewundenem Laufe drei, Porokjavr genannte Seen durchfliesst, und dann mit dem Namen Porokjok in das Südende des Umpjavr mündet.

Südlich vom Wuennomwum erhebt sich der Koachwatschorr, dessen flach konischer, das Plateau-niveau erreichender Gipfel weit nach Süden hin sichtbar ist. Von ihm läuft der Kietschepachk nach der Südostecke des Umptek aus, der Kiesrant und der Tschivrnjun gegen S. Westlich von diesen Bergen liegt das tiefe Thal Raswum. Wir haben selbst nicht die Gelegenheit gehabt es zu besuchen, aber nach Mittheilungen von O. KIHLMAN ist es ein parabolisch geformtes Thal, das in mehreren »Talgims» endigt. Der Plateauberg Raswumtschorr trennt es vom Juksporrlak. Zwischen dem Raswum und dem Wudjavr erheben sich die Berge Luvtschorr und Aikoaiventschtschorr.

B. *Im Lujavr-Urt.*

Im Lujavr-Urt findet man im grossen Ganzen denselben topographischen Bau wieder, welcher dem Umptek eigen ist. Das Gebirge ist ein zusammenhängendes Massiv, das von zahlreichen Thälern verschiedener Ausdehnung und Konfiguration zerschnitten ist. Ein gewisser Unterschied macht sich darin geltend, dass, während im Umptek die Thalsysteme durch tiefe Pässe mit einander verbunden sind, sie im Lujavr-Urt entweder durch eine steile Hinterwand abgeschlossen werden oder bis an die Hochebene ansteigen.

Die höchsten Punkte des Lujavr-Urt liegen auf der westlichen Hälfte des Gebirges. Sie erheben sich bis zu 800—1000 m ü. d. I., während die mittleren und östlichen Plateaus nur 600—400 m hoch sind. Ein bemerkenswerther Umstand ist, dass die oberen Enden der westlichen Thäler nach Osten hin die Linie überschreiten, welche die höchsten Berge der Westseite verbindet.

Wie im Umptek, erhebt sich der Westabhang des Gebirge, mit mässiger Neigung, während die Ostseite steil abfällt. Die Profile der westlichen Bergrücken des Lujavr-Urt verlaufen aber nicht so glatt, wie die im Umptek, sondern zeigen treppenförmige Absätze. Es mag diese Erscheinung von der Richtung einer im Gestein auftretenden Bankung abhängen.

Die grössten Thäler des Lujavr-Urt befinden sich in der östlichen Theilen dieses Gebirges. Im NO breitet sich das weite vom Flusse Wavnjok durchzogene Thal mit flach geneigten Abhängen aus. Seine oberen Ausläufer steigen bis an das Gebirgsplateau. Eine sehr dünne Geschiebedecke hat sich auf dem Boden abgelagert, und der Fluss fliesst meistens über fest anstehendes Gestein. Auf der Nordseite des Thales erheben sich die Plateauberge Wavnbed (400 m ü. d. I.), im NO, durch das vom See Rautjavr erfüllte Thal vom Pjalkimporr (320 m ü. d. I,), getrennt, und der Kaarnas-Urt. Auf der Südseite befinden sich die ausgedehnten Hochebenen Kuamdespachk mit dem Apuajw (400 m) und dem Gipfel Tschinglaspoanla (490 m ü. d. I.) und Kuivtschorr, welches das Thal des Wavnjok vom See Sejtjavr trennt.

Dieser See (33 m ü. d. I., 20 m über dem Lujavr) nimmt die ganze Bodenfläche einer 3 km breiten und 9 km langen Einsenkung zwischen steilen Bergen ein. (Tafel IX, Fig. 1 u. 2). Vom·Lujavr ist er durch einen 1.5 km breiten aus Geschiebe bestehenden Landstreifen abgedämmt worden. Die Berggehänge, welche im Norden, Westen und Süden den See umgeben, sind an ihren untersten Theilen konkav geneigt, gehen jedoch nach oben hin bald in vollkommen senkrechte Wände über, welche die Höhe von 150—200 m über den See erreichen und dann in die seitwärts abgedachten Hochebenen übergehen.

Am inneren Ende des Sejtjavr münden mehrere Thäler ein. So liegt auf der Südseite das von SW kommende Thal des Baches

Tschivruaj, (Tafel IX, Fig. 2) dessen moränenbedeckter von heruntergefallenen Blöcken ausgefüllter Boden zwischen steil-konkaven,
immer enger an einander tretenden Wänden sich langsam bis an
das Plateau-niveau (600 m) erhebt. Ein ganz kleiner See liegt in
der Mitte des Thales hinter aufgestauchtem Geschiebe und Blöcken.
Die am W-Ende des Sejtjavr endenden Thäler haben ähnliche
Konfiguration (Tafel IX, Fig. 1). Sie erstrecken sich weit zwischen
die centralen Berge des Lujavr-Urt hinein bis an deren höchsten
Punkten, die Hochebene bei Angwundastschorr (1120 m) und
All-uajw (1115 m). (Tafel VI, Fig. 1).

Südlich von dem Sejtjavr und dem Tschivruaj erheben sich
die mit einander zusammenhängenden Berge Njintsch-Urt im E
(650 m ü. d. I.), Tschivrpjalk und Straschempachk (800 m
ü. d. I.). Ein kleiner im Lujavr einmündender Bach trennt vom
Njintsch-Urt den Berg Punkaruajw. Der Bach Jedotsch-uaj auf
dessen Südseite schneidet den Suoluajw vom Hauptgebirge ab. Er
durchfliesst in seinem oberen Laufe eine Schlucht zwischen dem Njin-
tschurt und dem Ergporr. Dieser letztere Berg und der Straschempachk bilden den Südabhang des Lujavr-Urt und werden von einander durch ein kurzes Sackthal, in welchem der See Raitjavr
(320 m ü. d. I.) liegt, getrennt. Auf den niedrigeren Theilen dieser
Südabhänge des Lujavr-Urt reihen sich zahlreiche 5—15 m hohe
horizontallaufende Geschiebewälle dicht hinter einander sowohl
unter- als oberhalb der Waldgrenze. Stellenweise kann man mehr
als 15 solcher Schotterwälle neben einander aufzählen. Die Vertiefungen zwischen ihnen sind oft von kleinen Gewässern erfüllt.

Gegen W eröffnen sich im Lujavr-Urt einige kurze konkav
ausgehöhlte Thäler, deren untere Enden im Waldgebiete liegen,
und deren obere (300—400 m über dem Umpjavr) von senkrechten Wänden umschlossen werden, so dass sie Sackthäler ohne
Pässe bilden (Tafel IV, Fig. 2). Sie werden von einander durch
die westlichen Ausläufer des Lujavr-Urt getrennt. Der nördlichste
von diesen, der Tsutsknjun, zeigt gegen NW und W abgerundete
moränenbedeckte Abhänge und bildet in der Höhe von 500 m über
dem Umpjavr eine Terrasse, über welchen sich der Alluajw (1115 m)

erhebt. Dieser ist durch einen schmalen Grat mit dem ausgedehnten Angwundastschorr verbunden, dessen zwei abgeflachte
Gipfel (1120 m) die höchsten des Lujavr-Urt sind. Nördlich von
dem erwähnten Grate breitet sich ein kleines Thal Raslak aus,
und auf der anderen Seite dieses Thales erstreckt sich in SW
zwischen den genannten Hochgebirgen ein anderes tiefes Thal, in
dessen Grund kleine Seen sich befinden, und dessen Mündung von
Geschiebehügeln begrenzt wird. Vom Angvundastschorr erstrecken
sich gegen den Umpjavr die zwei Ausläufer Schur Angwunsnjun und Uts Angwunsnjun. Zwischen dem letzteren und dem
Bergrücken Sengisnjun, welcher gegen O in den hohen Sengistschorr übergeht, befindet sich das Thal des Baches Tschilnisuajendsch, der aus einem See im oberen kesselförmigen Thalende (Tafel IV, Fig. 2) ausfliesst. Südlich vom Sengisnjun eröffnet
sich das Thal des Bergstroms Tawajok. Sowohl in der Mündung
als in der Mitte dieses Thales ist Moräne wallartig angehäuft, und
hinter einem Wall im oberen Ende liegt ein See, dessen Wasser
das Geschiebe durchsickert und den Anlass zu den Quellen des
Tawajok giebt. Südlich von diesem Thal liegt der hohe Berg
Mannepachk (850 m ü. d. I.) und sein breiter plateau-artiger
Ausläufer Parganjun. An diesen reiht sich das gegen SW sich
erstreckende Thal des Baches Kuvtuaj, welches im S vom Bergrücken Kuvt-njun begrenzt wird. Parallel mit den letztgenannten
Thal erstreckt sich das Thal des Baches Kietkuaj, nördlich vom
Berg Kietknjun, der beim Straschempachk (S. 19) anfängt. Die
beiden Thäler im SW des Lujavr-Urt zeigen parabolisch gebogene
Seiten und »talgim»-artige Oberenden. Der Boden ist mit Moräne
bedeckt, die an mehreren Stellen wallartig angestaut ist. Im oberen Thal des Kietkuaj breiten sich zwei Seen (350 m ü. d. I.) aus.
Der aus denselben kommende Bach scheint mehrmals sein Bett
verlegt zu haben, denn im Geschiebe sind noch alte Flussrinnen
sichtbar.

Der Umptek und der Lujavr-Urt sind von einer mit Seen und Morästen erfüllten Geschiebe-landschaft umgeben, deren Bewaldung von Nadelholz und Birken auch die niedrigsten Theile dieser Gebirge bis zur Höhe von 350—400 m ü. d. M. bedeckt und sich gleich grünen Zungen über den Moränboden weit in die grossen Thalgründe hinein erstreckt. Über den Wald erheben sich die nackten Nephelinsyenitberge mit ihrer durch Gesteinsverklüftung und -Verwitterung zerbröckelten Oberfläche, welche nur eine spärliche Moos- und Flechtenvegetation aufkommen lässt. [1]

Mitte und Ende Juni werden die Seen im diesem Gebiete gewöhnlich eisfrei. Das Abschmelzen des Winterschnees dauert noch bis Mitte Juli fort und schon im Anfang August fällt neuer Schnee auf den Gipfeln der Hochgebirge. Auf den hohen Plateaus kommt doch kein »ewiger« Schnee vor, nur an den Nordabhängen, an schattigen Stellen in Schlüchten und Klüften thaut er nicht weg. Er bildet Brücken über die Schlüchte und überzieht den Boden der Pässe. Mehrere kleine, hoch gelegene Seen sind noch Mitte Juli gefroren, z. B. der See beim Passe in Tschasnatschorr (S. 8), der See im Kukiswum (S. 14) und ein See im Thal zwischen dem Alluajw und dem Angwundastschorr.

Die Gegend des Umptek und des Lujavr-Urt ist fast vollkommen unbewohnt von Menschen. In der Nähe liegen die Lappendörfer Jokostroff (Tjuksul), Rasnjark und Lovosersk (Lujavrsit), von deren Einwohnern ein Theil während des kurzen Sommers an verschiedenen Stellen bei den Seen Imandra, Umpjavr und Lujavr ihren Wohnsitz aufschlägt (siehe die Tafel I u. Tafel III, Fig. 2). Die Forschungsreisenden können in Folge dessen sehr wenig auf Unterstützung von Seiten der Einwohner rechnen und thun am besten daran, wenn sie, wie die Mitglieder der finnländischen Expeditionen es gethan haben, frühzeitig die nöthige Ausrüstung an Ort und Stelle voraus senden und dort von einem erprobten eigenen Manne bewachen lassen, bis sie selbst in dem Gebiet der Un-

---

[1] Die naturhistorischen Verhältnisse werden von Dr. O. KIHLMAN eingehend beschrieben werden.

tersuchung eintreffen; ebenso ist es rathsam eigene Mannschaft
und Böôte zur Verfügung zu haben. [1]

Wir schlugen am häufigsten unsere Lager an den Ufern der
grossen Seen innerhalb des Waldgebietes auf, wo es reichlich Wild-
pret und Fisch gab. Von diesen Stellen aus machten wir kürzere
Exkursionen in die nähere Umgebung und längere nach dem Inneren der Gebirge, wobei wir gewöhnlich in den oberen Wald-
enden der grossen Thäler übernachteten. Die Wanderungen in
diesen Bergen bieten für gewohnte Gebirgstouristen keine allzu
grossen Schwierigkeiten dar. Das beschwerlichste ist das Ueber-
waten der reissenden und kalten, sehr wasserreichen Ströme sowie
die Märsche über die scharfeckigen Blöcke auf den Hochebenen.

In Folge der Auswahl der Lagerplätze sind die an den grossen Seen grenzenden Theile der Gebirge am besten untersucht
worden, und nach diesen die centralen Partien. Manche Thäler
und Berge im Süden und Norden des Umptek und des Lujavr-Urt
wurden von uns gar nicht besucht. Auf einem durchsichtigen,
über die Karte (Tafel I) gelegten Papiere haben wir unsere Exkursionen eingetragen. Es ist natürlich, dass unsere im Folgenden
mitgetheilten Beobachtungen sich in erster Linie auf die durch-
wanderten Gegenden beziehen. Dank der verhältnissmässig grossen
Einförmigkeit des Gebirgsbaues lassen sich indessen aus genauen
Beobachtungen an einem Orte Schlüsse über die Beschaffenheit
weiterer Umkreise ziehen, und nach der Farbe des Gesteins und
der Form der für den Blick erreichbarer entfernten Thäler und
Berge war es möglich recht zuverlässige Kenntnisse über die Zusammensetzung und die Erosionsverhältnisse zu sammeln.

---

[1] Fennia 3, N:o 5, 6 und 7; 5, N:o 7.

Die Formen der Thäler. Verwitterung. Erosion. Recente Bildungen.

Von W. Ramsay.

Die Thäler des Umptek und des Lujavr-Urt zeigen unter sich grosse Unterschiede der Form und Ausdehnung. Doch findet man in ihrer Configuration auch übereinstimmende Erscheinungen wieder, welche sich auf dieselben Ursachen zurückführen lassen.

Die meisten Wildbäche z. B. fliessen in kurzen furchenähnlichen Thälern, deren geneigte Seiten sich in der Flussrinne schneiden (Tafel IV, Fig. 2). Nach der flachen V-Form ihrer Querschnitte (Fig. 2, a) haben wir solche Thäler als *V-Thäler* bezeichnet (Fennia 5, n:o 7). In ihren oberen Enden vereinigen sich oft mehrere kleine Rinnsäle der Wildbäche zur Bildung von kraterähnlichen Trichtern. Wo mehrere V-Thäler neben einander sich erstrecken, begegnen sich oft ihre Seiten, so dass die zwischenliegenden Bergrücken von scharfen Gräten gekrönt sind (siehe die Tafel, Fig. 1 in Fennia 5, N:o 7). Es ist offenbar, dass die V-Thäler ein Resultat der Erosion der reissenden Wildbäche sind. Die während der Schneeschmelze sehr wasserreichen Gewässer fliessen in ihrem oberen Laufe über fest anstehendes Gestein, und die von den Abhängen herunterrutschenden Verwitterungsprodukten werden sofort mitgerissen, so dass sich in Folge dessen bedeutende Schotteransammlungen in den unteren Enden gebildet haben.

Während die Furchenform hauptsächlich den ganz kurzen und steilen Thälern vorbehalten ist, zeigen im Allgemeinen die grossen eine parabolische Hohlform mit breitem *U-ähnlichen* Querschnitt (Tafeln V, Fig. 1; VII, Fig. 2 u. IX, Fig. 1; siehe auch Fennia 5, N:o 7). Ihre breiten Bodenflächen bilden einen langsamen Abfall

Fig. 2.

von den oberen c:a 400—500 m ü. d. I. gelegenen Enden zu den unteren, die tief im Waldgebiete drinliegen oder sogar die Ufer

der grossen Seen erreichen. Nach den beiden Seiten geht der
Thalboden mit einer konkaven Biegung in die steilen Wände über.
Diese erheben sich in den oberen Thalenden fast senkrecht bis
an die Hochebenen. Je mehr man aber Thal abwärts geht, um
so niedriger werden die steilen Abstürze, über welche dann mäs-
sig abgedachte Berge ansteigen (Fig. 2, *b* u. *c* und Fig. 3). Wenn

Fig. 3.
Längsschnitt durch das Thal des Tawajok im Lujavr-Urt.

die oberen Enden der U-Thäler nicht durch Pässe mit einander
verbunden sind, wie es meistens der Fall im Umptek ist, sondern
von einem steilen Hintergrund abgeschlossen werden, wie mehrere
Thäler des Lujavr-Urt, enstehen die charachteristischen Sackthäler,
welche die Lappen »talgim» nennen (Tafel IV, Fig. 2). Ähnliche
halbkesselförmige, parabolische Ausbuchtungen kommen übrigens
in den oberen Enden fast aller U-Thäler vor und entsprechen den
Trichtern der V-Thäler. Der Boden der grossen Thäler besteht aus
Moränenmaterial, in welchem die Flüsse ihr Bett eingegraben haben. In beinahe allen Thälern hat dieses Moränenmaterial sich an
gewissen Stellen zu quervorgelagerten Wällen angehäuft, hinter
denen sich oft Seen ausbreiten.

Es ist klar, dass die grossen U-Thäler und die »Talgims»
ihre parabolische Form nicht demselben erodierenden Agens ver-
danken können, welcher die V-Thäler in ihrer Nähe in ganz gleichem
Material eingefurcht hat. Da nun aber die ersteren mehrere Spuren früherer Vergletscherung, z. B. moränenbedeckten Thalboden
und Endmoränenwälle aufweisen, liegt die Annahme am nächsten,
dass die Gletscher die characteristische Configuration der Thäler
verursacht haben. Sie entspricht ja auch der typischen Form
eines Glacialsculpturthales. Da aber, wie es im Folgenden dargelegt werden soll, diese Thäler schon vor der Eiszeit existirten,
ist die Wirksamkeit der Gletscher eigentlich eine umformende ge-

wesen. Sie hat aus grossen V-Thälern U-Thäler geschaffen, halb-kesselförmige Hintergründe aus den Trichtern. Auch nach der Eiszeit haben diese Thäler eine nicht zu unterschätzende Veränderung durch Herunterfallen losgelöster Blöcken von den Seitengehängen erfahren.

Das hier beschriebene Aussehen besitzen im Umptek die Thäler Kunwum, Tachtarwum, Raswum, Wuennomwum, das Gebiet des Wudjavr und theilweise das Jiditschwum und das Thal des Kaljok. Im Lujavr-Urt finden sich folgende U-Thäler vor: das Gebiet des Sejtjawr und die meisten Theile auf der Nord-, West-und Südseite, die fast alle mit Eiskaren endigen.

Eine abweichende Form hat das grosse Gesenke der Tuljlucht. Es entspricht entweder einer tektonischen Vertiefung des Gebirgsmassives, oder es ist durch Vereinigung mehrerer naheliegender Thäler entstanden. Dass die Gletscher auch hier eine umgestaltende Wirkung ausgeübt haben, ersieht man aus den abgerundeten Formen der niedrigeren Berge und aus den zahlreichen »Talgims», welche in den Wänden der Hochebenen sich vorfinden. Das Thal des Wavnjok im Lujavr-Urt, welches weder V- noch U-Form hat, ist mit einer Einbuchtung der Gesteinsbankung ungefähr conform (siehe Fennia 3. N:o 7 und weiter unten).

Die Erosion und die Thalbildung, (seien sie vom fliessenden Wasser oder von den Gletschern bewerkstelligt), sind durch die Absonderung und Verwitterung der Gesteine ermöglicht und erleichtert worden. Allenthalben im Umptek und im Lujavr-Urt tritt eine *plattige Absonderung* in meistenorts ungefähr horizontalen Bänken auf. Sie ist ohne Zweifel eine Contractionserscheinung im Gestein, die sich bei der Abkühlung der Nephelinsyenitmassen vollzog (siehe weiter unten). Im Umptek, wo das Hauptgestein sehr grobkörnig ist, besitzen diese Bänke gewöhnlich eine Dicke, von 0.5—3 m, welche sehr oft noch eine flasrige Absonderung in dünne Schollen aufweisen (Tafeln VIII, Fig. 1 u. 2). Im Lujavr-Urt, dessen mittelkörniges Hauptgestein durchaus trachytoidal schiefrig ist, ist die Bankung noch mehr ausgeprägt und erinnert fast an sedimentäre Schichtung.

Gerade durch diese annähernd horizontale Bankung wird wahrscheinlich zum grössten Theil die Plateauform der Nephelinsyenitberge bedingt, denn da die Verwitterung natürlich am leichtesten parallel der Absonderungsspalten fortschreitet, hat die abtragende Erosion früher die eine Bank nach der anderen abgeschält, dadurch horizontale Oberflächen hervorgerufen und beibehalten. Wo die Richtung der plattigen Absonderung bedeutende Abweichung von der horizontalen Lage aufweist, wie z. B. beim Jiditschwum, in den Thälern des Kaljok und des Wavnjok, ist die Erosion auch hier derselben gefolgt, Thäler schaffend. Sonst werden die Gesteinsbänke von den Thalabhängen quer durchschnitten.

Neben der plattigen Absonderung hat eine *vertikale Verklüftung* in zwei gegen einander senkrechten Richtungen zur Beförderung der Verwitterung und Erosion beigetragen. Die eine der Verklüftungsrichtungen folgt gewöhnlich ungefähr der Umrandung des Umptek und des Lujavr-Urt; die dazu senkrechte Richtung verläuft oft annähernd parallel mit den radialgerichteten Thälern. Durch Erweiterung dieser Verklüftungsspalten haben sich an mehreren Stellen Schlüchte gebildet (Tafel VIII, Fig. 2), und die steilen Wände der Hochebenen bestehen oft aus Verklüftungsflächen, von welchen die von Absonderungs- und Verklüftungsrichtungen begrenzten Blöcke auf den Abhängen sich losgelöst haben. Die horizontale Bankung und vertikale Verklüftung haben ohne Zweifel die Ausbildung von U-Thäler aus früheren V-Thäler begünstigt.

Der innere Zusammenhang der Gesteinsmassen wird noch mehr durch eine umfassende *Frostspaltung* zerstört. Überall in Thätigkeit, ist sie durch ihre Wirkungen besonders auf den horizontalen Plateaus und Terrassen bemerkbar. Die Oberflächen der Hochebenen bestehen ausschliesslich aus scharfkantigen Blöcken und Gesteinssplittern (Tafel V, Fig. 2). Nie sieht man wirklich fest anstehendes Gestein auf diesen sterilen »Steintundren». Trotzdem kann man sichere geologische und petrographische Beobachtungen machen, da die Trümmer meistens noch *in situ* liegen. Sie zeigen eine übereinstimmende Anordnung ihrer Parallelstructuren; Schlieren oder Gangpartien in einem Stein setzen in den naheliegenden fort. Auf den Abhängen dagegen, besonders in den höher gelegenen Theilen der Gebirge sind die Blöcke aus ihrer ursprünglichen Lage gebracht und durch einander geworfen worden.

Bei weiterem Fortgang der Frostspaltung zerfallen die Steine in einen grobkörnigen Schutt. Dass diese Art der Verwitterung vorwiegend eine rein mechanische ist, geht daraus hervor, dass man in diesem Schotter alle mineralogischen Bestandtheile des Gesteins in vollkommen unzersetztem Zustande findet. Sie greift die verschiedenen Gesteine verschieden an. Die kleinste Wiederstandsfähigkeit hat das Hauptgestein des Umptek, ein grobkörniger Nephelinsyenit. Er zerfällt in einen Rapakiwi-ähnlichen Schotter, weleher an wenig geneigten Stellen oft zu mehrerer Meter Dicke das feste Gestein bedeckt. An steileren Abhängen wird er jährlich von dem Schmelzwasser abgespült oder rollt von selbst herunter. Die anderen häufig auftretenden Gesteine im Umptek, ein mittelkörniger Nephelinsyenit und ein Nephelinsyenitporphyr sind diesem Zerfallen weniger ausgesetzt. Da sie als Lagergänge im grobkörnigen Nephelinsyenit auftreten, bleiben sie bei der Verwitterung des letzteren als dicke Platten zurück. — Das Hauptgestein des Lujavr-Urt, ein mittelkörniger, trachytoidalstruirter Nephelinsyenit, spaltet sich bei fortschreitender Verwitterungen in immer dünner werdende tafelförmige Scheiben.

Chemische Verwitterung spielt eine untergeordnete Rolle im Nephelinsyenitgebiete Hie und da trifft man auf den Hochebenen thonige Partien zwischen den Blöcken, aber sonst zeigt das krystallklare Wasser der Bäche und Flüsse, selbst während des Schneeschmelzens und des Regens, das Thonbildung nur in geringem Grad stattfindet. Der auflösenden Wirkung der Atmosphärilien ist besonders der Nephelin ausgesetzt, wodurch die Oberflächen der verschiedenen Gesteine ihr charakteristisches Aussehen erhalten. Die Nephelinsyenitporphyre z. B. erweisen Vertiefungen mit bexagoualen und tetragonalen Formen; im Gestein des Lujavr-Urt ragen die parallelliegenden Feldspathtafeln wie Riefen einer Feile heraus. Wie gering die Zersetzung der Gesteine sonst ist, erhellt daraus,

dass man vollkommen frische Handstücke schlagen kann, auf deren
einer Seite die Lichenen noch sitzen.

Im folgenden Kapitel soll gezeigt werden, dass der grösste
Theil der Erosion und Denudation der Nephelinsyenitgebirge schon
in präglacialen Zeiten sich vollzog. Indessen hat eine nicht unbedeutende Erosion, auch nach der Eiszeit stattgefunden, vielleicht
eine tiefergehende als in anderen Gegenden mit mehr wiederstands-
fähigen Gesteinen.

So sind z. B. nach der Eiszeit von den steilen Abstürzen
der U-Thäler eine grosse Menge Blöcke heruntergefallen, *die auf der
Moräne* gelagert sind, und fortwährend vermehrt sich diese Menge
durch neue Zufuhr. Während unseres Aufenthalts beim Jun Wudjavr hörten und sahen wir gewaltige Blöcke und Schutt von der
senkrechten Wand auf der Westseite herunterstürzen und in mehreren Pässen und Schlüchten fanden wir den Schnee sehr oft mit
Steinen und Splittern besäht.

Wie umfassend die *postglaciale Verwitterung* ist, geht daraus
hervor, dass weder die deutlich moutounnirten Berge noch die Seiten der U-Thäler vom Eise abgeschliffene Flächen mehr aufzuweisen haben. Überall ist die Oberfläche rauh, und die Haufen von
Verwitterungsschutt die darauf liegen sind gewiss nach der Eiszeit
entstanden.

Das fliessende Wasser hat die Abtragung der Verwitterungsprodukte, d. h. die *postglaciale Erosion* beschleunigt. Denn es
ist unzweifelhaft, dass manche von den kurzen V-Thäler nach der
Eiszeit einen bedeutenden Vertiefung und Erweiterung unterworfen waren. Die scharfen Gräte z. B., welche mehrere zwischen
V-Thälern gelegene Bergrücken aufweisen, wären sicher von den
darüber sich bewegenden Landeismassen abgerundet worden, wenn
sie präglacial wären, besonders die auf der Westseite des Umptek,
deren untersten moutonnirte Enden zeigen, dass die Stossseite des
Eises hier lag. Hier hat eine postglaciale Erosion im festen Gestein stattgefunden. — In manchen anderen Fällen, z. B. in einigen

V-Thälern nördlich der Bucht Eneman, in welchen Reste von Moräne sich noch vorfinden, hat der Wildbach seine Arbeit zur Säu-
berung seines Bettes von der fremden Füllmasse geleistet.

Den sichersten Beweis für die postglaciale Erosion liefern
indessen die Ablagerungen der transportirten Verwitterungsprodukte. An manchen Stellen im Inneren des Umptek bilden sie
vor den Mündungen der V-Thäler Schuttkegel, die *auf der Moräne
der U-Thäler* sich ausgebreitet haben (Tafel III, Fig. 1), und wo
das Material bis an die grossen Seen geschleppt worden ist, hat
es *Deltas* gebildet, über deren postglaciale Natur kein Zweifel herrschen kann. Besonders bemerkenswerth sind in dieser Hinsicht
die Deltas auf der Westseite des Umptek am Ufer des Imandra.
Sie bestehen fast *ausschliesslich aus Nephelinsyenitmaterial*, welches
auf der eigentlichen Moränendecke ruht, die aus allerlei fremden
Gesteinen zusammengesetzt ist. Dazu kommt dass diese Deltas
auf der Stosseite der Gebirge liegen, folglich das Material in entgegengesetzter Richtung transportirt wurde, als sich das Landeis
bewegte.

Die bedeutendsten unter den Deltabildungen im Nephelinsyenitgebiet sind folgende.

1) Im Imandra:

Das Delta des Jiditschjok. (Siehe Fennia 5, N:o 7: die
Karte Tafel I, Fig. 5). Es besteht aus einer bogenförmigen 3 km
langen, 10 m breite Nehrung, innerhalb·welcher ein kleines Haff
mit einigen von den Flussarmen eingefassten Schwemminseln liegen.
Nur im Frühsommer sind diese Flussarme mit Wasser gefüllt.
Zur Zeit unseres Besuches waren sie vollkommen trocken (13
Aug. 1891). Die vegetationslose Nehrung, welche aus Nephelin-
syenitschotter und ausgespültem Moränensand zusammengesetzt ist,
ist bei Hochwasser überschwemmt.

Die Vorgebirge Tjivrnjark und Kuakrisnjark. Sie
liegen der Insel Vysokij gegenüber und bilden die Deltas zweier
vom Westrande der Gebirge kommenden Wildbäche. Ihr Material
ist ausschliesslich Nephelinsyenitgrus. Das südlichere, Kuakrisjark,
in welches der vom grossen Bärenthal kommende Fluss ausmündet

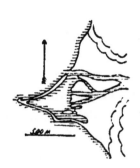

Fig. 4.
Das Delta Kuakrisnjark.

wurde von uns näher untersucht. (Fig. 4). Wie das Delta des Jiditschjok, besteht auch dieses aus einer langen Nehrung, die das Haff mit den Deltainseln umschliesst. Zwei kleinen Bergbäche südlich von Kuakrisnjark bilden ähnliche Anschwemmungen an ihren Mündungen.

Das Delta des Lutnjärmajok, welches theils aus angeschwemmten Neubildungen, theils aus alten, von den vielen Flussarmen durchgrabenen Moränboden besteht.

Die Mündung des Enemanjok. Sie erstreckt sich 1—2 Kilometer in die seichte Bucht Eneman in gewundenem Verlauf hinein. Auf beiden Seiten ist sie von birkenbewachsenen Schwemmwällen umgeben, hinter denen Sümpfe und kleine Teiche aufgedämmt sind. Die oberen Zuflüsse des Enemanjok haben das weite Delta gebildet, welche das Nordende des See Wudjavr ausgefüllt hat.

2) Im Umpjavr:

Das Delta in der Bucht Tuljlucht. (Tafel VI, Fig. 1). Die meisten Flüsse und Bergströme des Tuljluchtgebietes münden in ein gemeinsames, vielfach verzweigtes Delta aus, welches sich längs dem Westufer der Tuljlucht ausbreitet. Gegen die Bucht hin wird es von einer Reihe Sandbarrieren begrenzt, die bei seichtem Wasserstand sichtbar sind: innerhalb derselben liegen die zahlreichen Schwemminseln und Landzungen mit abgedämmten Flussarmen und kleinen Teichen. Die Verzweigung der Flüsse findet schon in 2—3 km Entfernung vom Ufer im Waldgebiete statt, wo mehrere verlassene, jetzt trockenliegende Flussrinnen auf einen früheren 1—2 m höheren Wasserstand des Umpjavr hindeuten.

Die vom Lujavr-Urt in den Umpjavr fliessenden Bäche bilden nicht so typische Deltas. Sie haben oft einen gewundenen Verlauf in dem Ufergebiet und münden in kleinen Lagunen ein,

Dem südlichen Theile des Umpjavr ausserhalb des Gebirgsgebietes fliessen mehrere bedeutende Gewässer zu, wo sie in weite

Buchten einmünden, die gegen den See hin von langen und schmalen Landzungen begrenzt werden. Diese hauptsächlich aus Sand
bestehenden Gebilde sind von uns nicht näher studirt worden
(sie werden auf Edgrens Karte des Umpjavr in Fennia eingezeichnet werden).

Längs dem West-ufer des nördlichen Theils des Umpjavr vom
Vorgebirge Njurjavrpachk bis in die Bucht Tschudwun erstreckt
sich eine Reihe von seichten Lagunen, die durch schmale, aus
Schotter und Blöcken gebildete Wälle vom See getrennt sind.
(Fig. 5). Diese Wälle sind ziemlich sicher durch das Frühlings-
treibeis gebildet, welches grosse Steine und
anderes Material sehr hoch erheben kann,
wenn es vom Wind gegen den Strand gepresst
wird. Die Bäume auf den Wällen tragen
deutliche Spuren von der Einwirkung des
Eises und wir fanden mehrere Blöcke, die
auf der Pflanzendecke lagen, d. h. ganz neulich auf den Wall aufgeworfen worden waren. Den 29 Juni 1891 sah ich bei der
Reise über den Imandra den Tag nach dem
Eisaufbruch, wie der Wind und die Wellen
das Eis zu 3 m Höhe auf den Ufern aufge-
trieben hatten und wie dasselbe grosse Blöcke
mit sich gehoben hatte. (Siehe Fennia 5,
N:o 7. S. 6).

Fig. 5.
Uferwälle am Tschudwun
im Umpjavr. Nach
A. Edgren.

Die Eiszeiten.

Von W. Ramsay.

Wie schon oben mehrmals erwähnt worden ist, trifft man im
Nephelinsyenitgebiete der Halbinsel Kola zahlreiche Merkmale früherer Vergletscherungen an. Ringsum breitet sich eine moränenbedeckte Landschaft aus, und die Thalgründe der Gebirge sind von
demselben Material erfüllt. Erratische Blöcke fremder Gesteine

werden im Nephelinsyenitgebiet angetroffen, und verschiedene Gesteine des Umptek und des Lujavr-Urt sind weit von ihrem Ursprungsort weg transportirt worden. Die Formen gewisser Thäler deuten auf Gletscher-erosion hin, und die in gewissen Himmelsrichtungen liegenden Berge zeigen moutonnirte Abrundungen. Alle diese Spuren von Vergletscherung lassen sich auf mindenstens zwei verschiedene Eiszeiten oder zwei getrennte Epochen der Eiszeit zurückführen. Die erstere hängt mit der grossen Ausbreitung des Landeises in Nordeuropa zusammen, die andere besteht in einer localen Vergletscherung des Nephelinsyenitgebietes. (Fennia 5, N:o 7).

Der Umptek und der Lujavr-Urt während der grossen Ausbreitung des nordeuropäischen Landeises.

Beobachtungen über die Richtungen der Schrammen sowie über die Stoss- und Leeseiten der Berge längs den Küsten der Halbinsel Kola sind von W. BÖHTLINGK [1] gemacht worden, zu denen ich noch einige von den Gegenden von Kola, Woroninsk und Ponoj hinzugefügt habe (Fennia 3, N:o 7). Während der Reisen der Jahre 1891 und 1892 wurden noch folgende Richtungen von Schrammen gemessen: auf den Felseninseln im Kantalaks-fjord S 50°—55° E; am Nordende des Sees Umpjavr in den Gneissfelsen N—S; auf den Inseln im See Kanosero S 30°—40° E. Eine Zusammenstellung dieser Beobachtungen (Fig. 6) giebt eine allgemeine, von Skandinavien und Nordfinnland ausgehende Bewegung des Landeises an, von welchem auf der Halbinsel Kola ein Theil in NE-licher Richtung nach dem Eismeer hin bewegt ist, während ein anderer Theil nach SE ins Weisse Meer glitt. Die mit dem Süd- und Ost-ufer parallelen Schrammen deuten auf eine dem »baltischen Eisstrom» entsprechende Gletscherausfüllung des weissen Meeres hin. In den hier angenommenen Richtungen hat auch der Transport der erratischen Blöcke auf weite Entfernungen hin stattgefunden. Auf der Inseln und dem Ostufer des See Lujavr befin-

---

[1] W. BÖHTLINGK, Bericht über eine Reise durch Finnland und Lappland. Zweite Hälfte. Bulletin scientif. de l'acad. de S-t Pétersb. VII, 191. 1840.

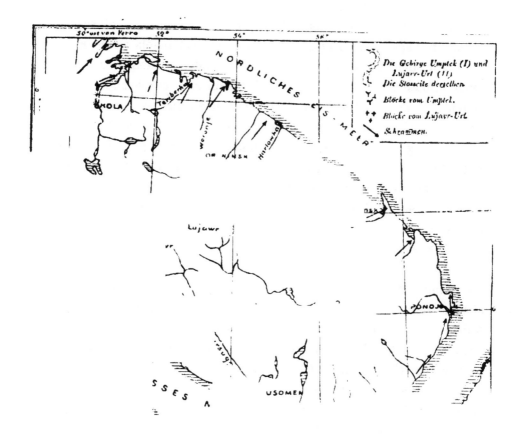

Fig 6.

den sich Blöcke, welche dem Umptek und Lujawr-Urt entstammen
Noch weiter im ENE auf dem Poadslam wurden zahlreiche Blöcke
vom characteristischen Gestein des Lujawr-Urt gesehen, und längs
des Flusses Umpjok sah ich an mehreren Stellen Steine aus dem
Umpteker Nephelinsyenit, doch immer nur ausgewaschen am Ufer,
nie unzweifelhaft der Moräne angehörig.

Die Schrammen am Nordende des Umpjavr müssen von
einem der Längsrichtung des Sees folgenden Eisstrom herrühren.
Der Blocktransport deutet dagegen auf eine W—E-liche Propaga-
tion hin. Dieser Umstand muss so aufgefasst werden, dass entweder ein vom Bodenrelief bedingter und von der allgemeinen
Richtung unabhängiger Unterstrom durch das Umpjavrthal sich hin

zog oder, was mir wahrscheinlicher scheint, dass der Umpjavr-glet-
scher einer späteren geringeren Ausdehnung des Landeises entspricht.

Mit der Bewegungsrichtung des Landeises steht der auffallende Unterschied zwischen den langsam sich erhebenden West-
seiten und den steil abfallendenden Ostabhängen des Umptek und
des Lujavr-Urt im Zusammenhang. Jene, welche die Stosseiten
waren, zeigen moutonnirte, abgerundete Bergrücken, diese, die
Leeseiten, sind ganz schroff. Während das Landeis den Umptek
fast genau von W überschritten zu haben scheint, war hauptsächlich die NW-Ecke des Lujavr-Urt der grössten Einwirkung der
Eismassen ausgesetzt.

Die Moränendecke, welche fast überall in der umgebenden
Landschaft die fest anstehenden Gesteine verhüllt, breitet sich als
ein dünner Mantel bis zu 200—300 m Höhe auf den äusseren Abhängen der Hochgebirge aus. Darüber findet man noch einzelne
Anhäufungen fremder Gesteinsblöcke, die indessen immer spärlicher
werden, je höher man kommt, bis man sie über 700—800 m nur
ganz vereinzelt antrifft. Diese Thatsache sowie das Vorkommen
fremder Blöcke in den inneren Thälern beweisen, dass die von
W kommenden Eismassen die Hochgebirge wenigstens bis zu 800
m Höhe überschritten und ihre Thäler durchzogen.

Die Moräne der grossen Eiszeit ist vollständig ungeschichtet
und besteht aus Sand, Gerölle, Geschiebe und Blöcken. In der
flachen Umgebung des Nephelinsyenitgebietes ist sie oft sandig und
»mo»-artig, in der Nähe der Gebirge und auf ihren Abhängen reicher an gröberem Material und grossen Blöcken. Die Beschaffenheit und die geographische Vertheilung dieser letzteren in der Moräne
beweisen auch, dass das Landeis sich von W nach E bewegte
(Fig. 7). Auf der Westseite und auf den Inseln des See Imandra
besteht alles Geschiebe aus altkrystallinischen Gesteinen: Gneissen,
Graniten, Granuliten und verschiedenen Schieferarten etc. Die
einzelnen Blöcke von Nephelinsyenit, welche hie und da auf dem
westlichen Ufer liegen, gehören nicht der Moräne an, sondern sind
vom Treibeis auf dem Imandra dahin transportirt worden. Auf
dem Ostufer des Imandra dagegen ist schon eine sehr grosse Menge

vom Nephelinsyenit aus dem Umptek mit den anderen Gesteins-
arten in der Moräne vermengt, während die letztere auf den Nord-
und Südseiten des Gebirges hauptsächlich nichtnephelinsyenitisches
Material enthält. Der schmale Saum von losen Bildungen auf dem
Westufer des Umpjavr weist neben fremdem Material sehr viel
Nephelinsyenitblöcke aus dem Umptek, aber keine aus dem Lujavr-
Urt auf. Das Geschiebe im breiten Strandgebiet auf der Ostseite
des Umpjavr besteht aus einem Gemenge von vorwiegend archäischen
Gesteinen, Gneissen und Gneissgraniten, und von Gesteinen aus dem
Umptek, mit welchen auch die Abhänge des Lujavr-Urt reichlich
besäht sind. Auf den Ufern und Inseln des Lujavr sowie in den
Gegenden östlich davon kommen sehr grosse Mengen von Blöcken
aus sowohl dem Lujavr-Urt als dem Umptek vor.

Während der grossen Ausbreitung des nordeuropäischen Landeises muss dasselbe sich thalaufwärts bewegt haben in den sich
gegen Westen öffnenden Thälern des Umptek und des Lujavr-Urt
und von diesen durch die Pässe in die Thäler auf der Leeseite
eingedrungen sein. Dadurch kann man leicht das Vorkommen
fremder Blöcke im Inneren der Gebirge, besonders in den westlichen Thälern erklären.

Die niedrigeren Theile der Stosseiten bis zur Höhe von 600
m zeigen mehr ausgeprägt abgerundete Berge und andere Spuren
von der Einwirkung des Landeises als die oberen (Siehe Tafel I
in Fennia 5, N:o 7). Dieser Umstand könnte damit im causalem
Zusammenhange stehen, dass die obere dünnere Eisdecke nicht
eine so kräftige Corrasionsarbeit ausführte, wie die tieferen, einige
Hundert m mächtigeren Partien der Eismassen. Wahrscheinlicher
scheint es doch, dass das Landeis verhältnissmässig vorübergehend
die höchsten Theile der Berge erreichte, und dass die Nephelinsyenitgebirge während der grössten Zeit der nordeuropäischen Vereisung in der That *als Nunatake* aus der ca. 700 m mächtigen Eisdecke emporragten. Unterhalb dieser Höhe trifft man häufig fremde
Blöcke und Moränenablagerungen auf den Abhängen an.

Noch deutlicher müssen diese Gebirge bei abnehmender
Mächtigkeit des nordeuropäischen Landeises als Nunatake hervor-

getreten sein. Aus dieser Periode, zu welcher der Eisstrom im
Umpjavr wahrscheinlich gehörte, stammen ohne Zweifel die horizontalen von Moränenmaterial bedeckten Terrassen her, welche an
mehreren Bergabhängen und Thalseiten sich erstrecken und welche
den »Saetern», die in den scandinavischen Hochgebirgen auf Niveaus, weit über der spätglacialen marinen Grenze vorkommen, in
ihrer Beschaffenheit und Entstehung vollkommen zu entsprechen
scheinen. Marine Uferbildungen können sie nicht sein, weil sie in verschiedenen Thälern in verschiedenen Höhen liegen, und weil postglaciale marine Ablagerungen im Inneren der Halbinsel gar nicht vorkommen. In einem früheren Aufsatze (Fennia 5, N:o 7) sind sie als Ufer-
moränen gedeutet worden. In so fern sind sie es auch, als das
Material von Seitenmoränen herstammen muss, aber die Terrassen-
bildung rührt wahrscheinlich von »eisgedämmten» Seen her, wie
es auf Grönland und in Schottland der Fall ist, und wie es in den
skandinavischen Hochgebirgen von A. M. Hansen[1] und von A. G.
Högbom[2] beschrieben worden ist, wenn die »Saeter» des Umptek
nicht ganz einfach verschiedene Höhen des Eisrandes selbst bei dessen Abschmelzung bezeichnen, wie die norwegischen nach der Vorstellung von H. H. Reusch[3].

Besonders deutlich entwickelt sind solche Terassen an folgenden Stellen im Umptek gesehen worden (Fig. 7). Im Bärenthal
(Medweschij Log) auf der Westseite liegen in drei verschiedenen
Niveaus über einander schmale horizontale Terassen aus Moränenmaterial. Die mittlere Terrassenreihe, welche besonders auf der
Nordseite des Thales schön entwickelt ist, befindet sich einwenig
unterhalb der Baumgrenze, ca. 230 m ü. d. I. Für die zwei anderen liegen keine Höhenbestimmungen vor. — Beim Eneman, der

---

[1] A. M. Hansen, Om seter eller strandlinjer i store höjde over havet.
Archiv f. Math. og Nat. B- 10. Christiania. 1885. pag. 329.
— — Strandlinjestudier, ibid. B. 14 u. 15. 1891.
[2] A. G. Högbom, Om märken efter isdämda sjöar i Jemtlands fjelltrakter.
Geol. fören. förh. i Stockholm. 1893. B. XIV. 561.
[3] H. H. Reusch, Har det existeret store isdaemmede indsjöer paa östsi-
den af Langfjeldene? Norges geologiske undersögelse. Aarboog 1892—93. Christiania 1894. pag. 58.

Insel Seitsul gegenüber (Tafel XIII, Fig. 2) sind auf dem Abhang des Chibinä drei nur einige m breite Terrassen über einander aufgereiht, von denen die zwei oberen besonders deutlich entwickelt sind. Sie bestehen aus Moränenmaterial, welches auf dem Berg abgelagert ist. Ihre Höhen über dem Imandra sind 360, 315 und 220 m. Ähnliche Terassen sind auf der Südostseite des Umptek auf den Abhängen des Kiesrant und des Kietschepachk über der Waldgrenze (250 m ü. d. I.) sichtbar. An beiden Seiten des unteren . Thal des Kaljok im Schur Umptek befinden sich zwei sehr deutliche, ca. 20 m breite Terrassen, die theils aus Moränenmaterial bestehen, theils ins feste Gestein eingeschnitten sind. Ihre Höhen sind ca. 350 und 300 m ü. d. I. Auf den Abhängen der Thäler im Berge Njarkpachk, südlich von der Bucht Tuljlucht kommen ebenso mehrere Terrassen über einander vor, von denen die zwei deutlichst entwickelten die Höhen 380 m und 320 m ü. d. I. haben.

Die nicht correspondirenden Niveaus der Moränenterrassen an verschiedenen Stellen sprechen zu Gunsten der Annahme, dass sie an den Ufern kleiner Seen gebildet wurden, die von Gletschern abgedämmte Thäler ausfüllten. Hat es gleichzeitig locale Gletscher in den höher gelegenen Thälern der Gebirge gegeben, so haben sie wenigstens die von den Seen erfüllten unteren Theile nicht erreicht.

Die im Lujavr-Urt beobachteten Bildungen sind den hier geschilderten nicht ganz ähnlich. Die auf der NW und W-Seite auf den Bergrücken Tsutsknjun, Angwundas, Sengis und Parga sich erstreckenden terrassenähnlichen Absätze liegen auf festem Gestein, obgleich mit Moräne bedeckt. Sie werden von hinausragenden Enden der gegen E geneigten Nephelinsyenitbänke gebildet. Ihre Lage befindet sich ungefähr in der Höhe von 350—450 m ü. d. I. und ist nicht ganz horizontal.

Wenn die Höhe von 800 m dem Minimum der Mächtigkeit des Eises während dessen grösster Ausdehnung entspricht, bezeichnen die Höhen der Terrassen den Standpunkt des Eises während späterer Nunatakstadien. Im Lujavr-Urt ist die mittlere Höhe der erwähnten Terrassen ca. 400 m. Im Umptek hat man folgende Niveaus:

	Obere	Mittlere	Untere Terrasse
Im Bärenthal . . .	—	—	230
Beim Eneman . . .	360	(315)	220
Beim Kaljok. . . .	350	300	—
Auf dem Njarkpachk .	380	320	.

Da diese Höhen die See-Ufer bezeichnen, muss man voraussetzen, dass der Eisrand einwenig höher lag, vielleicht ca. 400 m bei der Bildung der obersten Uferlinien.

Nach diesen Stufen der Mächtigkeit hat das Landeis sich von den Gebirgen Umptek und Lujavr-Urt allmählich mit Unterbrechungen zurückgezogen, Seiten- und Endmoränen hinterlassend. Die best entwickelten Seitenmoränen sind die oben beschriebenen Geschiebewälle am Südabhange des Lujavr-Urt (S. 19). Ähnliche Gebilde, wenn auch nicht immer so deutlich, kommen ebenfalls auf der Nordseite dieses Gebirges und am Nordende des Umpjavr beim Lestiware und auf der Nordseite des Umptek vor. Ein gut entwickelter ca. 10 m hoher Geschiebewall, welcher im Waldgebiet am Ufer des Imandra längs dem Rande des Jimgjegorrtschorr liegt, ist wohl auch eine Seitenmoräne. Als Reste von Endmoränen sind u. a. die aus Geschiebe bestehenden Inseln in der südlichen Hälfte des Umpjavr und in der Bucht Eneman anzusehen. In den letzten Stadien der besprochenen Nunatakepoche muss nämlich eine Gletscherzunge zwischen den hohen Bergen in das breite Südende des Umpjavr sich erstreckt haben, wie die früheren Gletscher in den Seen am Nordrande der Ostalpen.

Die locale Vergletscherung des Nephelinsyenitgebietes.

Die Moränenablagerungen und ihre Anstauungen zu quervorgelagerten Endmoränen in den grossen Thälern des Umptek und Lujavr-Urt beweisen, dass diese einst von Gletschern erfüllt waren. Da in diesen wallförmigen Endmoränen sehr viele dem Nephelinsyenitgebiete fremde Blöcke vorkommen, ist es ersichtlich, dass die lokale Gletscherwirksamkeit nach der grossen Ausbreitung des nordeuropäischen Landeises, welches das fremdartige Gesteinsmaterial in die Gebirge hineinbrachte, stattgefunden hat. Andrerseits,

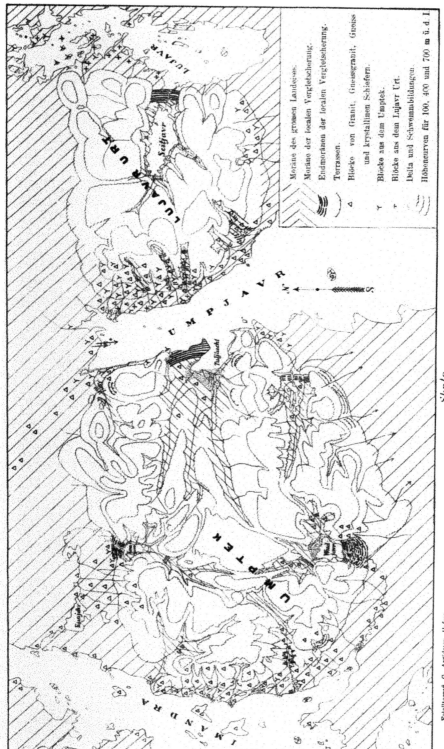

Moräne des grossen Landeises.
Moräne der localen Vergletscherung.
Endmoränen der localen Vergletscherung.
Terrassen.
Blöcke von Granit, Gneissgranit, Gneiss und krystallinen Schiefern.
Blöcke aus dem Umptek.
Blöcke aus dem Lujavr Urt.
Delta und Schwemmbildungen.
Höhencurven für 100, 400 und 700 m ü. d. I

Skala

Fotolitografi, G. Arvidsson. H:fors.

da in den Thälern erratisches, nichtnephelinsyenitisches Geschiebe noch gefunden wird, würde man den Gletschern keine bedeutende Erosion im festen Gestein zuschreiben können. Die Form der Thäler weist doch auf eine solche hin (S. 24). Nun ist indessen zu bemerken, dass die fremden Gesteine hauptsächlich in den End-moränen und in den unteren Thälern auftreten. Man könnte sich dann vorstellen, dass sie nicht aus einer alten Moräne auf dem Thalgrund herstammen, sondern einst die Böschungen der Thäler bedeckten und als obere Moräne transportirt wurden. Mir scheint es doch sehr wahrscheinlich, dass schon das grosse Landeis, und noch mehr locale Gletscher, welche entweder einer selbständigen Eiszeit entsprechen oder als Vorläufer der grossen nordeuropäischen Eisausbreitung in den Hochgebirgen auftraten, zur Umbildung der ursprünglichen Wassererosionsthäler beigetragen hatten.

Die spätere lokale Vergletscherung des Umptek und Lujavr-Urt, während welcher die Moräne und die Endmoränenwälle gebil-det wurden, befreite wieder die Thäler von der Moräne des gros-sen skandinavischen Landeises und verschärfte durch ihre Erosion die U-form derselben.

Im vorigen Kapitel wurde erwähnt, dass die concaven und steilen Wände der U-Thäler in den oberen Theilen der Thäler das Plateauniveau erreichen, in den unteren Thalenden dagegen nur den niedrigsten Theil der Abhänge bilden (Fig. 2 u. 3). Da nun die trogförmige Partie als ein Resultat der Gletschererosion an-zusehen ist, giebt ihre Höhe einen gewissen Aufschluss über die Mächtigkeit der Gletscher bei ihrer grössten Ausdehnung. Die obe-ren, 400—500 m tiefen Thäler waren vollständig erfüllt von ihnen, gegen die Mündung zu nahm die Dicke rasch ab. Ausserdem findet man, dass je grösser die Thäler, um so bedeutender die Gletscher waren. Sie besassen z. B. in der Mündung des Wudjavrthales noch 200 m Dicke, während sie z. B. in den Thälern auf der Westseite des Lujavr-Urt schon bei der Thalmündung aufhörten.

Aus den einzelnen Thälern liegen folgende Beobachtungen über die Beschaffenheit der Grundmoräne und das Vorkommen von Endmoränen vor.

Die Moräne auf dem Thalgrund des Jiditschwum enthält sehr viel fremde Gesteine. Sie ist im unteren Thal uneben, aber deutliche Endmoränenzüge wurden nicht beobachtet. Das Thal des Lutnjärmajok, dessen Moräne ebenfalls sehr reich an nichtnephelinsyenitischem Material ist, wird durch mehrere hintereinander gelagerte 10—20 m hohe Geschiebewälle abgesperrt (Siehe S. 9), und auch ausserhalb des eigentlichen Gebirges am Ufer des Imandra kommen einige Reste von Endmoränen vor.

Das Thalgebiet des Wudjavr ist durch eine deutlich entwickelte Endmoräne geschlossen, hinter welcher der See sich ausbreitet. Sie besteht, wie auch die Grundmoräne im Thal, aus altkrystallinischem und nephelinsyenitischem Material mit einander gemengt. Ihre Höhe ist 25—30 m ü. dem See, (ca. 200 m. ü. d. I.), die Breite des innersten Walles ungefähr 300—500 m. An der Südseite desselben reihen sich dicht an einander auf einer Breite von 2—3 km zahlreiche 5—10 m hohe Geschiebewälle in gegen S convexen Bogen an. In den oberen Thälern des Wudjavr treten ebenfalls Endmoränen auf. Eine sehr schöne von 40 m Höhe läuft quer über das Uts-Wudjavr-Tbal (Siehe S. 13) und eine kleinere befindet sich im Juksporrlak.

Der See Kunjavr im Kunvum liegt ebenfalls hinter quervorgelagerten Endmoränen in der Thalmündung. Die innerste und breiteste ist ca. 15 m hoch. An sie reihen sich, wie ausserhalb des Wudjavr, Bögen von kleinen Geschiebewällen und Hügeln an. Nach Beobachtungen, die O. Kihlman mitgetheilt hat, befindet sich in der Mitte des Thales ein querliegender Moränenwall von ca. 10—20 m Höhe.

In der Mündung des Thales des Kaljok sieht man drei bis vier ca. 10 m hohe Endmoränen hinter einander, die sowohl nephelinsyenitisches als fremdes Material enthalten.

Sehr deutlich ist die Endmoräne in der Mündung des Wuennomwum. Auf der Südseite, gegen den Kietschpachk angelehnt, ist sie 40—50 m hoch und ca. 200 m breit. Dann wird sie vom Fluss durchschnitten und setzt sich auf dessen Nordseite in einer Reihe von Geschiebehügeln fort. Innerhalb dieser liegt der

See. Im oberen Wuennomwum sahen wir keine deutlichen Quer-
moränen. Das Geschiebematerial enthält recht viel Gesteinsblöcke,
die dem Umptek nicht angehören.

Das Vorgebirge Tuljluchtnjark, welches das grosse Tuljluchtgebiet gegen E abschliesst, ist eine 4 km lange, ca. 400 m breite und
25—30 m hohe Moränenbildung aus ungeschichteten Material, welche noch auf der Südseite der Bucht ihre Fortsetzung hat. Die Berge
auf beiden Seiten derselben, der Njurjavrpachk in N und der
Njorkpachk und der Koaschka in S wenden ihre glacialen Stossseiten aufwärts gegen das Thal hin, während sie ganz schroff nach
dem Umpjavr zu abfallen. Längs der Südseite der Tuljlucht unterhalb
des Njorkpachk erstreckt sich ein schmaler ca. 15 m hoher Geschie-
wall, wahrscheinlich eine Seitenmoräne. Die Moränen des Tuljluchtgebietes enthalten viel fremdes Material.

Sehr schön entwickelt sind die Endmoränen in den meisten
Thälern auf der Westseite des Lujavr-Urt. Sie sind im allgemeinen auf drei Stufen der Thäler besonders hervortretend, in der
Thalmündung im Wald, ungefähr bei der Waldgrenze und im obersten Ende des Thales (ca. 300 m ü. d. I.). Sowohl diese Endmoränen als die Grundmoräne bestehen in den unteren Thalenden
zum grossen Theil aus altkrystallinischen Gesteinen und Nephelinsyenit aus dem Umptek.

Der See Seitjavr wird durch eine Endmoränenbildung vom
Lujavr getrennt. Von den inneren Thälern, die beim Seitjavr aus-
münden, kennen wir nur das des Tschiwruaj (Tafel IX, Fig. 1).
Es hat Endmoränenreste in der Mündung und vor dem kleinen
See im mittleren Thal (ca. 300 m. ü .d. I). Das Geschiebe im Seit-
javrgebiet ist hauptsächlich rein nephelinsyenitisch.

Vom Thal des Wawnjok liegen keine speciellen Beobachtungen über die Moränen vor.

Eine Zusammenstellung der oben angeführten Beobachtungen
ergiebt, dass die Gletscher im Umptek und im Lujavr-Urt dauernd
ihre Abschmelzungsgrenzen am Rande der Gebirge hatten. Von
dieser Zeit stammen alle die Endmoränen her, welche die Thal-
mündungen abschliessen (Fig. 7). Allerdings befinden sie sich auf

verschiedenen Höhen über den Seen, aber man findet, dass die
am tiefsten liegenden von ihnen den mächtigsten Gletschern entsprechen. Darum scheint es berechtigt, sie als gleichzeitig anzusehen. Ob die Gletscher vorher sich ausserhalb des Gebirgsgebietes
erstreckt hatten, darüber liegen keine bestimmten Beobachtungen vor.

Nach der Zeit, wo die Gletscher ihre Zungen bis an den
Rand der Gebirge erstreckten, zogen sie sich zurück, um wieder
einen dauernden Aufenthalt in den mittleren Thälern zu nehmen,
was die dortigen Endmoränen noch bezeugen. Dann verminderten sie sich wieder bis zu den Stellen, wo die innersten Geschiebewälle gebildet wurden, und verschwanden hierauf.

Im Vorigen ist schon darauf hingedeutet worden, dass
die Thäler des Umptek und des Lujavr-Urt in der Hauptsache schon vor der grossen Eiszeit vorhanden waren, und
dass die Erosionsarbeit der Gletscher nur eine umformende war.
Die wichtigsten Umstände, welche in dieser Hinsicht beweisend
sind, sind folgende.

a) Das Vorkommen von nichtnephelinsyenitischem Material
in der Moräne in den Thalgründen der Gebirge und von Blöcken
aus dem Umptek in den Thälern des Lujavr-Urt kann nur durch
den Transport des Landeises der grossen Eisperiode zu Stande
gekommen sein. Aber dann sind auch die Thäler, in welchen
fremdes Moränenmaterial auftritt, präglacial, denn während der Eiszeit sind sie nicht gegraben worden, denn ihr Verlauf ist von der
allgemeinen Bewegungsrichtung des Landeises ganz unabhängig.

b) Die gegen W sich öffnenden Thäler, vor allem das Jiditschwum und das Thal des Lutnjärma-jok werden in ihren unteren Enden von »roches moutonnées» umgeben, die vom nordeuropäischen von W kommenden Landeis abgerundet worden sind. Dies
wäre kaum möglich, wenn die Thäler nicht schon vorher existirt hätten.

c) Die für die Eiserosion charakteristischen Partien der Thalseiten erreichen nur in den obersten Thalenden das Plateauniveau.
Sonst findet man über den concav ausgehöhlten Wänden geneigte
Böschungen, die für die Wirksamkeit eines andern Erosionsmittels
als des Eises sprechen, nämlich für die des fliessenden Wassers,

und zwar muss diese Erosion der Wirkung der Gletscher vorausgegangen sein.

d) Der Verlauf der Thäler entspricht der Wirkungsweise der Wassererosion, bei welcher die Thalbildung in den peripherischen Theilen der Gebirge anfängt und gegen die centralen sich bewegt, und neu entstehende Nebenthäler zu den älteren sich anschliessen.

e) Die oberen Enden der Thäler auf der Westseite des Lujavr-Urt befinden sich östlich vom höchsten Kamm des Gebirges und haben den wahren Charakter von Firnkratern oder Eiskaren (Tafel IV, Fig. 2). Die hohen Berge im W zeigen dagegen nur in den unteren, von den Thälern durchzogenen Partien Spuren von Gletschererosion (Fig. 3). Es weist dies wieder darauf hin, dass die thalbildende Erosion schon vor der Gletscherzeit den hohen Westrand des Lujavr-Urt durchschnitten hatte.

Die Nephelinsyenitberge, deren Plateauform vor der Erosion ohne Zweifel noch mehr ausgeprägt war, konnten kaum die Gelegenheit zur Gletscherbildung darbieten, ehe die Thäler geschaffen wurden.

———— ————

Eine Zusammenstellung der oben mitgetheilten Beobachtungen über die Erosion und Merkmale früherer Vergletscherung weist auf folgende Phasen in der geologischen Geschichte des Nephelinsyenitgebietes hin.

1. Der aller grösste Theil der Abtragung der Verwitterungsprodukte und der Erosion des Umptek und Lujavr-Urt ist präqvartär gewesen. Die grossen Thäler existirten in der Hauptsache vor der Eiszeit in der Form weiter V-Thäler.

2. Das grosse Landeis, mit einer allgemeinen W-–E-lichen Bewegungsrichtung von Nordfinnland kommend, hat langsam ansteigende Stossseiten abgeschliffen, die Thäler erweitert und Moränen mit fremden Gesteinsblöcken in das Gebiet hineingebracht. Sie hat die höchsten Theile der Gebirge erreicht. Es ist wahrscheinlich, dass eine lokale Vergletscherung vor dem grossen Landeis auftrat und die grossen Thäler schon umformte

3. Der grössten Ausdehnung des Landeises folgte eine Nunatakperiode mit veränderter gegen SE gerichteter Bewegung des

Eises, welches Anfangs die Höhe von ca. 400 m ü. d. I. erreichte und dann allmählich abschmolz. Von dieser Zeit stammen wahrscheinlich die Terrassen auf den Thalabhängen und die Seitenmoräne am Rande des Lujavr-Urt und des Umptek her.

4. Nachher ist eine locale Vergletscherung eingetroffen. Sie hat die Thäler von der Moräne der grossen Eiszeit befreit, die U-Form deutlich hervorgebracht und die jetzigen Boden- und Endmoränen in den Thälern gebildet.

5. Zuletzt hat wieder das fliessende Wasser seine Erosionsarbeit begonnen. Es hat theilweise die Moräne aus kleinen Thälern ausgegraben, theilweise das feste Gestein angegriffen, Wildbachthäler schaffend, und die Erosionsprodukte in Schuttkegeln und Deltas angehäuft.

Es liegt nahe die dritte dieser Epochen, die Nunatakperiode, mit der Zeit der Ausbreitung des skandinavischen Landeis bis zu den grossen Randmoränen, Salpausselkä etc., zusammenzustellen, und dann würde die nachher folgende locale Vergletscherung (4) ein letztes Auftreten von Gletschern nach der sog. zweiten scandinavischen Vereisung bezeichnen, entsprechend den letzten Gletschern in Gross-Britannien nach J. Geikie[1]. Nun hat indessen die sog. Nunatakperiode in vieler Hinsicht den Character einer nach grösserer Ausdehnung der Eismassen eingetroffenen Abschmelzungsepoche, während die locale Vergletscherung von einer Verschlechterung des Klimas herrühren muss. Da man in Skandinavien aber keine bemerkenswerthe nach dem Verschwinden des sog. zweiten Landeises neu eingetroffene Kälteperiode kennt, und es unwahrscheinlich ist, dass eine solche sich nur auf die Halbinsel Kola beschränkt hätte, muss wohl die Gletscherepoche (4) als gleichzeitig mit der sog. zweiten nordeuropäischen Eiszeit angesehen werden.

---

[1] J. Geikie, On the glacial succession in Europe. Transactions of the Royal Society of Edinburgh. Vol. XXXVII. Part. I. 127. 1892.

Die älteren, die Nephelinsyenite umgebenden Gesteine.

Von W. Ramsay.

Die Halbinsel Kola ist zum aller grössten Theil aus dem Grundgebirge zugehörigen Gesteinen aufgebaut. Nur hier und da längs den Küsten treten kleine Reste von einer früheren Sedimentdecke auf, und die centralen Hochgebirge bestehen aus Nephelinsyeniten, deren Structur ihr postarchäisches Alter beweisen (Fennia 3, N:o 7). Diese befinden sich bei der Grenze zweier Gebiete verschiedener älteren Gesteinsformationen. Im WSW und S breiten sich hauptsächlich chloritische und amphibolitische Schiefer sowie metamorphosirte Ergussgesteine aus, während Gneisse und Granite verschiedener Art im N und NE auftreten [1]. Leider werden indessen diese im Flachlande liegenden Gesteine in solchem Grade von den glacialen Ablagerungen verhüllt, dass man kein vollständiges Bild ihres Auftretens erhalten kann. Die spärlichen entblössten Partien geben folgende Aufschlüsse über die nächste Umgebung der Nephelinsyenite.

An der Westseite des Gebietes.

Am Ostufer des Imandra vom Jiditschjok bis zur Bucht Eneman tritt im Waldgebiete eine dem Hochgebirge vorgelagerte Reihe von 100—200 m hohen Berge auf, welche ebensowie die am Ufer und bei den Bächen sichtbaren kleinen Felsen aus nichtnephelinsyenitischen Gesteinen bestehen.

Uralit-porphyrit. Auf der Westseite des Imandra steht Uralitporphyrit an und eine ganz kleine Partie desselben tritt am Ostufer zwischen den Vorgebirgen Mys Wysokij und Kybinnjark auf. Eine nähere Beschreibung dieses Gesteines wird im Aufsatze über die altkrystallinischen Gesteine der Halbinsel Kola gegeben werden.

---

[1] In Vorbereitung ist ein Aufsatz über die altkrystallinischen Gesteine auf der Halbinsel Kola.

Imandrit. Die nördliche Hälfte des Ufergebietes am Westrande des Umptek wird zum überwiegenden Theile von einem
grünlich-grauen, nur stellenweise undeutlich geschieferten Gestein
eingenommen, in welchem man makroskopisch Quarz, Feldspath und Chlorit sowie Adern und Nester von Epidot bestimmen kann. · Unter dem Mikroskop zeigt dieses Gestein, für welches wir den Namen »*Imandrit*» gebraucht haben, folgendes ei-
genthümliches Aussehen. Der Feldspath und der Quarz treten zu
isometrischen, abgerundeten, bis 3 mm grossen Partien zusammen,
welche durch Häute von Chlorit und Biotit von einander getrennt
werden. Epidot tritt auf Spalten auf. Ausser demselben kommen
in den Quarz-Feldspath Feldern kaum fremde Mineraleinschlüsse
vor. In den Zwischenlagerungen von Glimmer und Chlorit findet
man dagegen Magnetit, der oft schöne Oktaederform zeigt, einzelne Leukoxenparamorphosen nach Ilmenit, sowie hier und da
grosse braune Rutil-individuen. Das grösste Interesse bieten indessen die Partien von Feldspath und Quarz dar. Jener scheint
in zwei Ausbildungen vorzukommen. Die eine besteht aus einzelnen allotriomorphen, polysynthetischen Oligoklasindividuen mit breiten Zwillingslamellen nach dem Albitgesetze. Die andere, welche
häufiger erscheint, besteht ebenfalls aus einem Plagioklas der Oli-
goklasreihe, welcher aber in Folge seiner äusserst feinen Zwillingsstreifung sowohl nach dem Albit- als nach dem Periklingesetz,
eine grosse Ähnlichkeit mit Mikroklin bekommt. Die Auslöschungsrichtungen weisen jedoch auf Albit hin. Nur selten bildet dieser
Feldspath für sich grössere Felder in den Dünnschliffen, indem
er fast immer in inniger Verwachsung mit Quarz auftritt (Tafel
X, Fig. 1). Von den grossen Quarzfeldern, welche die Feldspathe
umschliessen und verkitten, dringen nämlich überall Verzweigungen und Äste in dieselben hinein, so dass ein an Mikropegmatit
erinnerndes Gewebe ensteht. Diese Ähnlichkeit mit Schriftgranit
ist am grössten in Schnitten quer zur Zone P : M, während man
in den meisten anderen Schnitten einen eigenthümlichen Aufbau
von wechselnden dünnen Quarz- und Albitlamellen findet. Diese
Erscheinung rührt davon her, dass der Quarz sich als dünne

Schichten vorzugsweise annähernd parallel der Basis des Feldspathes, dann auch nach der anderen Spaltungsfläche oder in ganz unregelmässige Verzweigungen ausbreitet. Die Grenzen zwischen den beiden Mineralien entsprechen jedoch selten genau einer bestimmten krystallographischen Form, sondern zeigen einen Verlauf, der auf Corrosion des Feldspaths hindeutet. Die optische Orientirung der Quarzschichten und -Äste im Feldspath ist auf weite Strecken hin einheitlich und mit den an sie angrenzenden Quarzfeldern übereinstimmend. Ebenso gehören die im Quarze eingeschlossenen Lamellen und Felder von Albit einem polysynthetischen Individuum an. Dagegen wechselt die gegenseitige Orientirung der beiden Mineralien in jedem einzelnen Falle und scheint keiner Regelmässigkeit zu unterliegen. Da die Quarzschichten in den meisten Fällen annährend den Spaltflächen nach der Basis des Feldspathes parallel gehen, stehen die Zwillingsstreifen des letzteren immer quer zur Längsrichtung der Lamellen. Die beiden Mineralien schliessen Flüssigkeitsporen ein; der Plagioklas zeigt ausserdem staubförmige Verunreinigungen. Der Feldspath weist nur in sehr geringem Grade Spuren mechanischer Einwirkung auf, und der Quarz hat nur selten undulöse Auslöschung.

Im grossem Ganzen hat die Structur des Gesteins einen halbklastischen Character, indem die durch Chlorit-Glimmerhäute getrennten Quarz-Feldspathpartien als Bruchstücke erscheinen.

Die von der des gewöhnlichen Schriftgranits in mancher Hinsicht abweichende Verwachsung von Quarz und Feldspath im Imandrit scheint grösstentheils secundär entstanden zu sein, und zwar so, dass ursprünglicher Feldspath durch Quarz verdrängt wurde. Man kan alle Uebergänge verfolgen von ganz unangegriffenem Albit durch verschiedene Zwischenstadien hindurch, wo der Quarz wie verzehrend immer mehr eindringt, bis zu den grossen Quarzfeldern, in welchen die letzten Reste vom Feldspath herumschwimmen, und welche oft den Umriss eines Feldspathschnittes zeigen. Grosse Quarzfelder einheitlicher Orientirung umschliessen oft mehrere Albite verschiedener Lage, und andrerseits findet man parallelorientirte Systeme von Albitlamellen, deren eine Hälfte in einem

Quarzindividuum, die andere in einem anderen eingebettet liegt.
Man muss sich darum vorstellen, dass die Quarzindividuen von
gewissen Anfangs-Punkten ausgehend sich durch krystallographisch
regelmässigen Zuwachs in die Feldspathmasse hinein immer mehr
ausgebreitet haben.

Diese Verdrängung des Albites durch Quarz ist wohl in erster Linie ein metasomatischer Vorgang gewesen, welcher in einer
allgemeinen Verwitterung und Silificirung des Gesteines bestand.
In mancher Hinsicht zeigt er gewisse Ähnlichkeiten mit den von
J. Romberg beschriebenen Beispielen von Verquarzung der Feldspäthe und secundärer Enstehung von Mikropegmatit in argentinischen Graniten [1]. Ganz wie in diesen treten auch im Imandrit
die Quarzadern und -Äste im Feldspath als Apophysen grosser
Quarzfelder auf und breiten sich vorzugsweise längs den Spalt-
richtungen aus. In jenen wie in diesem haben ganz schriftgranit-
ähnliche Partien sich gebildet. Anderseits aber steht die Quarzbildung im Imandrit nicht in einem so deutlichen Zusammenhange
mit mechanischen Umwandlungen des Gesteines, wie in den von
J. Romberg beschriebenen Fällen, denn sowohl der Albit als der
Quarz entbehren Merkmale einer Quetschung. Auch die Annahme
einer allgemeinen Verwitterung als Ursache der Silificirung stösst
auf einen gewissen Widerspruch in der grossen Frische des Feldspathes. Man wird dadurch auf den Gedanken geführt, dass eine
Auffrischung oder Regeneration des Gesteins stattgefunden hat,
nach dem die eigentliche metasomatische Umwandlung schon weit
fortgeschritten war. Die unmittelbare Begrenzung des Imandrites
vom Nephelinsyenit lässt in diesem Falle eine Contacteinwirkung
als den regenerirenden Agens wahrscheinlich erscheinen. Allerdings fehlen hier gewisse Mineralien und auch Structureigenthüm-
lichkeiten, die gewöhnlich die Contactproducte characterisiren, aber
die Beschaffenheit des metamorphosirten Imandrites muss in erster Linie von der des ursprünglichen Gesteines abhängen. Nun

---

[1] J. Romberg, Petrographische Untersuchungen an argentinischen Graniten. Neues Jahrbuch für Mineralogie, Geologie und Paläontologie. Beilage-
Band VIII. Stuttgart 1892. S. 275.

war dasselbe aber schon sehr zersetzt, und von den primären Bestandtheilen ist kaum etwas Anderes als die einzelnen grösseren Albite mit den breiten Zwillingslamellen übrig geblieben. Diese Feldspathreste können einem Porphyrit oder saurem Diabasporphyrit angehört haben. Die halbklastische Structur des Imandrites lässt dann annehmen, dass das Gestein von Anfang an eine Grauwacke oder ein Tuff von eruptivem Material war, welches zu derselben Gruppe gehörte wie die hier noch anstehenden Uralitporphyrite, chloritisirten Labradorporphyrite etc. Nach einer von reichlicher Quarzbildung begleiteten Verwitterung war dieses Gestein zuletzt der Contacteinwirkung des Nephelinsyenites ausgesetzt, wobei eine theilweise Regeneration der Bestandtheile sich vollzog.

Die untenstehende Analyse. vom Imandrit ist von H. BERG-HELL ausgeführt worden. Sie zeigt, wie nach dem grossen Albitgehalt zu erwarten war, vorherrschend Na_2O unter den Alkalien.

$$SiO_2 \ldots 70,36 \text{ }^0/_0$$
$$Al_2O_3 \ldots 11.87$$
$$Fe_2O_3 \ldots 1.83$$
$$Fe O \ldots 4.27$$
$$Ca O \ldots 1.44$$
$$Mg O \ldots 0.43$$
$$K_2O \ldots 1.48$$
$$Na_2O \ldots 5.93$$
$$\text{Glühverlust} \quad 1.21$$
$$98.82 \text{ }^0/_0$$

Sp. Gew. $= 2.64$.

Imandrit. Typus 2. An den Imandrit schliesst sich dem Aussehen nach das Gestein an, welches das Vorgebirge Kybinnjark bildet. Es ist ein zersetztes, an secundären Quarz sehr reiches, porphyrisches Gestein, dessen Grundmasse ein von Chloritschuppen und Amphibolnadeln durchflochtenes Gewebe von verwittertem Plagioklas und leistenförmigen Quarzpartien ist, welche offenbar Pseudomorphosen nach Feldspath sind. Als Einsprenglinge treten Oligoklas und Carlsbaderzwillinge eines kaolinisirten

Feldspathes auf. Accessorisch findet man Apatit, Ilmenit, umgeben von Titanitkränzen und Leukoxenwolken, sowie $1/2$ cm lange Amphibolindividuen, die wahrscheinlich epigenetisch sind, da sie die anderen Bestandtheile umschliessen.

Der Imandrit breitet sich bis an den Nephelinsyenit aus und wird wahrscheinlich von diesem überlagert. Innerhalb seines Gebietes liegen drei Höhen mit Gesteinen anderer petrographischer Zusammensetzung. Die nördlichste gehört zu den weiter unten zu beschreibenden chloritisirten Labradorporphyriten.

Die mittlere wird von einem feinschiefrigen, dunklen *Grünschiefer* gebildet, dessen vertikale Schichten N 25° E streichen. Unter dem Mikroskop zeigt dieses Gestein folgende Zusammensetzung: Chlorit, Epidot und Amphibol in wechselndem Gemenge bilden feine ausgewalzte Bänder mit Augen von Quarz, Feldspath ohne Zwillingsstreifung, einzelne Hornblende-säulen und grosse Ilmenit-individuen, die oft gänzlich in Leukoxen umgewandelt sind. Dazu kommt noch Apatit. Es lassen sich aus diesem einzelnen Auftreten des Gesteines nur wenig Schlüsse über seine Abstammung ziehen. Wahrscheinlich gehört es zu der Gruppe von umgewandelten Diabasen, die auch andere Representanten am Ostufer des Imandra hat.

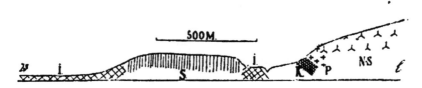

Fig. 8.

Profil nördlich vom Jimjegorruaj, westlich vom Kybinpachktschorr. I = Imandrit. S = Grünschiefer. K = Quarzitischer Gneiss. P = Nephelinfreier Syenit. N-S = Nephelinsyenit.

Der Grünschiefer tritt nicht in unmittelbaren Contact mit dem Nephelinsyenit, sondern der Imandrit kommt wieder am Ostabhang des Berges zum Vorschein (Fig. 8), und auf der anderen Seite des kleinen Baches Kybinuaj fanden wir in der Höhe von 100—140 m ü. d. I. ein gneissartiges Gestein, welches deutliche Spuren von Contacteinwirkung des darüberliegenden Nephelinsyenites trägt. Es

soll weiter unten im Zusammenhange mit einem anderen quarzitischen Gneisse beschrieben werden.

Der südlichste von den Bergen im Imandritgebiete ist aus
mehreren sehr verschiedenen Gesteinsarten aufgebaut. Die nördliche Hälfte wird grösstentheils aus dem normalen Typus des Nephelinsyenites im Umptek gebildet, während das Südende aus einem quarzitischen Gneiss besteht. Unter dem Nephelinsyenit sind
ausserdem ältere Bildungen sichtbar. So fanden wir am Nordabhang des Berges beim Bach Jimjegorruaj in der Höhe von 120 m
ü. d. I. ein Gestein, das wir als Imandrit bezeichnet haben, von
dem wir aber kein Handstück zur genaueren Untersuchung mit-
brachten, und in der steilen Wand bei der Schlucht, welche den
Berg vom Hauptmassive trennt, sieht man auf einige Meter Breite
die Unterlage mit zackigen und zerrissenen Gipfeln in den Nephelinsyenit hineinragen. Jene besteht zum grossen Theil aus einem
braunen Hypersthen-cordierit-hornfels, welcher am unmittelbaren Contacte in eine Biotitmasse übergeht. In demselben treten
Gänge eines orthoklasführenden Ijolithes auf. Von dieser
Stelle an senkt sich der Berg allmählich gegen S. Der oben an
liegende Nephelinsyenit hört auf und der quarzitische Gneiss
kommt zum Vorschein.

Hypersthen-cordierit-hornfels. Das Gestein ist braun, fett-
artig, in einigen Partieen ziemlich grobkörnig, in anderen ganz
feinkörnig und hornfelsartig. Es enthält Orthoklas und einen Natronfeldspath in Verwachsung, Quarz, Cordierit, Hypersthen, Biotit
und Magnetit. Die vollkommen allotriomorphen Feldspäthe, welche in den grobkörnigen Partieen des Gesteines einen Durchschnitt
von 1 cm erreichen können, greifen mit zipfelförmigen Umrissen
in einander hinein oder werden von einer feinkörnigen Zwischenmasse umgeben. Zwischen gekreutzten Nicols offenbaren sie eine
sehr eigenthümliche innere Structur. Die meisten Schnitte erscheinen nämlich von äusserst feinen parallelen Streifen durchzogen, die sehr an die Zwillingslamellirung der Plagioklase
oder noch mehr an die mancher sog. Anorthoklase erinnern. Die
übrigen Partien ohne diese optische Inhomogeneität sind dann

parallel mit der Verwachsungsfläche der dünnen Lamellen geschnitten
oder scheinen Kerne zu bilden, die von gestreiften Hüllen umgeben werden. Diese Streifung bängt indessen nicht von Zwillingsbildung ab, denn alle Lamellen desselben Kornes sind krystallographisch und optisch gleich orientirt und unterscheiden sich nicht
durch abweichenden Auslöschungsschiefen, sondern durch die ungleiche Stärke ihrer Doppelbrechung. Ein System von Streifen ist
in allen Stellungen des Präparates immer dunkler als das andere.
Dazu kommt noch, dass die Längsrichtung der Lamellen in
allen Schnitten optisch positiv erscheint. Sonst ist die optische
Orientirung im Bezug auf die zwei sehr deutlichen, gegen einander senkrechten Spaltungsrichtungen die für den Ortoklas eigenthümliche, d. h. parallele Auslöschung in der Orthozone, eine Schiefe
von 5° bis 6° auf (010), dessen Normale die positive Bisectrix ist.
Wo man die negative Bisectrix austreten sieht, kommt die erwähnte
Streifung nicht zum Vorschein. Dieser Umstand, der optisch positive Character der Lamellen sowie ihre Lage auf (010), auf welchem sie mit stumpfen Winkel nach derselben Seite von den Spaltrissen der Basis abweichen als die Auslöschungsrichtung für die
kleinere Lichtgeschwindigkeit zeigen, dass ihre Verwachsungsfläche
annähernd (100) ist. Es kann nicht ein anderes Mineral sein als
eine Combination von zweierlei Feldspatharten. Untenstehende (S.
55), von V. Hackman ausgeführte Analyse giebt die procentische
Zusammensetzung des Gesteines an. Mit Rücksicht auf die Beschaffenheit der übrigen Mineralien, kann man annehmen, dass der ganze
Gehalt an Alkalien den Feldspäthen zukommt. Da noch dazu die
CaO-Menge verschwindend klein ist, hätte man hier reinen Kali-
feldspath und Natronfeldspath für sich oder in isomorphen Mi-
schungen in paralleler Verwachsung mit einander, und zwar in
folgenden Volumproportionen, wenn man die Gewichte mit der
Dichte dividirt:

	$K_2 Al_2 Si_6 O_{16}$ Sp. Gew. $= 2.57$	$Na_2 Al_2 Si_6 O_{16}$ Sp. Gew. $= 2.62$
Na_2O	— %	2.81 %
K_2O	2.93	—
Al_2O_3	3.20	4.65
$Si O_2$	11.22	16.31
Summe	17.35 %	23.77 %

$$\frac{17.35}{2.57} : \frac{23.77}{2.62} = 1 : 1.34,$$

d. h. ein Überschuss von Natronfeldspath, was auch nach Augen-
maass dem thatsächlichen Verhältniss entspricht. Der in etwas
geringerer Menge vorhandene Feldspath, welcher bisweilen auch
homogene Kerne bildet, ist ein gewöhnlicher Orthoklas. Die einwenig stärker doppelbrechenden Streifen, würden dann einem natronhaltigen Feldspath, mit fast genau der optischen Orientierung
des Orthoklases, angehören.

Die Zwischenmasse zwischen den Feldspäthen besteht neben einwenig Quarz zum grössten Theil aus Cordierit. Es sind
allotriomorphe, schwach licht- und schwach doppelbrechende Körner ohne allen wahrnehmbaren Pleochroismus. Man entdeckt aber
zwischen gekreutzten Nicols zahlreiche Schnitte quer zur Prismenzone, welche die für Cordierit so characteristische Drillingsbildung
nach dem Aragonitgesetze aufweisen, welche mehrfach unter den
Cordieriten in Eruptivgesteinen [1] und auch in den Contacthöfe
unter anderen von A. PELIKAN [2] beschrieben worden ist. Diese
Drillinge sind hier in seltener Schönheit und Frische zu sehen
(Tafel X, Fig. 2). Sie ermangeln äusserer Krystallbegrenzung, aber
die Theilung in sechs Sectoren ist sehr deutlich. Die radialgestell-

---

[1] G. A. F. MOLENGRAAFF, Cordierit in einem Eruptivgestein aus Südaf-
rika. Neues Jahrbuch für Mineralogie etc. 1894. I. 79. In dieser Arbeit wird
eine übersichtliche Zusammenstellung der Literatur über das Auftreten von Cordierit in Eruptivgesteinen, in Einschlüssen und in contactmetamorphosirten Ne-
bengesteinen gegeben.

[2] A. PELIKAN, Ein neues Cordieritgestein vom Monte Doja in der Ada-
mellogruppe. Min. und Petr. Mittheilungen von F. BECKE, XII. 1891. p. 156.

ten Halbirungslinien derselben entsprechen ihrer optischen Sym-
metriaxe c, während die a-Axen auf den Schnittflächen austreten.
Die Sectoren sind optisch nicht ganz homogen, indem sie mikro-
pegmatit-ähnlich eingewachsene Partien mit der Orientierung der
benachbarten Individuen des Drillings enthalten. Bisweilen umgeben die Sectoren einen einheitlichen centralen Kern wie im Cera-
sit Y. KIKUCHI's [1]. Die Schnitte in der Prismenzone erscheinen entweder einheitlich oder von breiten Zwillingslamellen durchzogen.
Der Cordierit scheint früher als der Feldspath entstanden zu sein,
denn die randlichen Partien dieses Minerales sind voll eingeschlos-
sener Drillinge und kleiner abgerundeter Körner des Cordierites.
Der beschriebene Cordierit ist noch vollkommen unzersetzt. Ausser ihm sieht man noch in den centralen Partieen der Feldspäthe
einzelne grünliche, glimmerähnliche, lebhaft polarisirende Aggregate
mit abgerundeten rhombischen Umrissen. Sie sind wahrscheinlich
Pseudomorphosen nach Cordierit und scheinen immer mit Hypersthen zusammen aufzutreten.

Sonst bildet der Hypersthen kurze dicke Säulen mit abgerundeten Enden. Sie sind schwach hellgelblich-röthlich dichroitisch; c = c, und der Axewinkel sehr gross. Er kommt sowohl
in den Feldspäthen als in der Cordieritmasse dünn zerstreut vor
und ist gegen die anderen Bestandtheile idiomorph.

Der Biotit tritt in ungefähr gleichen Mengen wie der Hypersthen auf. Er bildet dicke, an den Kanten etwas abgerundete
Individuen von braun-gelblichen und röthlichen Farben, die auf einen
hohen Eisengehalt deuten. An isolirten Blättern aus der Biotit-
Cordierit-haut, welche in unmittelbarer Berührung mit dem Nephelinsyenit den Hornfels umgiebt, wurde die optische Axenebene
senkrecht auf einer Schlaglinie gefunden und der Axenwinkel in
der Luft zu 25° bestimmt.

In der ganzen Gesteinsmasse sind schliesslich Oktaëder von
Magnetit mit einem Durchschnitt von bis 0.5 mm gleichmässig
vertheilt, im Mittel ca. 14 Körner af einem cm².

[1] F. ZIRKEL, Lehrbuch der Petrographie. Zweite Auflage. Leipzig 1893.
S. 371.

Die eigenthümliche Structur mit den lappigen Feldspäthen, welche die idiomorphen Hypersthen- und Biotitindividuen sowie die rundlichen Cordieritkörner umschliessen, und die Cordierit-zwischenmasse sprechen unzweideutig für die Entstehung des Gesteines durch Contactmetamorphose, und zwar scheinen alle Bestandtheile dabei neugebildet oder gänzlich umgestaltet worden zu sein.

Folgende Analyse, die von V. HACKMAN ausgeführt worden ist, giebt die chemische Zusammensetzung an:

$$
\begin{array}{llr}
Si\,O_2 & . . & 58.66\ \% \\
Al_2O_3 & . . & 18.86 \\
Fe_2O_5 & . . & 6,62 \\
Fe\,O & . . & 5.10 \\
Ca\,O & . . & 0,68 \\
Mg\,O & . . & 5.10 \\
Mn\,O & . . & \text{Spuren} \\
K_2O & . . & 2.93 \\
Na_2O & . . & 2.81 \\
\text{Glühverl.} & . & 0.63 \\
\hline
& & 101.39\ \% \\
\end{array}
$$

Sp. Gew. = 2.67.

Prüfung auf $Ti\,O_2$ hat negatives Resultat gegeben.

Dieses vereinzelte vorkommen des Hypersthen-cordierit-hornfelses, ohne allen sichtbaren Zusammenhang mit dem von der Contactmetamorphose unberührten oder weniger veränderten Gesteine, lässt in diesem Falle keinen Schluss auf seine frühere Beschaffenheit ziehen. Ebensowenig habe ich auf Grund der chemischen Zusammensetzung eine sichere Vermuthung darüber aufstellen können.

Quarzitischer Gneiss. Dieses Gestein bildet das Südende desselben Berges, in welchem der oben beschriebene Hornfels auftritt. Er ist mittelkörnig und besteht aus Quarz als überwiegendem Bestandtheil, Feldspath, Orthoklas und Plagioklas, Muscovit, grünen Glimmeraggregaten, die vielleicht Pseudomorphosen nach

Cordierit sein können, und Magnetit. Die Structur ist krystalli-
nisch, am meisten ähnelt sie sog. Pflasterstructur. Die polygona-
len Quarzkörner beherbergen Flüssigkeitsporen, aber keinen Biotit,
der überhaupt im Gestein nicht vorkommt. Die Feldspäthe schliessen rundliche Quarzkörner ein. Der Muscovit sowie der Magnetit
sind spährlich durch die ganze Masse verbreitet. Die Structur
dieses quarzitischen Gneisses scheint mir etwas Ähnlichkeit mit
der in manchen als contactmetamorphosirt beschriebenen arkosen
Sandsteinen oder feldspathführenden Quarziten zu haben. Doch sind
die Merkmale der Contacteinwirkung hier nicht so auffallend wie
im oben erwähnten ebenfalls gneissähnlichen, quarzreichen Gestein
E vom Bache Kybinuaj (S. 50).

Jenes Gestein (Fig. 8, K.) besteht aus Quarz, welcher mehr
als die Hälfte der Masse bildet, Plagioklas, Orthoklas, Biotit,
Malakolith, Hornblende, Spinell, Rutil (?) sowie aus einem Erz
und zeigt typische Bienenwabenstructur, wie sie von O. Herrmann und E. Weber [1], beschrieben und benannt worden ist. (Taf. X,
Fig. 4). Der wasserhelle Quarz bildet polygonale Körner von 0.1—0.5
mm Durchmesser, die am häufigsten eine rauhe bipyramidale Form
besitzen, so dass man isotrope hexagonale Schnitte und rhombische
solche mit diagonaler Auslöschung sieht. Er ist reich an Einschlüssen verschiedener Art. Die allgemeinsten sind die für contactmetamorphosirte Gesteine so characteristischen kleinen, rundlichen und hexagonalen Biotitblättchen sowie winzige Krystalle von
hellgrünem Pyroxen. Recht häufig findet man auch Pflöcke von
opaken Spinelloctaedern und schwarze Stäbchen, die ich für Rutil
gehalten habe. Alle diese Einschlüsse haben sich gewöhnlich im
Centrum der Quarzindividuen angesammelt, die ausser dem von
Reihen von Flüssigkeitsporen durchzogen werden.

Der Feldspath, Plagioklas mit Zwillingsstreifung und Ortoklas, welcher einen Theil der Füllmasse zwischen den grossen
Quarzpyramiden bildet, beherbergt Einschlüsse obenerwähnter Art

---

[1] O. Herrmann und E. Weber, Contactmetamorphische Gesteine der
westlichen Lausitz. Neues Jahrbuch für Mineralogie etc. 1890. II. 187.

und noch dazu rundliche Quarzkörner. Der Biotit tritt ausserhalb des Quarzes als lappige Individuen auf, die ungefähr parallel
einer undeutlichen Schiefrigkeit des Gesteines orientirt sind. Der
hellgrüne Malakolith bildet abgerundete dicke Säulen, während die
in braun und grün dichroitische Hornblende in durchlöcherten und
viel verzweigten Partien erscheint, die Körner und Krystalle aller
anderen Bestandtheile einschliessen. Unter den dunklen Gemengtheilen finden sich noch Klümpchen eines Erzes.

Unter den von mir durch die Literatur bekannten Gesteinen
dieser Art scheint mir das oben beschriebene die besten Überein-
stimmungen mit den von CH. BARROIS[1], R. BECK[2] und anderen
ausführlich untersuchten contactmetamorphosirten feldspathführenden Sandsteinen oder Quarziten zu zeigen, besonders
was die Structur und die Ausbildung der Hauptmineralien, des
Quarzes, Feldspathes und Biotites betrifft. Aber auch der Pyroxen
und die Hornblende sind in einer in Hornfelsen oft wahrgenomme-
nen Form ausgebildet.

Oberhalb des beschriebenen Gesteines begegnet man einem
nephelinfreien oder nephelinarmen Syenit (Fig. 8, P.). Es ist nämlich eine häufige Erscheinung im Umptek, dass der normale Nephelinsyenit in der Nähe der Contacte seinen Eläolith-gehalt einbüsst.

Chloritisirter Labradorporphyrit. Die Insel Wysokij und die
Berge S vom Vorgebirge Kuakrisnjark bestehen aus einem graugrünen, zähen, nur undeutlich schiefrigen, chloritischen Gestein,
welches von A. TH. V. MIDDENDORFF als Aphanit und von N. KU-
DRJAVZEFF als Chloritschiefer bezeichnet worden ist. Unter dem
Mikroskop entdeckt man in einer grünen, filzigen Grundmasse zahlreiche theilweise zersetzte winzige Plagioklasleisten, deren Auslöschungsschiefen auf Labrador hindeuten. Ihre Anordnung erinnert
an die der Einsprenglinge in einem Ergussgestein von andesitischem

---

[1] CH. BARROIS, Mémoires sur les grés metamorphiques du massif du Gué
méné. Ann. de la Soc. Géol. du Nord. T. XI. Nach einem Referat von H.
ROSENBUSCH im Neuen Jahrbuch für Mineralogie. 1885. II. 40.

[2] R. BECK, Die Contacthöfe der Granite und Syenite im Schiefergebiete
des Elbthalgebirges. Min. und Petr. Mitth. von F. BECKE. XIII. Wien 1893. 290.

Typus. Die Grundmasse selbst besteht aus feinschuppigem Chlorit, Zoisit, Epidot und hellem Amphibol in regellosem Gewebe.
Bei starker Vergrösserung entdeckt man ausserdem isotrope Partien, vielleicht Überreste eines Glases. Mit Ausnahme von einzelnen Eisenglanzsplittern sind accessorische Mineralien nicht vorhanden. Das Gestein ist zweifelsohne als ein verändertes Eruptivgestein aufzufassen. Die Labradorleisten sind die intratelluri-
schen Bestandtheile Dagegen ist die ursprüngliche Grundmasse
ganz zersetzt. Sie war vielleicht als überwiegend amorph einer
Entglasung und anderen Veränderungen leichter ausgesetzt als die
Einsprenglinge. Aus ihren jetzigen Bestandtheilen kann man auf
Pyroxen und kalkreichen Feldspäthen als primäre Mineralien schliessen, wenn diese überhaupt zur Individualisirung gelangten. Das
Gestein hat beispielsweise grosse Ähnlichkeit mit gewissen von
J. J. Sederholm [1] beschriebenen veränderten Plagioklasporphyri-
ten aus Tammela in Finnland, mit von G. H. Williams [2] beschriebenen veränderten Diabasen aus Marquette, und auch im gewissen Grad mit A. Inostranzeffs [3] Epidot-Chlorit-Diorit. Dieser
chloritisirte Labradorporphyrit gehört derselben ausgedehnten eruptiven Formation an, wie der oben erwähnte Uralitporphyrit und
wahrscheinlich auch der Imandrit.

An denselben reiht sich sicherlich das Gestein an, welches
wie eine Insel im Imandrit östlich vom Kybinnjark aufragt. Ausser
den oben erwähnten Bestandtheilen enthält es noch zahlreiche
mandelsteinähnliche Concretionen von Quarz, die einen Durchmesser von 1—10 mm besitzen.

Olivin-strahlsteinsfels. Zwischen dem Labradorporphyrit und
dem Hochgebirgsrand liegt eine ca. 300 m breite Zone von Strahl-

---

[1] J. J. Sederholm, Studien über archäische Eruptivgesteine aus dem
westlichen Finnland. Min. und Petr. Mittheil. von F. Becke. XII. 1891. p. 97.

[2] G. H. Williams, The Greenstone-Schist Areas of the Menominee and
Marquette Regions of Michigan. Bull. of U. S. geolog. Survey. N:o 62. Washing-
ton 1890. pag. 163 u. 171.

[3] A. Inostranzeff, Studien über metamorphosirte Gesteine im Gouver-
nement Olonez. Leipzig 1879.

Fig. 9.

Profil südlich von Kuakrisnjark. L.-P. = Chloritisirter Labradorporphyrit. K =
Olivin-strahlsteinsfels. N.-S. = Nephelinsyenit, mittel- und grobkörnig, in Bänken.

steinsfels (Fig. 9, K),˙ welchen ich als dem Contacthofe des Nephelinsyenites angehörig ansehe, weil sein Auftreten ganz deutlich
auf dieses Grenzgebiet beschränkt ist. Seiner inneren Beschaffenheit nach scheint er mit den veränderten Diabasporphyriten am
Ufer des Imandra verwandt zu sein. Während diese aber neben
zersetztem Feldspath und Amphibol hauptsächlich Chlorit und Epidot enthalten und deutliche Spuren der ursprünglichen Structur
noch aufbewahrt haben, zeigt der Strahlsteinsfels ganz andere und
vollkommen frische Gemengtheile und sehr abweichende Structur-
formen.

Er enthält Tremolit, Anthophyllit, Olivin, Cordierit,
Feldspath und Spinell. Die Hauptmasse des Gesteines bildet der
farblose Tremolit, dessen kurzstengelige Individuen regellos durch
einander liegen. Unter ihnen findet man ganz untergeordnet die
Partien vom farblosen Anthophyllit. Neben dem Amphibol ist
der Olivin der wichtigste Bestandtheil. Er tritt gewöhnlich
fleckenweise gesammelt in verhältnissmässig grossen Partien auf,
deren einzelne Körner annähernd parallel orientirt sind, aber
alle Krystallform eingebüsst haben. Nur in geringem Grade ser-
pentinisirt, ist er an seinen optischen Eigenschaften leicht erkenntlich. In stetiger Begleitung mit ihm tritt von Spinell erfüllter Cordierit
auf. Dieses Mineral bildet abgerundete Einschlüsse im Olivin und
findet sich ausserdem auch hier und da unter dem Amphibol. Er
zeigt nie Krystallform, ist unzersetzt und ganz wasserhell durchsichtig mit schwacher Lichtbrechung und geringer Doppelbrechung,
wie Quarz oder Feldspath. Mit jenem kann keine Verwechselung
stattfinden, da die Schnitte sich deutlich zweiaxig erwiesen. Dagegen haben einige von mehreren Zwillinglamellen durchzogene

Körner grosse Ähnlichkeit mit Plagioklas, insbesondere da die Auslöschungsrichtungen schief zur Zwillingsgrenze liegen. Grade diese
polysynthetisch aufgebauten Partien aber bestätigen die auf Grund
der optischen Eigenschaften gemachte Bestimmung des Minerals als
Cordierit, denn die Lamellen sind deutlich dichroitisch.
Fig. 3 auf der Tafel X stellt z. B. einen Schnitt dar, in welchem die Auslöschungsrichtungen der beiden Lamellensysteme sym-
metrisch ca. 45° mit den Zwillingsgrenzen bilden, d. h. mit einander annähernd parallel sind, aber mit entgegengesetzter Lage der
Schwingungsrichtungen für grösste und kleinste Lichtgeschwindigkeit. Wenn nun polarisirtes Licht durch den Schnitt mit der Schwin-
gungsrichtung kleinster Geschwindigkeit des einen Lamellensystemes
und parallel der grössten des Anderen durchgeht, ist jenes schwach
grünbläulich gefärbt, während dieses vollkommen farblos erscheint.
Bei einer Drehung um 90° verhalten sie sich umgekeht. Man hat
hier deutlich eine polysynthetische lamelläre Zwillingsbildung nach
(110), wie u. a. A. Lacroix [1] sie beschrieben hat. Sehr characteristisch für den Cordierit sind die massenhaft auftretenden Einschlüsse von Spinell. Sie sind stark lichtbrechend von olivgrüner
Farbe, wenn sie nicht opak sind, wie die grösseren Körner. Man
sieht sowohl deutlich ausgebildete Oktaeder wie auch tropfen-ähn-
liche Gestalte von diesem Mineral, und die kleinsten Individuen
ähneln sehr Glaseinschlüssen. Ausserhalb des Cordierites tritt der
Spinell nur selten im Olivin auf, aber auch dann findet man bei
starker Vergrösserung, dass er gewöhnlich von einem Cordierithof
umgeben wird. — Einen Theil der schwach lichtbrechenden farblosen Partien mit geringem Doppelbrechungsvermögen, welche nicht
entschieden die Kennzeichen des Cordierites haben, habe ich als
Feldspath angesehen, und zwar dem Analysenresultat gemäss als
Oligoklas. Sie spielen doch eine verhältnissmässig untergeordneten Rolle in der Zusammensetzung des Gesteines.

---

[1] A. Lacroix, Contributions à l'étude du gneiss à pyroxène et des roches à Wernérite: Gneiss à cordiérite. Bull. de la Société minéralogique de
France. T. XII. 1889. p. 211.

Eine von H. BLANKETT gütigst ausgeführte quantitative Analyse ergab folgendes:

$$
\begin{array}{ll}
\text{Si O}_2 \ldots \ldots & 44.52 \ \%/_0 \\
\text{Al}_2\text{O}_3 \ldots \ldots & 6.22 \\
\text{Fe}_2\text{O}_3 \ldots \ldots & 4.93 \\
\text{Fe O} \ldots \ldots & 10.25 \\
\text{Mn O} \ldots \ldots & \text{Spuren} \\
\text{Ca O} \ldots \ldots & 7.54 \\
\text{Mg O} \ldots \ldots & 22.73 \\
\text{K}_2\text{O} \ldots \ldots & 0.22 \\
\text{Na}_2\text{O} \ldots \ldots & 1.67 \\
\text{Glühverlust} \ldots & \underline{2.14} \\
& 100.23 \ \%/_0
\end{array}
$$

Sp. Gew. $= 3.2$.

Es ist ungefähr die Zusammensetzung eines sehr olivinreichen Gliedes der Diabasfamilie, vielleicht noch mehr eines saureren Pikrites, oder der von ähnlichen Gesteinen entstandenen Tuffen oder Schiefer, und scheint mir dieser Strahlsteinsfels der schon mehrmals erwähnten Diabasformation beim Imandra zugehörig zu sein.

Dass ein Strahlsteinsfels aus einem mit den Diabasen verwandten Gesteine bei der Contactmetamorphose entstehen kann, steht nach den Beobachtungen von sehr genau untersuchten Contacthöfen fest. Eine »Amphibolitisirung» der Diabase, Diabasschiefer und Tuffen durch Contacteinwirkung ist durch die Arbeiten von S. ALLPORT [1], K. A. LOSSEN [2], A. MICHEL-LÉVY [3],

---

[1] S. ALLPORT, On the metamorph. rocks surrounding the Lands-End Mass of Granite. Quart. Journ. of Geol. Soc. 1876. Vol. XXXII. pag. 418.

[2] K. A. LOSSEN, Erläuterungen zu Blatt Harzgerode der geologischen Specialkarte von Preussen und den thüringischen Staaten: Über den Ramberggranit und seinen Contacthof. Berlin 1882.

[3] A. MICHEL-LÉVY, Sur les roches éruptives basiques, cambriennes du Mâconnais et du Beaujolais. Bulletin de la Société géolog. de France. 1883. XI. 273.

W. C. Brögger [1], A. Sauer [2] und anderen sowie neulich von R. Beck [3] mehrfach beschrieben worden. Die grösste Ähnlichkeit hat der Strahlsteinfels des Chibinä mit den von den oben citirten Autoren erwähnten durch Contactmetamorphose gebildeten Strahlstein-, Aktinolith- und Amphibol-schiefern, in welchen die ursprüngliche Diabasstructur schon vollkommen verwischt worden ist, und welche oft kaum von den echten Amphibolschiefern des Grundgebirges zu unterscheiden sind. Nur die mehrfach angeführte Biotitbildung fehlt hier gänzlich. Das Hinzutreten von Cordierit dagegen und von Spinell scheint mir nur die Annahme einer contactmetamorphen Umwandlung des Gesteines zu bestätigen. Was den Olivinreichthum betrifft, so muss er wohl dem hohen MgO-Gehalt zugeschrieben werden. Dieses Mineral ist unter den bei Contacteinwirkung neugebildeten Mineralien bisher nicht bekannt gewesen.

Amphibol-pyroxen-hornfelse. Mit diesem Namen schlechthin bezeichne ich einige Gesteine, welche neben dem Strahlsteinsfels in unmittelbarem Contacte mit dem überlagernden Nephelinsyenit auftreten. Über ihre Stellung zu dem Labradorporphyriten, dem Strahlsteinsfels oder zu den veränderten Sedimentschichten im S-liegen keine genauere Beobachtungen vor. Es gehören gerade diese Bildungen, wie übrigens das ganze Gebiet am Ostufer des Imandra, zu der nicht so geringen Anzahl Punkten, für welche nach den Untersuchungen der eingesammelten Handstücke erneute Besuche behufs genauerer Erforschung wünschenswerth oder nothwendig wären.

Unter den mitgebrachten Proben haben wir drei ganz verschiedene Gesteinstypen unterscheiden können.

---

[1] W. C. Brögger, Spaltenverwerfungen in der Gegend Langesund-Skien. Nyt Magasin for Naturvid. XXVIII. 1884. Unter den vielerlei Umwandlungsprodukten des Augitporphyrites wird auch Strahlsteinsfels erwähnt (p. 357).

[2] A. Sauer, Erläuterungen zur Section Meissen der geol. Specialkarte des Königr. Sachsen. Leipzig 1889. p. 68.

[3] R. Beck, a. a. O. p. 324 u. 328.

Typus I. Er ist feinkörnig mit einer Andeutung zu einer Schiefrigkeit parallel zur Contactgrenze und besteht aus hellbrauner, stark pleochroitischer Hornblende, blassem monoklinen Pyroxen, Feldspath, der nur selten verzwillingt ist, und accessorisch Apatit, Magnetit mit Oktaederform und Eisenglanz. Auf den ersten Blick hat das Gestein eine gewisse Ähnlichkeit mit Pyroxengneissen. Der kurzstengelige Amphibol und die rundlichen Pyroxensäulen sammeln sich in Gruppen und Bändern an, die von körnigen Feldspathpartien unterbrochen werden. Die Grenzen der Gemengtheile sind scharf und verhältnissmässig eben. Der Amphibol und der Pyroxen zeigen einen gewissen Grad von Idiomorphismus dem ganz allotriomorphen Feldspath genenüber; doch lässt sich keine bestimmte Krystallisationsfolge feststellen, denn man findet Feldspath in dem Amphibol, Amphibol im Pyroxen und Feldspath eingeschlossen. Die Bestandtheile sind sehr frisch, ohne alle Spuren dynamometamorpher Einwirkung, und tragen das Gepräge an sich, während derselben Bildungsepoche des Gesteines an ihrem gegenwärtigen Platze auskrystallisirt zu sein.

Typus II. Er besitzt eine äusserst feinkörnige Grundmasse, welche aus Feldspath und einwenig Quarz zu bestehen scheint. In dieser liegen, wie Einsprenglinge eines porphyrischen Gesteines, grössere annähernd rektangulär begrenzte Individuen eines farblosen Minerals mit niedriger Licht- und Doppelbrechung. Es hat parallele Auslöschung und die optische Richtung α ist einer undeutlichen Streifung oder Spaltbarkeit parallel. Das Mineral könnte vielleicht Skapolith sein. Isotrope Schnitte oder deutliche einaxige Axenbilder babe ich doch nicht gesehen. Sowohl diese Einsprenglinge als die Grundmasse sind von sternförmigen Gruppen von feinen grünen Amphibolnadeln erfüllt. Ausserdem kommen Haufen von einem blass-braunen Biotit, besonders als Umrandung der Einsprenglinge, und Erzkörner in grosser Menge vor.

Typus III ist ein dichtes, grüngraues Gestein, in dem man Knollen von makroskopisch erkennbaren Pyroxen und Amphibolindividuen sieht. Die feinkörnige Masse besteht aus rundlichen oder isometrisch-polygonalen Körnern von einem hellgelblichen,

fast farblosen monoklinen Pyroxen und einem triklinen Feldspath
ohne Zwillingsstreifung. Diese Mineralien sind mit einander ungefähr wie in sog. Pflasterstructur verwachsen. Ausserdem kommen
durchlöcherte Partien von brauner Hornblende vor, welche die anderen Mineralien umschliessen, und Magnetitoctaeder, die durch die
ganze Masse zerstreut sind. Die Knollen enthalten ebenfalls einen
ganz hellen Augit und ausserdem, Kalkspath, grünen Uralit und
grosse Individuen von einer anderen, braunen Hornblende, in deren
Randtheilen Mineralien der feinkörnigen Gesteinsmasse eingewachsen liegen.

Contactmetamorphosirte Sedimentgesteine. An beiden Seiten
des Flusses Lutnjärmajok befinden sich an der Südwest-ecke des
Chibinä niedrige Hügel von dichten, dunklen Hornfels oder Kisel-
schiefer ähnlichen Gesteinen. Die am Ufer der Bucht Eneman befindlichen Felsen wurden von mir selbst untersucht. Sie sind
aus horizontalen Schichten aufgebaut, welche sich durch tiefere und hellere Farben von einander unterscheiden. Ihre Breiten
wachsen bis 2 à 3 cm; bisweilen sind sie wellig gebogen oder
stark gekräuselt, doch ist immer die horizontale Lage im Grossen
wahrnehmbar. Die unmittelbare Berührung mit dem Nephelinsyenit ist an einem Bache auf dem Südabhange des Tachtarwûm-
tschorr in der Höhe von ca. 150 m ü. d. I. sichtbar. Die horizontalen Schichten, die hier sehr eben und deutlich sind, werden von
der verticalen Grenzfläche quer abgeschnitten. Eine Imprägnation
mit Nephelinsyenitmagma hat nicht stattgefunden. Im ganz dichten
und hartsplittrigen, schwarzen bis graubraunen Gestein sind makroskopisch Splitter von Magnetkies wahrnehmbar. Sehr ähnliche
Gesteine hat V. HACKMAN im Randgebiet des Chibinä N vom Lutnjärmajok gefunden und berichtet, dass auch hier eine deutliche
Schichtung, annähernd horizontal oder schwach gegen das Hochgebirge hin geneigt, vorkommt. Auch an diesem Orte ist die Grenze
zwischen dem Nephelinsyenit und dem Nebengestein sehr scharf.

Unter dem Mikroskop sieht man eine feinkörnige Masse mit
typischer Hornfelsstructur. Sie besteht aus ein wenig Q u a r z ,
sehr viel P l a g i o k l a s , etwas B i o t i t und von einer massenhaften

Anhäufung von farblosem monoklinem Pyroxen und blassbraunem Amphibol, deren gegenseitiges Mengenverhältniss von Schicht zu Schicht stark wechselt. Alle diese Mineralien, mit Ausnahme der Hornblende, schliessen zahlreiche Körner eines Erzes ein, der wahrscheinlich mit dem makroskopisch sichtbaren Magnetkies identisch ist. Die Amphibolpartien bestehen aus mehreren dicht an einander gereihten Stengeln. Der Pyroxen dagegen tritt als Körner 'auf, die oft von kleinen Mikroklithen desselben Minerals umgeben werden. Es scheint im Allgemeinen in gewissen Schichten eine umfassende Pyroxenbildung stattgefunden zu haben, deren Intensität an der Berührungsfläche mit dem Nephelinsyenit am grössten wird und Veranlassung zu einer eigenthümlichen Structur giebt. Fig. 10 stellt einen Dünnschliff gerade von dem Contact in

Fig. 10.
Vergrösserung: ca. 150. a = Pyroxen, b = Biotit, h = Amphibol. l = eine körnige Masse von Plagioklas. Gezeichnet mit Camera lucida.

einem von den im Gebiet N vom Lutnjärmajok gesammelten Handstücken vor. Man sieht grosse ganz blassgelbe, lappenförmige monokline Pyroxenindividuen randlich in breite Kränze von dicht an einander gedrängten, äusserst feinen Franzen und kleinen Kör-

nern tropfenähnlicher Gestalt übergehen, welche alle mit dem Kern
optisch gleich orientirt sind. Ähnliche Zonen fein vertheilter Py-
roxensubstanz bekleiden die Wände zahlreicher Lücken im Inneren
der Individuen, umgeben einzelne braune Hornblendekrystalle und
Erzpartien, von denen sie doch durch einen ganz schmalen Saum
von einem farblosen, schwach lichtbrechenden Mineral getrennt
sind. Auch die im Pyroxen eingeschlossenen Erzkörner sind oft
von einer solchen wasserhellen Hülle umgeben. Die farblose Masse,
welche die Felder zwischen den Diopsidpartien bildet, besteht aus
isometrisch-polygonalen Plagioklaskörnern mit deutlicher Zwillingsstreifung, und wahrscheinlich sind auch die Ringe um die Erzpar-
tikeln herum und die Zwischenmasse in den Pyroxenfranzen Plagioklas, denn sie haben dieselbe Stärke der Licht- und der Doppelbrechung. Die Structur erinnert etwas an sog. Coronit- und
Kelyphit-structuren in dynamometamorphen Gesteinen. Doch sind
hier die Kränze in keinerlei Weise durch Umwandlung aus den
umschlossenen Partieen entstanden, sondern sie umgeben Kerne
gleicher mineralogischer Zusammensetzung in optisch paralleler
Orientirung und scheinen bei einem raschen Zuwachse des Pyroxens
nach allen Seiten hin gebildet worden zu sein.

Beim Bestimmen des Ursprungs dieser Hornfelse begegnet
man derselben Schwierigkeit, die sich bei der Deutung aller anderen Glieder des Contactgebietes am Imandra einstellt, das unver-
änderte Gestein nicht zu kennen. Die von der Contactmetamorphose noch nicht verwischte horizontale Schichtung weist indessen
auf eine sedimentäre Entstehung hin, und aus der mineralogischen
Zusammensetzung könnte man vermuthen, dass die Hornfelse früher mergelige Thonschiefer waren. In der That beschreibt
W. C. Brögger [1] contactmetamorphosirte Mergelschiefer, die ungefähr die obenerwähnten Haüptbestandtheile enthalten. Nur der
Vesuvian fehlt in den Hornfelsen des Chibinä. Bemerkenswerth
ist auch dass weder Andalusit noch Cordierit in ihnen gefunden
worden ist.

---

[1] W. C. Brögger, Die silurischen Etagen 2 und 3 im Kristianiagebiet
und auf Eker. Kristiania 1882.

Diese contactmetamorphosirten Sedimente sind die einzigen im Inneren des russischen Lapplands angetroffenen Überreste einer Formation, deren Schichten in beinahe horizontaler Lage auf dem dislocirten krystallinen Untergrund ruhen. Längs den Küsten der Halbinsel Kola dagegen befinden sich bekanntlich kleine Gebiete von Sandstein und Thonschiefern in ursprünglicher Lage. Die Schichten gehören einer direct auf dem Grundgebirge transgredirten Formation an und sind als devonisch (?) gedeutet worden (Fennia 3, N:o 7). Da sie früher gewiss auch über das Innere der Halbinsel ausgebreitet waren, liegt es nahe die contactmetamorphen Schichten am Chibinä als zu ihnen gehörig und folglich als *devonisch* (?) anzusehen. Mit dieser Bezeichnung sind sie auch auf der neuen vom geologischen Comité in St. Petersburg herausgegebenen geologischen Karte über das europäische Russland nach meiner Angabe eingetragen worden [1]. Der Contact mit dem Nephelinsyenite hat diese Formation vor dem völligen Verschwinden aus dem Inneren der Halbinsel Kola geschützt.

Die Untersuchungen der nichtnephelinsyenitischen Gesteine am Westrande des Umptek haben nur eine mangelhafte Kenntniss ihrer Natur und ihrer geologischen Stellung geben können. Denn erstens waren mehrere von diesen Gesteinen einander makroskopisch so ähnlich, dass die in der That vorliegende Mannigfaltigkeit der Bildungen am Ufer des Imandra erst nach der mikroskopischen Untersuchung der eingesammelten Handstücke klar wurde. Die in Folge dessen nothwendige Revision der Beobachtungen im Felde hat aber unterbleiben müssen. Zweitens kommt nur eine schmale Zone von umgewandelten Gesteinen vor. Die Schlüsse auf die ursprüngliche Natur der Bildungen müssen zum grossen Theil auf Grund der Zusammensetzung der Contactproducte gemacht werden. Aus dem oben Erläutertem scheint mir doch hervorzugehen, dass mindestens drei geologisch verschiedene Gesteinsgruppen an dem Aufbau des Ufergebietes am Imandra Theil nehmen, nämlich eine eruptive und zwei sedimentäre.

[1] Carte géologique de la Russie d'Europe, éditée par le comité geologique. 1892. Note explicative pag. 20.

Die erstere Gruppe, zu welcher der Uralitporphyrit, der Imandrit, der chloritisirte Labradorporphyrit, der Olivinstrahlsteinsfels und vielleicht auch der Grünschiefer gehören würden, bildet ein Theil der ausgedehnten Formation von veränderten Gesteinen der Diabasfamilie (im weiten Sinne), welche sich im W und S des Chibinä ausbreitet. Sie scheinen Oberflächenbildungen (Ergussgesteine) zu sein und nehmen unter den vor-nephelinsyenitischen Gebilden eine relativ junge Stufe ein. Allerdings tragen sie noch sehr deutliche Merkmale von Regionalmetamorphismus an sich, aber die Stöcke, Gänge und Adern vom Granit und Gneissgranit, welche z. B. die Gneisse und Schiefer im N und E vom Umptek und Lujavr-Urt durchsetzen, trifft man in der Diabasformation nicht an. Von dem Auftreten der Nephelinsyenite sind diese Bildungen doch durch den weiten geologischen Zeitraum getrennt, welche für ihre Regionalmetamorphismus und vor Allem zu ihrer Bedeckung mit den Sedimentmassen nöthig war, unter welchen die Nephelinsyenite später erstarrten.

Die sedimentären Formationen sind durch die contactmetamorphosirten sog. quarzitischen Cucisse, die wohl ungefähr gleichzeitig mit den Diabasen sind, und durch die devonischen (?), horizontal liegenden Schichten repräsentirt. Von den übrigen Gesteinen ist der Hypersthencordierithornfels ganz unbestimmter Herkunft. Die Amphibol-pyroxenhornfelse wäre ich geneigt den metamorphosirten Sedimenten anzureihen.

Der Felsenboden am Ufer des Imandra ist der emporragende und entblösste Rand der Unterlage des Nephelinsyenites, welcher im Allgemeinen in einem überlagernden Verhältniss zu den älteren Gesteinen steht. Die Contactfläche liegt in der Höhe von ca. 100—150 m ü. d. I. Im grossen Ganzen fällt sie schräg gegen E unter den Nephelinsyenit hinein; doch ist sie auch stellenweise vertikal, wie gegen die contactmetamorphosirten Sedimente, zackig und uneben, wie am Hypersthencordierithornfelse, überall doch sehr scharf ohne alle Imprägnation oder Verschmelzung vom Nephelinsyenit mit dem Nebengestein. Nicht einmal Gänge oder Apophysen von echtem Nephelinsyenit wurden von uns beobachtet.

Den geologischen und petrographischen Verhältnissen des Ost-
ufers des Imandra am Umptek sind schon früher einige Zeilen in
der angeführten, für die Kenntniss der archäischen Gesteine des
russischen Lapplands so werthvollen Arbeit von Ch. Vélain gewidmet worden. Da aber seine Darstellung in mancher Hinsicht von
der unserigen abweicht, wollen wir sie kurz besprechen. Nach
Ch. Rabot's Angaben ist auf einer der Abhandlung beigefügten
Karte (S. 71, a. a. O.) folgendes eingezeichnet worden. »Gneiss
à amphibole» bildet die Hauptmasse und wird von Gängen oder
Stöcken von »Granite à amphibole», »Granulite à amphibole» und
»Syenite éléolitique» durchsetzt. Die wenig concise Bezeichnung des
Verhältnisses des Nephelinsyenites zu den älteren Bildungen ist
wohl der kurzen Zeit des Besuches des Forschers (Rabot) zuzuschreiben. Was aber die sehr abweichende Auffassung der anderen Gesteine betrifft, so kann sie zum Theil davon abhängen, dass
Ch. Vélain irgend ein gneissähnliches Glied von dem sehr ab-
wechselungsreichen Contacthofe als »gneiss à amphibole» gedeutet
hat. Das Erwähnen von Granitarten in diesem Gebiete muss von
einer Verwechselung herrühren, denn sie kommen hier nur als
lose Blöcke vor. Das Fehlen von Granitgängen ist uns sogar auf-
gefallen.

M. P. Melnikoff beschreibt die petrographische Beschaffenheit einer Menge erratischer Blöcke am Ufer des Imandra und
ausserdem ein in der Nähe des Blockhaus am Mys Vysokij anstehendes Gestein (a. a. O. S. 230), ohne Zweifel eine Varietät von
dem, was ich »Imandrit» benannt habe.

Beim Umpjavr.

Ausser am Westrande des Umptek sind die an die Nephelinsyenitmassive angrenzenden Gesteine am Nordende des Sees Umpjavr entblösst. Die Berge Lestiware und Walepachk-warek, einige
Felsen in ihrer Umgebung, das Ufer des Vorgebirges Tschuolnjark, die
Inseln im See und eine einzelne Kuppe im Walde am Lujavr-Urt
bestehen aus Gesteinen, älter als die der Hochgebirge. Mit Ausnahme einiger untergeordneten Partien von Contactproducten und

endomorphen Modificationen des Nephelinsyenites treten hier hauptsächlich Granite, Gneissgranite und archäische Gneisse auf, die
deutlich einer anderen geologischen Abtheilung angehörig sind, als
die Bildungen am Ufer des Imandra. Und wie die Gesteine selbst
so weichen auch ihre Verhältnisse zu den anstossenden Massiven
in hohem Grad von der Art des Contactes am Westrande ab. Ei_
nerseits sind nämlich die Granite und Gneisse von der Einwirkung
des Magmas anscheinend vollkommen unbeeinflusst geblieben, anderseits aber hat dasselbe auf verschiedene Weise andere ,Neben-
gesteine imprägnirt.

   Gneiss. 1. Die Uferfelsen am Vorgebirge Tschuolnjark und die
kleinen Inseln südlich davon bestehen aus einem dunklen, gutge-
schieferten, äusserst biotitreichen Gneiss, der stellenweise gra-
natführend wird und grosse Quarzlinsen einschliesst. Das Streichen seiner Schichten ist N 20°—30 E, ihr Fallen ca. 40° gegen
S 60°—70° W.

   2. Die Berge Lestiware (Fig. 11 u. 12) und Walepachk-warek
(Fig. 13) werden ebenfalls zum grossen Theil aus Gneiss zusammengesetzt. Es ist ein feinkörniges Gestein mit dünnen planparallelen
hellfarbigen Schichten, welche durch Biotitlager von einander getrennt
werden. Es hat dasselbe Streichen wie der obenerwähnte Gneiss,
N 20°—30° E, eine Richtung, die von dem Verlauf der überqueren-
den Nephelinsyenitgrenze ganz unabhängig ist. Die Faltung der
Gneisse hatte sich schon vor dem Auftreten der Nephelinsyenite
vollzogen. Im Walepachk-warek sind die Schichten vertical gestellt,
im Lestiware fallen sie 30°.—40° gegen den See hin. Das Gestein
enthält Quarz, zersetzten Feldspath, der zum grössten Theil Plagioklas gewesen ist, Biotit, Muscovit, Zirkon und Apatit.
Magnetit oder andere Erze sind nicht vorhanden. Der an Flüssigkeitsporen reiche Quarz ist der überwiegende Bestandtheil. Er und
der Feldspath bilden isometrische, allotriomorphe Körner, zwischen
denen die randlich zerrissenen Glimmerpartien liegen. Das Gefüge stellt eine typische Gneisstuctur vor ohne alle Spuren von
Partien mit einem granitischen Character. Merkmale von Contacteinwirkung des Nephelinsyenites können nicht wahrgenommen werden.

Granit. 1. Im Walde unterhalb des Angwunsnjun am Lujavr-Urt steht in der Höhe von ca. 50 m über dem Umpjavr ein
feinkörniger Gneissgranit an, dessen Schiefrigkeitsrichtung N 10°E
streicht und 40° gegen die Ostseite hin fällt. Er ist sehr reich
an Biotit mit Magnetiteinschlüssen und enthält auch eine gras-
grüne Hornblende. Seine Hauptbestandtheile sind indessen allotriomorphe Körner von Oligoklas mit Spuren von Druckeinwirkung,
die von einem Mörtel aus Plagioklas und Quarz mit Flüssigkeitseinschlüssen zusammengehalten werden. Accessorisch treten
ziemlich grosse Apatitsäulen und einzelne Kryställchen von Zirkon hinzu.

2. In der nordöstlichen Umgebung des Chibinä breitet sich
ein hellfarbiger, feinkörniger gestreifter Granit aus, der Einlagerungen von Biotitgneiss enthält und auch zwischen den Gneiss-
schichten im Walepachk-warek auftritt (Fig. 13). Sein durch die dünn
zerstreuten Glimmerschuppen hervortretendes Streichen stimmt mit
dem der Gueisse überein. Die Bestandtheile, Quarz, mit Flüssigkeitseinschlüssen, Oligoklas, Orthoklas (kein Mikroklin mit Kreuz-
gitterlamellirung), Albit, Biotit mit Magnetit-anscheidungen, Apatit und Glimmerpseudomorphosen nach Cordierit sind in
typischer Mörtelstructur zusammengefügt. Unter diesen werden
die zerquetschten Oligoklaskörner mit neugebildetem Albit oft wieder geheilt und der Orthoklas ist netzförmig von Albit durchwoben
oder von dünnen Hüllen dieses Feldspathes umgeben. Die Aggregate aus Muscovit, die ich als Pseudomorphosen nach Cordierit aufgefasst habe, sind meistentheils ganz unregelmässig; mehrere von
denselben besitzen doch eine äussere rhombische Begrenzung von
(110), (100), (010) und (001), parallel zu welchem auch einige grössere
Blätter des Glimmerhaufens orientirt sind.

3. Ein grosser Theil des Lestiware (Fig. 11 u. 12) wird aus
einem mittelkörnigen, weissen Granit zusammengesetzt, der in
vieler Hinsicht dem oben erwähnten Gneissgranit ähnlich ist, aber
sowohl aller Parallelstructur als des Biotitgehaltes entbehrt. Er
weist eine typische Mörtelstructur und Merkmale gewaltiger mechanischer Einwirkung auf. Die Oligoklaslamellen sind gebogen,

gequetscht und alsdann wieder mit Albitsubstanz ausgeheilt worden. Der Orthoklas (auch hier kommt kein Mikroklin mit Kreuzgitterstructur vor) ist mit secundärem Albit in Adern und Flecken
sowie als Umrandung verwachsen. Der Quarz, welcher sehr reich
an Flüssigkeitseinschlüssen mit Libellen ist, bildet zertrümmerte
Partien mit undulöser Auslöschung und auch rundliche Körner
im Feldspath. Biotit kommt ebensowenig wie irgend ein Erz vor.
Dagegen treten zerstreute Muscovithaufen auf, die gewöhnlich
ein ausgewalztes Aussehen haben und linsenförmige Augen eines
farblosen, 2-axigen, schwach licht- und doppelbrechenden Minerals
einschliessen. Diese Partien sind vielleicht auch Pseudomorphosen
nach Cordierit, von welchem demnach noch unzersetzte Theile vorhanden wären. Apatit kommt accessorisch vor. Eine von H. Berghell ausgeführte Analyse giebt folgende Zusammensetzung des
weissen Granites an:

$$
\begin{aligned}
&SiO_2 . \quad . \quad . \quad . \quad . \quad 71.63 \ \% \\
&Al_2O_3 \quad . \quad . \quad . \quad . \quad 16.10 \\
&\left.\begin{aligned} Fe_2O_3 \quad . \quad . \quad . \quad . \\ FeO . \quad . \quad . \quad . \quad . \end{aligned}\right\} \ 1.01 \\
&CaO . \quad . \quad . \quad . \quad 1.72 \\
&MgO . \quad . \quad . \quad . \quad 0.26 \\
&K_2O . \quad . \quad . \quad . \quad 4.49 \\
&Na_2O . \quad . \quad . \quad . \quad 3.96 \\
&Glühverlust . \quad . \quad . \quad 0.60 \\
&\overline{ 99.77 \ \%}
\end{aligned}
$$

Sp. Gew. = 2.59.

Diese Granite zeigen im Allgemeinen ebensowenig wie die
Gneisse besondere Eigenthümlichkeiten, welche der Berührung mit
dem Nephelinsyenit zugeschrieben werden können. An gewissen
Stellen scheinen doch Verschiebungen und Reihungen in den Gesteinsmassen stattgefunden zu haben, und Substanz aus dem Nephelinsyenitmagma hinzugekommen zu sein. Im Lestiware und im
Walepachk-warek kommen mehrere solche Partien vor. Gegen das
umgebende Gestein unbestimmt abgegrenzt, bestehen sie theils aus

weissen, dem Granit sehr ähnlichen, aber mit dem Nephelinsyenit verwandten, aplitischen Gesteinen, theils aus einer breccienähnlichen Bildung von Granit und Adern von
characteristischen Nephelinsyenitmineralien. Man kann
alle Übergänge verfolgen von Granit und Gneissgranit, in dessen
Mörtel einzelne Splitter von Ägirin und Riebeckit auftreten, zu den
aplitischen, Ägirin, Riebeckit, Eudialyt, Flusspath etc. führenden
Massen, die immerhin voll von Graniteinschlüssen sind. Eine ausführlichere Erwähnung werden diese Bildungen im Zusammenhang
mit den endomorphen Modificationen des Nephelinsyenites finden.
Sie stellen deutlich eine Art von eruptiver Reibungsbreccie
vor, deren Bildung innerhalb der Zeit des Auftretens des Nephelinsyenites fällt. Die rein aplitischen Partien dieser Bildungen sind
auf den Profilen, Fig. 12 u. 13 eingezeichnet.

Sillimanitgneiss. (Fig. 11). Der Berg Lestiware, 175 m ü. d. l.,
besteht zum grössten Theil aus Gneiss und Granit sowie aus den
soeben erwähnten aplitischen Bildungen. In seinem nordwestlichen

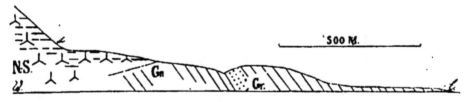

Fig. 11.
Profil durch den nördlichen Theil des Lestiware.
N.-S. = Nephelinsyenit mit Einlagerungen von Sillimanitgneiss.
Gn = Gneiss. Gr = Granit.

Theil hängt er mit dem Hauptmassive der Umptek zusammen.
Hier sieht man, dass der Nephelinsyenit über die aufgerichteten
Gneisschichten ausgebreitet ist. Er ist indessen nicht ganz homogen an dieser Stelle, sondern schliesst zahlreiche, beinahe horizontal eingeschaltete Lager und Schlieren eines stark contactmetamorphosirten sedimentären Gesteines ein. Die Breite der mit einander
abwechselnden Schichten vom Syenit und vom fremden Gestein
schwankt von 3—4 m bis zu mikroskopischer Dünne. Nach oben
hin gehen die letzteren allmählich in dünne Schlieren über und

sind in der Höhe von 300 m ü. d. I. schon verschwunden. Wie
weit sie sich in den Berg hinein erstrecken, kann man nicht erkennen.
Ihrer petrographischen Beschaffenheit nach sind die eingeschalteten
Partien als Sillimanitgneiss zu bezeichnen. Die dickeren Schichten sind deutlich schiefrig und enthalten, abgesehen von Feld-
spathaugen und Adern, die dem intrusiven Nephelinsyenit angehörig
sind, Quarz, Oligoklas, Biotit, Sillimanit, Muscovit, Zoisit, Spinell, Korund, Kaolin, Zirkon und zeigen Gneisstructur,
während die dünneren Schichten mehr eine Art von Hornfelsstructur haben. Da das Auftreten dieser eingeschlossenen Schichten
und Schlieren im innigen Zusammenhang mit eigenthümlichen Veränderungen des Nephelinsyenites steht, werden wir sie zusammen
mit den endomorphen Modificationen dieses Gesteines ausführlicher
beschreiben. Sie bezeichnen eine Art von Imprägnationsmetamor-
phose, eine Intrusion von Nephelinsyenitmagma zwischen den aufgeblätterten Schichten eines annähernd horizontal auf dem Gneiss
discordant ruhenden Gesteines.

SE von der beschriebenen Stelle fängt eine Kluft an, welche
den Lestiware vom Umptek trennt. Anfangs steht sowohl auf ihrer
rechten als auf ihrer linken Seite Nephelinsyenit mit Einlagerungen
an. Weiter unten trennt sie dagegen den Nephelinsyenit von den
Gneissen und Graniten (Fig. 12). Doch scheint die Grenze zwischen den verschiedenen Gesteinen hier ebensovenig wie dort, wo

Fig. 12.
Profil durch den südlichen Theil des Lestiware.
N. S. = Nephelinsyenit. Gr = Granit. Gn = Gneiss. a = Aplitische Gangbildungen.

der Nephelinsyenit auf dem Gneiss ruht, von einer späteren Ver-
werfung abhängig zu sein, sondern viel mehr sind der Lestiware,
wie auch der Walepachk-warek Überreste einer Barrière, welche das
Massiv auf dieser Seite umgab.

Schon am Westrande des Chibinä, z. B. beim Bache Kybinuaj (Fig. 8), wurde die Beobachtung gemacht, dass der Nephelin-

syenit in der Nähe des Contactes mit älteren Gesteinen nephelin-
ärmer, rein syenitisch wird. Dasselbe wiederholt sich nun auch
an den Grenzen des Massives beim Umpjavr. Der Nephelinsyenit,
welcher mit den Schichten von Sillimanitgneiss wechsellagert ist
schon recht arm an Nephelin. Noch deutlicher tritt aber das Verhältniss im Walepachk-warek (Fig. 13) hervor. Der oberste Theil dieses

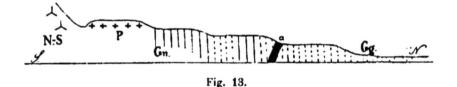

Fig. 13.

profil durch den Walepachk-warek.
N. S. = Nephelinsyenit. P = Nephelinfreier Syenit. Gn = Gneiss.
Gg = Gneissgranit. a = Aplitischer Gang.

Berges besteht aus nephelinfreiem Syenit, der entweder auf dem
Gneisse ruht oder seitlich davon begrenzt wird; innerhalb der kleinen Einsenkung zwischen dem Walepachk-warek und dem Umptek
steht normaler Nephelinsyenit an. Etwas ganz ähnliches stellt die
Reihe von Hügeln vor, welche längs dem Nordrande des Gebirges
zwischen dem Walepachk-warek und der Mündung des Kaljok liegen.
Sie bestehen aus einem nephelinarmen Syenit (Fig. 14, N:o I);
südlich von ihnen erhebt sich die Nephelinsyenitmasse, im N breitet sich der Granitboden aus. Am Ufer des Umpjavr unterhalb
des Berges Namuajv besteht der unterste Theil dieses Berges und
einige Felsen im Walde ebenfalls aus diesem nephelinfreien Syenit
(Fig. 14, N:o II). Es liegt daher nahe anzunehmen, dass die Unterlage des Massives hier nicht besonders tief steckt.

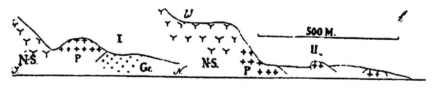

Fig. 14.

N:o I. Profil durch einen Hügel auf der Nordostseite des Umptek. N:o II.
Profil durch den Rand des Namuaj am Ufer des Umpjavr.
N. S. = Nephelinsyenit. P = Nephelinfreier Syenit. Gr = Granit.

In der oben erwähnten Partie von Nephelinsyenit mit Einlagerungen von Sillimanitgneiss kann man wahrnehmen, wie die Gesteine dort, wo die Schichten ganz dünn werden, in ein schlieriges
Gemisch übergehen. Ähnliche schlierige Bildungen fanden wir an
mehreren tief erodirten Stellen in den Thälern Wuennomwum und
Tuljwum in der Höhe von ca. 200 m ü. d. I. Da sie nicht nur
makroskopisch, sondern auch mikroskopisch eine grosse Übereinsstimmung mit den Bildungen am Lestiware zeigen, sind sie gewiss
durch Einmengung von Nebengestein im Nephelinsyenit zu Stande-
gekommen. Ihr Auftreten deutet darauf hin, dass auch im Inneren
des Umptek die Unterlage des Massives nicht tief liegt.

Die am nordöstlichen Rande des Umptek auftretenden Bildungen scheinen ganz wie am Westrande ein hervorspringender,
entblösster Theil der Unterlage zu sein. Unter ihnen kann man
zwei verschiedene geologische Abtheilungen unterscheiden: die
aufgerichteten Gneisse mit den Graniten und die darüber discordant lagernden horizontalen Schichten von Sillimanitgneiss. Jene
gehören, wie die Diabasformation und die quarzitischen Gneissen
am Imandra, zu den noch regionalmetamorphosirten Formationen.
Die Sillimanitgneisse am Umpjavr und die contactmetamorphosirten Sedimente am Imandra dagegen sind die letzten Reste von
Schichtenfolgen, welche die anderen discordant horizontal überla-
gerten. In der Hauptsache bilden die älteren Gesteinscomplexe
die Unterlage des Nephelinsyenites, welcher ungefähr zwischen ihnen
und den jüngeren Schichten erstarrt zu sein scheint. In der Nähe
des Lujavr-Urt sind mit Ausnahme des Gneissgranit beim Angwunsnjun Partien der umgebenden Gesteine nicht gesehen worden.

Die sedimentären, für devonisch (?) gehaltenen Schichten am
Ufer des Imandra sind die jüngsten anstehenden Bildungen, welche
vom Nephelinsyenit contactmetamorphosirt worden sind. Das *Alter*
dieses massigen Gesteines wäre dann *postdevonisch* oder *devonisch*(?).
Genauer kann es nicht festgestellt werden. Es wird doch daraus
in hohem Grade wahrscheinlich, dass das Hervortreten der Nephelinsyenite auf der Halbinsel Kola mit dem der südnorwegischen
und vielleicht aller scandinavischen gleichzeitig ist.

Die Nephelinsyenitmassive.

Von W. Ramsay.

Die Hochgebirge Umptek und Lujavr-Urt, welche ausschliesslich aus Nephelinsyenit und mit ihm nahe verwandten Gesteinen
bestehen, bilden ein von der Umgebung petrographisch scharf ge-
trenntes Gebiet. Ausserhalb desselben soll auf der Halbinsel Kola
nach Ch. Rabot [1] noch am linken Ufer des Sees Nuortjavr (Noto-
sero) ein kleiner Stock von Nephelinsyenit anstehen. Noch eine
Angabe über ein Vorkommen von Nephelinsyenit in diesen Gegenden, nämlich auf der Insel Sedlovatoj im Weissen Meere, in der
Nähe des Dorfes Umba, wird in der älteren Literatur oft gesehen.
Th. Scheerer [2] vergleicht den »Sonnenstein» von der Insel Sedlovatoj mit dem farbenschillernden Feldspath von Frederiksvärn in
Südnorwegen. A. Descloizeaux [3] beschreibt denselben Feldspath,
»orthose avanturine», als Mikróklin. A. Breithaupt [4] erwähnt ein
Handstück von Sedlovatoj, das Mikroklin, Sodalith, Arfvedsonit
und Eudialyt enthält. N. v. Kokscharoff [5] hat den Eudialyt von
diesem Fundort angeführt. A. Th. v. Middendorff (a. a. O.), nach
welchem dieses Gestein von einer vom Minister Graf Perofsky

---

[1] Bull. de la Soc. géogr. á Paris. XII. p. 56.

[2] Th. Scheerer, Untersuchung des Sonnensteins. Poggend. Annalen.
LXIV. 1845. pag. 153. Der »Sonnenstein war früher ausschliesslich in der Umgebung von Archangel, besonders auf der Insel Cedlovatoi, angetroffen worden»,
nach noch älteren Angaben von R. J. Hauy und G. L. Buffon.

[3] A. Des-Cloizeaux Mémoires sur l'existence, les propriétés optiques et
cristallographiques et la constitution chimique du microline, nouvelle espèce de
feldspath triclinique à base de potasse. Annal. de chim. et de phys. 1876.
V sér. IX.

[4] A. Breithaupt, Merkwürdige ähnliche Paragenesis mehrerer natronhal-
tiger Mineralien von verschiedenen Fundorten. Berg- und Hüttenmännische Zei-
tung. 20. Freiberg 1861. pag. 293.

[5] N. v. Kokscharoff. Materialen für die Mineralogie Russlands. VIII.
St. Petersburg 1878. Eudialyt. pag. 29.

ausgerüsteten Expedition gesammelt worden ist, vermuthet, dass die Insel Sedlovatoj mit dem Nephelynsyenitgebiet des Umptek zusammenhängt. Das ist nun indessen nicht der Fall, und es ist sehr fraglich, ob überhaupt der Nephelinsyenit, welcher auf Sedlovatoj gefunden worden ist, dort in fester Kluft ansteht. A. Stelzner [1], der doch andere Gesteine von Sedlovatoj beschrieben hat, erwähnt nicht Nephelinsyenit. Herr Ingenieur Dr. E. v. Fedoroff, der im Sommer 1891 diese Insel besuchte, hat mir freundlichst mitgetheilt, dass er dort fest anstehenden Nephelinsyenit nicht gesehen hat. Handstücke von dem Fundort Sedlovatoj kommen indessen in mehreren der alten und grossen Mineraliensammlungen in Russland und im Auslande vor. Die, welche ich gesehen habe, zeigen eine vollständige Ähnlichkeit mit den Haupttypen der Gesteine des grossen Nephelinsyenitgebietes. Ich habe schon früher die Vermuthung ausgesprochen, dass das Vorkommen auf Sedlovatoj sich auf erratische Blöcke bezieht. Seitdem ich nunmehr Blöcke aus dem Chibinä an verschiedenen Punkten längs dem Flusse Umpjok fand (S. 33), erscheint mir diese Erklärung noch wahrscheinlicher.

Ausser diesen Vorkommen von Nephelinsyenit auf der Halbinsel Kola, treten ähnliche oder verwandte Gesteine bekanntlich auf folgenden Stellen in Nordeuropa auf: innerhalb des grossen Eruptivgebiet in Südnorwegen, im Siksjöberg in Särna und auf der Insel Alnö bei Sundsvall in Schweden, im Iiwaara in Kuusamo und am Pyhäkuru in Kuolajärvi [2] Finnland, sowie als lose Blöcke auf der Insel Sorö in Westfinmarken, Norwegen [3] und beim Dorfe Palojoensuu im Kirchspiel Enontekis, Finnland. [4] Unter diesen, sowie unter allen bekannten und genauer untersuchten

---

[1] A. Stelzner, Bemerkungen über krystallinische Schiefergesteine aus Lappland. Neues Jahrbuch für Mineralogie etc. 1880. II. 102.

[2] Von diesem neuentdeckten Fundorte wurde im Jahre 1892 Handstücke von H. Stjernvall eingesammelt und dem Mineraliencabinet der Universität (Helsingfors) übergeben.

[3] K. Pettersen, Om förekomst af Elaeolith i West-Finmarken. Geol. Fören. Förh. B. II. 1874. pag. 220.

[4] L. v. Buch, Reise durch Norwegen und Lappland. 2-ter Theil. Berlin. 1810. pag. 229.

Nephelinsyenitgebieten, ist das auf der Halbinsel Kola das grösste. Der Umptek umfasst einen Areal von 1145 km² der Lujavr-Urt 485 km², zusammen 1630 km². Zum Vergleich will ich die Grösse einiger bedeutenderer Gebiete mittheilen: das südnorwegische Gebiet: 25 km² (ca. 900 km² mit den Augitsyeniten zusammen) [1], das grönländische am Kangerdluarsuk 390 km² [2]; die von Williams untersuchten Gebieten in Arkansas 120 km² zusammen, [3] Foya u. Picota 60 km². [4] Auch die Mächtigkeit ist eine ansehnliche. Im Lujavr-Urt erreicht sie im 975 m hohen Berg Augwundastschorr, an dessen Fuss der Nephelinsyenit schon in der Höhe von 75 m aus der Moräne emporragt, wenigstens 900 m; am Umptek wenigstens 1000 m vom Boden des Tuljluchtgebietes bis zum Gipfel des Ljavotschorr.

Die bedeutende Ausdehnung und Mächtigkeit der Nephelinsyenitmassive ist mit einer recht grossen Einförmigkeit des petrographischen Characters verbunden. Sowohl der Umptek als der Lujavr-Urt bestehen der Masse nach fast nur aus Nephelinsyenit. Zwischen den beiden Gebirgen herrscht doch ein characteristischer Unterschied in der Ausbildung dieses Gesteines, und die in den beiden Gebieten auftretenden Ganggesteine und kleinere Partien von Repräsentanten verwandter Gesteinsgruppen bieten sehr interressante Abwechselungen dar.

Umptek.

Das weitaus überwiegende und fast allenthalben auftretende Hauptgestein des Umptek ist ein äusserst grosskörniger Nephe-

[1] W. C. BRÖGGER, Die Mineralien der Syenitpegmatitgänge der südnorwegischen Augit- und Nephelinsyenite. Zeitschr. f. Krystallogr. XVI. p. 32.

[2] K. J. V. STEENSTRUP, Bemaerkninger til et geognostisk Oversigtskaart over en Del af Julianehaabs Distrikt. Meddelelser om Grönland. II.. Kopenhagen 1881. pag. 28. Aus der Karte berechnet sich das Gebiet nördlich vom Tunugdliarfik zu 240 km² und das südliche zu 150 km², zusammen 390 km².

[3] J. F. WILLIAMS, The Igneous Rocks of Arkansas. Little Rock 1891.

[4] Nach einer Mittheilung von V. HACKMAN, welcher Ende 1893 dieses Gebiet besucht hat.

linsyenit, welcher makroskopisch dick tafelförmige Feldspäthe,
oft nach dem Carlsbadergesetze verzwillingt, grosse isometrische
Nephelinkörner, feine Ägirinnadeln, dunkle Pyroxen- und Amphi-
bolmineralien sowie accessorisch Eudialyt und Titanit erkennen
lässt. Der Nephelin und die Feldspäthe besitzen fast immer einen
gewissen Grad von selbständiger Ausbildungsform, jener gewöhnlich mehr als diese, während die dunklen Bestandtheile meistens
in Haufen auftreten, deren Begrenzung von den Krystallformen der
umgebenden hellen Gemengtheile bestimmt werden. Auch der Titanit und der Eudialyt füllen kleine Räume zwischen den anderen
Mineralien allotriomorph aus. Die hellen Bestandtheile verleihen
dem Gestein eine weisse oder grünlichweisse Farbe, gegen welche
die Partien der dunklen Mineralien als schwarze Flecke hervortreten. An der von den Atmosphärilien angegriffenen Oberfläche treten
die ganz weissen Feldspäthe sehr scharf vor den grauen oder
röthlichen etwas ausgelösten Nephelinkörnern hervor.

Dieses Gestein des Umptek hat grosse Ähnlichkeit mit gewissen grobkörnigen Eudialytsyeniten von Grönland, mit welchen A.
TH. v. MIDDENDORFF es schon verglichen hat. Von den südnorwegischen Laurdaliten unterscheidet es sich unter anderem durch die
Ausbildung der Feldspäthe (Mikroperthit) in dicken Tafeln nach
(010). Dagegen entsteht dadurch ein grosskrystallinisches tra-
chytoides Aussehen, welches es an den BRÖGGER'schen Structurtypus Foyait nähert. Da das Gestein im Umptek aber nicht Gangmassen wie jener, sondern das Hauptgestein des grossen Massives
bildet, ist es grosskörnig, beinahe pegmatitisch entwickelt und meistens richtungslos, nur local fluidal-trachytoidal struirt mit annähernd paralleler Lage der Feldspathtafeln. Ausser der beschriebenen Entwickelung der Feldspäthe und der häufigen automorphen
Ausbildung des Nephelines ist aber für das makroskopische Aussehen die Anhäufung der dunklen Mineralien in xenomorphen Aggregaten sehr characteristisch. Dieser Structurtypus soll im Folgenden der Kurze wegen als Chibinätypus bezeichnet werden.
Es ist im ganzen Uts-Umptek und in den Hochgebirgen des Schur-
Umptek auf beiden Seiten des Gesänkes der Tuljlucht vorherrschend.

In der Nähe der Contacte mit den umgebenden Gesteinen
geht dieser Nephelinsyenit, wie schon oben erwähnt, an mehreren
Stellen in nephelinarmen und nephelinfreien Syenit über
(S. 57 und 75). Der erstere zeigt noch die Structur des Hauptgesteines. Die vollkommen nephelinfreie Grenzfacies dagegen, die
meistens eine gelbbraune Farbe hat, ist aus einer grob- bis mittelkörnigen, panidiomorphen Feldspathmasse mit allotriomorphen
Flecken von Amphibol- und Pyroxenmineralien zusammengesetzt.
Wir wollen diesen nur in den Randzonen auftretenden, einzigen
Repräsentant der Gruppe der natronreichen Glieder der Syenit-
familie im Chibinä Umptekit nennen. Er ist viel kieselsäurereicher als die Nephelinsyenite, und sein Vorkommen ist gewisser-
maassen der von W. C. BRÖGGER gemachten Beobachtung entgegengesetzt, nach welcher die Augitsyenite gegen die Contacte hin
nephelinreicher werden.

Der grobkörnige Nephelinsyenit im Umptek besitzt allenthalben eine ausgeprägte Neigung zu bank- und plattenförmiger
Absonderung. (Taf. VIII, Fig. 1 u. 2). Diese, welche für die Verwitterung und Erosion so maassgebend ist, folgt meistens einer an
nähernd horizontalen Verklüftungsrichtung, und die Hochebenen der
Plateautundren sind mit derselben ungefähr parallel. Nur in den
Randtheilen des Gebirges kann man im Allgemeinen eine gelinde
Absenkung nach aussen wahrnehmen. Im Inneren des Umptek
werden die horizontalen Gesteinsbänke von den Thalseiten quer
abgeschnitten; nur auf der Westseite des Jiditschwum und im mittleren Thal des Kaljok stimmt ihre Neigung mit dem Fallen der
Abhänge überein. Die Dicke der Platten und Bänke variirt von
einigen Metern zu einigen Centimetern. Wo das Gestein, wie es sehr
häufig der Fall ist, eine sub-parallele Anordnung der Feldspathe zeigt,
folgt die Absonderung ihrer Fluctuationsrichtung, und je deutlicher
diese Structur ist, in desto dünnere Platten zerfällt der Nephelinsyenit.

Diese Bankung ist im grossen Ganzen parallel mit den oberen und unteren Begrenzungsebenen des sehr ausgebreiteten Massives, wo gegenwärtig die Höhe zum west-östlichen Diameter sich
wie 1 : 40 verhält. Sie ist unzweifelhaft eine Contractionser-

scheinung beim Abkühlen des Nephelinsyenites, ganz wie platten- oder säulenförmige Absonderungen in anderen massigen Gesteinen, und ist wohl annähernd conform mit der ursprünglichen Gestalt des Laccolithen. Die Bänke liegen senkrecht zu den Richtungen, in welchen die Wärme nach den Begrenzungsflächen hin abgeleitet wurde. Dass diese Absonderung nicht von Verwitterung, Frostspaltung oder dergleichen Ursachen abhängt, sondern eine **Erstarrungserscheinung** ist, wird daraus bewiesen, dass die später emporgedrungenen **Nephelinsyenitvarietäten im Umptek sich vorzugsweise auf erweiterten Spalten zwischen den Bänken des Hauptgesteines ausgebreitet haben** (Fig. 15).

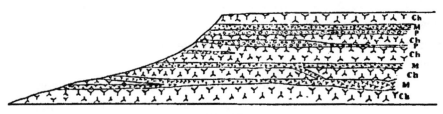

Fig. 15.

Schematisches Profil durch eine Bergwand im Umptek. Ch = Grosskörniger Haupttypus des Nephelinsyenit. M = Mittelkörnige Varietäten. P = Nephelinsyenitporphyr.

Unter diesen Varietäten ist ein **mittel- bis grobkörniger Nephelinsyenit** die verbreiteste. Er hat in der Hauptsache dieselbe mineralogische Zusammensetzung und Structur wie das Gestein des Chibinätypus mit tafelförmigen Feldspäthen und allotriomorphen Partieen von dunklen Bestandtheilen. Im Handstück hat er ein an ophitische Structur erinnerndes Aussehen und Ähnlichkeit mit dem Nephelinsyenit von Pouzac. Eine parallele Anordnung der Feldspathtafeln ist sehr häufig. Viel widerstandsfähiger gegen Verwitterung als das grosskörnige Hauptgestein, das wie Rapakiwi in kleine Bröckchen zerfällt, unterscheidet sich dieser mittel-grobkörnige Nephelinsyenit im Felde sehr deutlich von jenem, welchen er fast überall begleitet. In vielen Fällen sind die Abhänge der Berge mit herunter gefallenen Blöcken von den beiden Arten von Nephelinsyenit in solchem Grade bedeckt, dass nichts. Bestimmtes über ihr gegenseitiges Verhalten gesagt werden kann.

Wo sie aber an ihrem ursprünglichen Platze der Beobachtung zugänglich sind, bildet der mittelkörnige Nephelinsyenit am häufigsten
bankförmige Lagergänge im grosskörnigen. An einigen Stellen findet man nur einen einzelnen Gang; in anderen Bergen wechsel-
lagern zahlreiche solche mit Bänken des Hauptgesteines. Einige
derselben sind nur 2 bis 3 dm mächtig, andere besitzen mehrere
Meter Dicke, ja können fast ausschliesslich einen Berg zusammen-
setzen. Weniger häufig sieht man die mittelkörnigen Nephelinsye-
nitpartien die Bankungsrichtungen des Hauptgesteines durchqueren.
Meistens sehr untergeordnet im Verhältniss zu diesem, kommt jener doch in gewissen Bergen in solchen Massen vor, dass er das
überwiegende Gestein wird, z. B. in den mittleren und oberen
Theilen des Poutelitschorr, in grossen Partieen vom Tachtarwumtschorr, im obersten Theil des Berges zwischen dem Lutnjärmajok
und der Bucht Eueman, am Nordabhange des Wudjavrtschorr, im
Passe zwischen dem Juksporrlak und dem Wuennomwum, im Suoluajw und im Naamuajw südlich vom Kaljok und besonders in
den Bergen südlich und westlich von der Tuljlucht, wo das Gestein
durch makroskopisch sichtbaren, gelben Titanit characterisirt ist.
Ausgeprägt parallel-trachytoidalstruirte mittel-grobkörnige Nephelinsyenite sind besonders in den tieferen Theilen
des Tuljwum und im Tschasnatschorr eingesammelt worden.

Durch Übergänge mit dem mittelgrobkörnigen Nephelinsyenit
verbunden, treten in denselben Bergen und in derselben Weise,
vorzugsweise als horizontale Lagergänge, mittel-feinkörnige Abarten auf.

In den fein- und mittelkörnigen Nephelinsyeniten findet man
bisweilen einzelne porphyrartig entwickelte grössere Krystalle von
Nephelin und Feldspath vor. In gewissen Gängen kommen diese
in solcher Menge und Regelmässigkeit vor, dass das Gestein ein
echter Nephelinsyenitporphyr wird. Dieser besteht aus einer
Grundmasse desselben makroskopischen Aussehens wie das des mittelkörnigen Nephelinsyenites. In ihr liegen schön ausgebildete
cm-dicke Nephelinkrystalle und mehrere cm breite Feldspathtafeln
ausgeschieden. In gewissen Varietäten sind die Nepheline über-

wiegend, in anderen die Feldspäthe. Auf den verwitterten Oberflächen ragen diese als Kämme hervor, während jene sechsseitige
und rectanguläre Vertiefungen bilden. Der Nephelinsyenitporphyr
tritt in derselben Weise wie die fein- und mittelkörnigen Varietäten des Nephelinsyenites in annähernd horizontalen, lagerartigen
Gängen wechselnder Dicke und Anzahl zwischen den Bänken des
grobkörnigen Hauptgesteines, besonders in den westlichen Bergen
des Umptek, auf; in den östlichen scheint er gar nicht vorzukommen.

. Die mittelkörnigen Nephelinsyenite sowie der Nephelinsyenitporphyr zeigen am häufigsten dieselbe Structur durch ihre ganze
Mächtigkeit hindurch. Nur in einigen Gängen beobachtet man, dass sie
gegen die Grenzen hin feinkörniger werden. Im Allgemeinen fanden
wohl die Nachschübe von Magma der erwähnten Gesteine so bald
nach dem Erstarren des Hauptgesteines statt, dass dieses noch nicht
weit unter den Schmelzpunkt abgekühlt war. Die Fälle, wo feinkörnige
Grenzzonen vorkommen, deuten auf verzögerte Eruptionen hin, welche
eintraten als die Temperatur der umgebenden Gesteinen schon
mehr gesunken war. Vielleicht darf man dann auch annehmen
dass die mittel-feinkörnigen Varietäten überhaupt etwas jünger sind
als die mittel-grobkörnigen. Die mittelkörnigen Nephelinsyenite
sowie der Nephelinsyenitporphyr haben sich in ähnliche Bänke und
Platten abgesondert wie das Hauptgestein des Umptek.

Ausser den erwähnten Nephelinsyeniten, von deren söhligen
Bänken und Lagern das Massiv aufgebaut worden ist, tritt noch
eine eigenthümliche feinschiefrige dunkle Abart in verticalen
Gangspalten auf, welche alle horizontal abgesonderten Varietäten durchsetzen. Sie besteht aus einem dunkelgrünen Gemenge
von Pyroxen, Nephelin und Feldspath, welches äusserlich eine sehr
grosse Ähnlichkeit mit einem Gneiss in Folge der parallelen Anordnung der Pyroxennadeln besitzt. Diese Schiefrigkeit ist mit
den Wänden der saigeren Gangspalten parallel. Diese, welche an
der Südwestseite des Kukiswumtschorr und im Juksporr beobachtet
worden sind, streichen N 20°—25°W, annähernd parallel mit der
Richtung des langen Passes Kukiswum. Es treten mehrere solche

Gänge von wechselnder Grösse, 0,5 bis mehrere Meter breit, neben
einander auf. Man kann sie vom Boden des Thales des Utswud-
javrjok bis an die Hochebene des Kukiswumtschorr verfolgen. Bei
der Verwitterung des grobkörnigen Nephelinsyenites bleiben sie
als kleine Kämme und Blöcke im Schutte zurück, welche im Bezug
auf ihre Parallelstructur eine übereinstimmende Lage einnehmen.

Alle bisher aufgezählten Typen des Nephelinsyenites und der
Nephelinsyenitporphyr stellen normale Krystallisationsproducte desselben Magmas unter verschiedenen äusseren Bedingungen dar.
Ganz ungewöhnlich sind dagegen die im Njurjavrpachk, im Eves-
lagtschorr und in einem nördlichen Nebenthal des Wuennumwum
auftretenden flasrigen Ausbildungen von Nephelinsyenit,
die in vieler Hinsicht äusserlich an manche druckschiefrige
Gesteine erinnern. Die makroskopisch sichtbaren Bestandtheile
sind die normalen: Nephelin, Feldspath, in der Form zerbroche-
ner Individuen, deren Theile von einander gezogen worden sind,
Ägirin und Arfvedsonit sowie grosse linsenförmige Einschlüsse von
normalem Syenit. Alles wird durch ein Cement aus Nephelinsyenitmineralien zusammengehalten, unter denen Astrophyllit und far-
bige Mineralien in sehr grosser Menge in einigen Partien auftreten,
während die hellen Gemengtheile in anderen vorwalten. Das
ganze Auftreten dieser eigenthümlichen Bildungen hat sehr viel Ähnlichkeit mit den von W. C. BRÖGGER [1] beschriebenen flasrigen,
gemischten Gängen in den Grenzzonen des Augitsyenitgebietes,
und die von ihm auf der Seite 107 a. a. O. mitgetheilte Abbildung
würde mit Abänderung einiger Einzelheiten eine sehr anschau-
liche Vorstellung der Verhältnisse im Umptek geben können. Die
Schiefrigkeitsrichtung dieser Gebilde ist vertical gestellt. Das Streichen ist im Njurjavrpachk N 40° W; hier bildet das flasrige Gestein
zwei ca. 200 m breite Züge, die einen Hügel des normalen Nephelinsyenites umschliessen. Im Nebenthal des Wuennumwum besteht ein Felsen rechts vom Flusse aus einer sehr astrophyllitreichen, schieferähn-
lichen Art mit dem Streichen N 70° E, der in den Thalabhängen
und im nördlich davon liegenden Eweslogtschorr allmählich in

---

[1] Zeitschrift für Krystallographie. XVI. pag. 101.

einen fluidalstruirten Nephelinsyenit mit dem Streichen E—W übergeht, welcher oft Bruchstücke des flasrigen Gesteines einschliesst.

Die Ähnlichkeit dieser Abarten des Nephelinsyenites mit flasrigen, druckschiefrigen massigen Gesteinen ist nur eine äussere,
scheinbare. Denn die einzelnen, allerdings oft zerbrochenen Mineralien zeigen nicht Merkmale von gewaltigem Druck, weder un-
dulirende Auslöschung noch gebogene Lamellen oder dergleichen
Erscheinungen. Und die Partien, welche das Aussehen von Quetschzonen haben, enthalten lauter für die Nephelinsyenite characteristische Mineralien primärer Krystallisation: ausser Feldspath und
Nephelin, Ägirin, Arfvedsonit, Eudialyt, Astrophyllit etc. Producte,
die eine Dynamometamorphose angeben, liegen gar nicht vor. Eine
wirkliche Druckschiefrigkeit in diesen kleinen Partieen des Umptek
wäre um so mehr unerklärlich, als die grossen Nephelinsyenitmassive sonst von Dislocationsmetamorphosen vollkommen unberührt
sind. Im Gegentheil muss man sie, in Übereinstimmung mit der
von W. C. BRÖGGER für die Grenzbildungen des südnorwegischen
Augitsyenitgebietes gegebenen Erklärung, für eine Art von fluidalstruirten Massen halten, die sich noch während der Eruptions- und
Erstarrungsperiode des Magmas gebildet haben. Wir befinden uns
hier in der Nähe früherer Ausbruchscanäle, in denen die Gesteine
nach einem, sei es partiellen oder vollständigen Erstarren von
nachdringendem Magma wieder aufgerissen worden sind, und ihre
Bruchstücke, in diesem eingebettet, mit fortgerissen und fluidal
ausgezogen wurden. Dieser Vorgang hat sich mehrmals wiederholt bis in die Zeit der Pegmatitbildung, denn die letzten Füllmassen sind typische Pegmatitmineralien: filziger Ägirin, Astrophyllit,
Ainigmatit, Eudialyt, Titanit, Pyrochlor etc., und die sonst im
Umptek nicht allgemeine Zeolithbildung ist hier stellenweise sehr
reichlich vorhanden.

Innerhalb des Umptek kommen kleine Gebiete von Theralith
und Ijolith vor. Das erstere Gestein ist in dem westlichen der
beiden Pässe zwischen dem Kunwum und dem Tachtarwum angetroffen wurden. Es bildet hier eine wenigstens 100 m mächtige
Partie, welche auf gewöhnlichem Nephelinsyenit ruht. Auch die

Berge, welche sich über die Passhöhe erheben, bestehen aus Theralith. Leider sind hier die Contacte mit dem Nephelinsyenit von
losen Blöcken verhüllt. Der Theralith bildet doch ziemlich gewiss
eine annähernd horizontal eingeschaltete Masse. Wie die Nephelinsyenite sondert er sich auch in söhlige Bänke ab. Makroskopisch kennzeichnet sich dieses interessantes Gestein durch eine
graulichweisse zuckerkörnige Grundmasse mit porphyrartig erscheinenden 0.5—1 cm langen Augitindividuen.

Ijolith tritt auf dem Nordabhang des Kaljokthales im Berg
Walepachk als ein gegen S geneigter Lager von einiger Meter
Dicke zwischen umgehenden Bänken von mittelkörnigem Nephelinsyenit auf. Er enthält Pyroxen und Nephelin, ist mittelkörnig, dunkel gefärbt und zeigt eine ausgeprägt schiefrige Structur in Folge der parallelen Anordnung der Pyroxenindividuen.
Ein anderes Vorkommen von mittelkörnigem, hier richtungslos
struirten Ijolith bildet ein Berg im Passe zwischen dem Wudjavrgebiet und dem Wuennumwum. Ausserdem haben wir gang-
förmig auftretenden, orthoklasführenden Ijolith am Westrande
des Umptek, südlich vom Bache Jimjegorruaj gefunden (S. 59).

Das Umptek-massiv wird im allgemeinen nur in geringem
Grade von echten Gängen durchsetzt. Im Kukiswumtschorr treten
die beschriebenen Gangspalten mit dem feinschiefrigen Nephelinsyenit auf. In der steilen Wand des Berges W vom See Wudjavr
wurde ein verticaler, höchstens 0.5 m breiter Gang von dichtem Monchiquit beobachtet. Sonst ist in den inneren und westlichen Theilen des Umptek nur der orthoklasführende Ijolith gesehen worden.
M. P. MELNIKOFF (a. a. O.) hat doch auf der Westseite des Umptek eine lagerförmige Partie von Augitporphyrit entdeckt. Ein
ähnliches Gestein traf ich in losen Blöcken, von denen mehrere
zur Hälfte aus Nephelinsyenit bestanden, in der Rinne eines Wild-
baches auf der Nordseite des Poutelitschorr an. Die ausgeprägte
Hornfelsstructur desselben macht es indessen wahrscheinlich, dass
es einer älteren von den Nephelinsyeniten contactmetamorphosirten
Bildung angehörig ist.

Das eigentliche Ganggebiet des Umptek ist der Ostrand am Ufer des Umpjavr. Hier werden die Berge Njurjavrpachk und Njorkpachk von dunkelgrünen Ganggesteinen massenhaft durchzogen. Auf der Nordostseite des ersteren streichen längs dem Ufer des Umpjavr parallel neben einander in der Richtung N 40° W mehrere 0.25—1 m breite Gänge von einem dichten grünen, phonolitischen Gestein, welches nach der mikroskopischen Untersuchung ein echter Tinguait ist. Die Richtung der Gangspalten ist mit der Schiefrigkeit des hier auftretenden fluidal-flasrigen Nephelinsyenites übereinstimmend. Im Njorkpachk südlich von der Tuljlucht streichen ebenfalls mehrere ca. meterbreite Gänge parallel mit einander in der Richtung N 70° E. Ein Theil derselben besteht aus dichtem olivinführendem Tinguait, ein anderer Theil erweist in der dunklen Grundmasse sanidinähnliche grosse (1—2 cm) Einsprenglinge von tafelförmigem Feldspath. Dieses Gestein könnte als ein Tinguaitporphyr bezeichnet werden.

Der grobkörnige Nephelinsyenit des Chibinätypus nimmt oft ein grosskrystallinisches Gefüge und ein pegmatitisches Aussehen an. Diese Abart bildet indessen nur wenig scharf begrenzte Partien im Hauptgestein. Ausserdem kommen doch echte Mineralpegmatite vor, die Spalten sowohl parallel der Bankung als quer zu derselben ausfüllen. In diesen findet man in der Regel folgende Krystallisationsreihenfolge:[1] 1) Ägirin in langen Nadeln, 2) Nephelin und Feldspath, 3) Eudialyt (Astrophyllit und seltene Mineralien) 4) Als letzte Füllmasse grüner filziger strahlsteinsähnlicher Ägirin. Die Ausscheidungen (3 u. 4) des Eudialytes und des späteren Ägirines scheinen von den ersten und auch von einander scharf getrennt zu sein. Denn man findet dünne Spalten in den Gesteinen des Umptek, welche nur mit Eudialyt und Ägirin ausgefüllt sind sowie auch nur den filzigen Ägirin als Spaltenausfüllung. Sie können als Pegmatite betrachtet werden, denen die ersten Mineralausscheidungen fehlen, weil sich die Spalten erst nach denselben geöffnet haben.

---

[1] W. RAMSAY, Ueber den Eudialyt von der Halbinsel Kola. Neues Jahrbuch für Mineralogie, etc. Beil. B. VIII, 1893. pag. 722.

Eine ebenfalls interessante Art von Spalten sind die, welche mit Titanit besetzt sind. Im östlichen Umptek, besonders auf der Südseite des Ljavotschorr, durchziehen ganz feine derartige, bis 2 cm breite Spalten die verschiedenen Varietäten von Nephelinsyenit. Auf ihren Wänden sitzen schön krystallisirte gelbe Titanitkrystalle, von bis 2 cm Länge. Dieses Mineral ist deutlich nach der Bildung der Nephelinsyenite entstanden und gehört nicht zu deren mineralogischer Zusammensetzung. Da nun ein ähnlicher gelber Titanit in grosser Menge in den Nephelinsyeniten des Tuljluchtgebietes als letztgebildeter Bestandtheil auftritt, wäre es möglich, dass er auch hier eine spätere Ausfüllung miarolitischer Hohlräume ist.

Lujavr-Urt.

Hier ist das herrschende Gestein ein mittel-grobkörniger Nephelinsyenit mit ganz anderen Kennzeichen als die des Chibinätypus. Es besteht aus dünnen, 1—3 cm breiten, einander annähernd parallel angeordneten Feldspathtafeln, dazwischen eingeschalteten Nephelinkörnern und feinen Ägirinnadeln, welche die Tafelflächen der Feldspäthe einhüllen. Ein characteristischer accessorischer Bestandtheil sind Eudialytkörner mit selbständiger Krystallform, während dieses Mineral im Umptekgestein allotriomorph ist. Auch die dunklen Gemengtheile besitzen hier im Gegensatz zu denen des Chibinätypus einen höheren Grad von Individualisirung. Für diesen Nephelinsyenit, welcher einen ganz besonderen Typus darstellt, will ich nach dem Vorschlag von W. C. BRÖGGER [1] den Namen Lujavrit anwenden. Die paralleltrachytoidale Structur, die schon in mehreren Gesteinsvarietäten des Umptek vorhanden war, und welche äusserst häufig in den Nephelinsyeniten zur Ausbildung zu kommen scheint, tritt im Lujavrit in ihrer schönsten Entwickelung auf. Sie erinnert an die des typischen Syenit vom Plauenschen Grunde. Die Handstücke zeigen auf einer Seite ausschliesslich Tafelflächen der Feldspäthe, von Ägirinnadeln überzogen. Senkrecht dazu sieht man nur leistenförmige Durchschnitte

[1] Zeitschr. für Krystall, XVI. S. 204,

von Feldspath, zwischen denen der Ägirin dünne Schichten bildet. Dieses gneissähnliche Aussehen kennzeichnet den Lujavrit vom Fusse der Berge bis an ihren Gipfel in einer Mächtigkeit von 800 m. Die Schiefrigkeitsrichtung ist annähernd söhlig, mit der platten Ausdehnung des Massives übereinstimmend.

Ganz wie die Nephelinsyenite im Umptek hat der Lujavrit eine grosse Neigung zu plattenförmiger Absonderung, die mit seiner Schiefrigkeit parallel ist. In den östlichen und mittleren Theilen des Hochgebirges ist diese Bankung annähernd horizontal. Auf der Westseite dagegen richtet sie sich auf mit einem Fall von 10°—30° gegen ENE und im Kietknjun fallen die Bänke sogar 60° gegen NNE. Diese Lage ihres Ausgehenden weist auf eine frühere grössere Ausdehnung des Massives gegen die Umpjavrseite hin. Im Wavnjokthal ist die Bankung mit der Wölbung der Abhänge conform, einer Einbuchtung der oberen Begrenzung des Laccolithen entsprechend (Fennia 3, N:o 7).

Einige von den tiefer gelegenen Bänken auf der Nordseite des Tsutsknjun, sowie im Parga- und Angvunsnjun zeigen ein Aussehen, welches an das der mittelkörnigen trachytoidalen Nephelinsyenittypen des Umptek erinnert. Die Ägirinnadeln haben sich in compacten Haufen gesammelt und die Parallelstructur ist nicht so feinschiefrig wie im echten Lujavrit und wo Eudialyt hinzutritt, ist er allotriomorph. Dieses Gestein entspricht dem Brögger'schen Foyaittypus. Von einem dem Chibinätypus sehr nahe stehenden Gestein besteht der Berg Suoluajv in SE vom Lujavr-Urt und unterscheidet sich dadurch in petrographischer Hinsicht vom Hauptmassive.

Sonst ist in den unteren Theile des Lujavr-Urt bis zu einer Höhe von 500—600 m im W und 300—400 m im E ein eudialytarmer normaler Lujavrit allein vorherrschend. Über dieser Höhe fängt aber eine recht grosse Abwechselung im Gesteinscharacter an. Der normale Lujavrit geht hier in einen eudialytreichen über, welcher, obgleich noch mit einzelnen Bänken des ersteren wechsellagernd, doch der überwiegende Bestandtheil der Hochpateaus ist. Dieser Eudialyt-Lujavrit hat besonders in den westlichen Theilen des

Hochgebirges, die viel höher als die östlichen sind, eine grosse
Ausbreitung. Er tritt im Alluajv (Fig. 16), im Angwundastschorr,
im Sengistschorr, im Mannepachk und in den Pässen westlich von
Kuvt-uaj und Kietkuaj sowie auch im Wavnbed und im Pjalkimporr massenhaft auf.

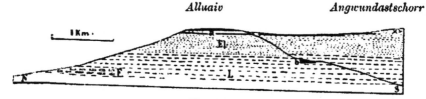

Alluaiv   *Angwundastschorr*

Fig. 16.

Profil durch den Alluaiv. L = Lujavrit. El = Eudialyt-lujavrit. F = Foyait.
a = dichter Lujavritporphyr. b = derselbe, reich an seltenen, accessorischen
Mineralien. xx = Pegmatitische Partien.

Neben diesem Nephelinsyenit ist ein mittelfeinkörniger Lujavrit, der ausser Eudialyt sehr viel von einem gelben, blättrigen
astrophyllitähnlichen Mineral, welches wir Lamprophyllit nennen,
in grossen Massen in den Hochplateaus zwischen dem Augwundastschorr und dem Mannepachk vertreten. Dieser Lamprophyllit-Lujavrit, der oft porphyrisch ausgebildet ist, scheint bald
zwischen den Bänken des Eudialyt-Lujavrites eingeschaltet zu sein
bald dieselben zu überlagern. (Fig. 17).

Uts-Angwunsnjun   *Angwundastschorr*

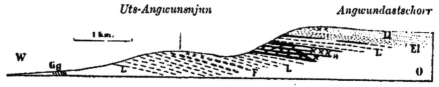

Fig. 17.

Profil durch den Angwunsnjun und den Angwundastschorr.
L = Lujavrit. El = Eudialytlujavrit. Ll = Lamprophyllitlujavrit. F = Foyait.
xx = Pegmatitische Partien. a = Bänke von dichtem Lujavritporphyr, reich an
seltenen accessorischen Mineralien in wiederholter Wechsellagerung mit Lujavrit
und pegmatitischen Partieen. Gg = Gneissgranit.

In derselben Höhe, wo die soeben besprochenen Lujavritvarietäten über den normalen Typus zu überwiegen anfangen, treten in grosser Menge grüne, feinkörnige und dichte Gesteine auf,
die sich vorzugsweise auf erweiterten Spalten zwischen den Bänken
des Nephelinsyenits ausgebreitet haben, und je höher man zu den
Hochplateaus hinaufsteigt, um so zahlreicher werden diese Lager-

gänge (Fig. 16 u. 17). Ihre Breite schwanket zwischen einigen Centimetern und mehreren Metern. Es waren diese Gesteine, welche ich in
einem früheren Aufsatze als »Grenzfacies« des Nephelinsyenites im
Lujavr-Urt bezeichnet habe. In der That bilden sie die obersten
Bänke auf den Hochebenen im östlichen Theil des Gebirges, die
nicht höher als 400—500 m sind. Die Beobachtungen in den viel
höheren westlichen Bergen haben nun gelehrt, dass diese Gesteine
von verschiedenen Lujavrittypen, mit deren Bänken sie wechsella-
gern, oft bedeckt werden. Man kann unter diesen Gesteinen, deren
mineralogische Zusammensetzung in der Hauptsache die der Nephelinsyenite ist, mehrere Arten unterscheiden. Ein Theil von
denselben können als feinkörnige Lujavrite bezeichnet werden.
Die meisten sind porphyrisch und stellen dichte Lujavritporphyre
oder vielmehr Tinguaite mit Lujavritstructur dar. Gewisse
von ihnen sind sehr reich an accessorischen Mineralien.

Durch die meistens annähernd horizontale, bankförmige Absonderung der gneissähnlichen parallelstruirten Lujavritvarietäten
und in Folge des lagerartigen Auftretens der verschiedenen Nephe-
linsyenitarten im Lujavr-Urt, die wie Schichten mit einander abwechseln, hat dieses Hochgebirge, trotz seiner Zusammensetzung
aus massigen Gesteinen, äusserlich sehr grosse Ähnlichkeit mit
einem aus sedimentären Bildungen in wenig gestörter Lage aufgebauten Complexe. Auf dieselbe Weise scheint nach K. J. V.
Steenstrup ein Theil der Sodalithsyenite auf Grönland aufzutreten.[1]

Im Berichte über die geologischen Resultate der Expedition
des Jahres 1887 (Fennia 5, N:o 7) erwähnte ich, dass grosse Massen von ausserordentlich grobkörnigem Nephelinsyenit die centralen,
tiefer gelegenen Theile des Lujavr-Urt einnehmen. Diese Angaben,
auf Beobachtungen gegründet, die während einer sehr raschen
und mühsamen Wanderung vom Seitjavr nach dem Umpjavr gemacht wurden, sind vollkommen unrichtig. Bei erneuerten Untersuchungen in denselben Gegenden, im Thal des Tschivruaj, auf
dem Tschivruaj-ladw und in den Bergen um das obere Ende des
Thal des Kietkuaj herum, fand ich, dass das herrschende Gestein

---

[1] Meddelelser om Grönland. II. Kopenhagen 1881. pag. 35, 36.

in den unteren Partien bis zur Höhe von 500 m, wie überall im
Lujavr-Urt, mittel-grobkörniger Lujavrit ist, welcher in den höher
gelegenen Theilen mit Eudialyt-lujavrit, Lamprophyllit-lujavrit und
mittel-feinkörnigem normalem Lujavrit abwechselt. Im Tschivruaj-
ladw wurde ausserdem ein mittel-grobkörniger Nephelinsyenitporphyr eingesammelt. Der ausserordentlich grosskrystalline Nephelinsyenit, ein porphyrischer Lujavritpegmatit, wurde nur in
losen Blöcken wahrgenommen, obgleich von solcher Grösse und
in solcher Menge, dass er unzweifelhaft in der Nähe ansteht.

Auf' den westlichen Ausläufern des Lujavr-Urt, Sengisnjun,
Parganjun, Kuvtnjun und Kietknjun, wird grobkörniger Ijolith
angetroffen. Er bildet recht ausgedehnte Partien, die theils als
mächtige Lager zwischen den Bänken des umgebenden gewöhnlichen Lujavrit, theils als breite Gangmassen quer zu denselben vorzukommen scheinen. Durch den Zutritt von accessorischen, tafelförmigen, parallel angeordneten Feldspathtafeln in gewissen Varietäten dieses Ijolithes entstehen Übergänge zu den Lujavriten.

In den Pässen am oberen Ende des Thal des Tawajok liegt
ein kleines Gebiet mit Repräsentanten einer früher nicht beschriebenen Gesteinsgruppe. Sie sind grobkörnig, hauptsächlich aus
Sodalith und Pyroxen zusammengesetzt und kommen sowohl · in
gleichmässig körnigen als porphyrischen Abarten vor. Ich nenne
sie Tawite und Tawit-porphyre. Ihre Contactverhältnisse zu
den unterliegenden und auch auf den Seiten umgebenden Nephelinsyeniten konnte ich nicht genauer feststellen.

Von basischen Ganggesteinen im Lujavr-Urt habe ich
schon früher (Fennia 3, N:o 7) einen Augitporphyrit beschrieben,
welcher im Wavnbed, Apuaiv und Kuamdespachk ausgedehnte horizontale Gänge bilden und auch verticale Spalten ausfüllen. Sie
sind wahrscheinlich mit einigen im Kietknjun auf der SW-Seite
des Hochgebirges gefundenen ganz dunklen Gesteinen nahe verwandt
welche den Lujavrit in mehreren Verticalen 50—75 m mächtigen,
N 75° W streichenden Gängen durchsetzen. Ein Theil davon sind
Monchiquit-ähnliche Pikritporphyrite, andere sind den von
J. F. WILLIAMS beschriebenen Fourchiten ähnlich.

Ausser dem porphyrischen Lujavritpegmatit am Tschivruaj-
ladv findet man hier und da zwischen den Lujavritbänken sowohl
in tieferen als höheren Niveaus pegmatitisch ausgebildete Lager
und linsenförmige Füllmassen, z. B. im Parga, auf mehreren Stellen des Hochplateau Angwundastschorr, im Uts Anwungsnjun (Fig.
17). Auch Spaltenausfüllungen mit Eudialyt und filzigem
Ägirin sind nicht selten.

In der oben gegebenen Darstellung sind nur die characteristischen Haupttypen der Gesteine des Umptek und des Lujavr-Urt
aufgezählt worden. Selbstverständlich existiren Uebergänge zwischen ihnen, besonders unter den verschiedenen Arten von Nephelinsyenit. Einerseits schwankt die Korngrösse innerhalb weiter
Grenzen und die Gestalt des Feldspathes wechselt von dicken Individuen bis zu den dünnen Tafeln der Lujavrite. Andrerseits kann
man allen Stufen von allotriomorpher Ausbildung der farbigen
Mineralien in gewissen Typen zu einem hohen Grad von Idiomorphismus derselben in anderen Varietäten durch eine Reihe Übergänge folgen, und die Grenzen zwischen porphyrischen und nicht
porphyrischen Abarten lassen sich nicht immer so leicht feststellen.
Durch Aufnahme von accessorischen Bestandtheilen entstehen auch
aus den von den Nephelinsyeniten mehr abweichenden Gesteinen
Zwischenglieder, die sich jenen nähern. Abgesehen von diesen
Übergängen und Zwischengliedern, welche ihre nähere Besprechung
im Folgenden finden werden, sind der Umptek und der Lujavr-Urt
aus folgenden Gesteinstypen zusammengesetzt:

Art des Vorkommens	Im Umptek	Im Lujavr-Urt
Gestein älter als die Nephelinsyenite.	Augitporphyrit mit Hornfelsstructur	
Vorherrschendes Gestein. Hauptgestein des Massives.	Grosskörniger Nephelinsyenit vom Chibinätypus (grosskörniger Foyait, BRÖGGER)	Normaler Lujavrit
Andere Gesteine, die zusammen mit dem Hauptgestein in wechsellagernden Bänken das Massiv aufbauen oder sich vorzugsweise als Lagergänge zwischen den Bänken ausgebreitet haben.	Mittel-grobkörnige bis mittel-feinkörnige Nephelinsyenite vom Chibinätypus Foyaitischer Nephelinsyenit Nephelinsyenitporphyr — Theralith Ijolith —	Eudialyt-Lujavrit Lamprophyllit-Lujavrit Foyaitischer Nephelinsyenit Nephelinsyenitporphyr Lujavritporphyr Tinguaitischer Lujavrit — Ijolith Tawit
Endomorphe Modificationen der Nephelinsyenite.	Fluidal-flasriger Nephelinsyenit Umptekit Aplitische Gänge	—
Gänge, vorzugsweise quer zur Bankung der Nephelinsyenite.	Feinschiefriger Nephelinsyenit Tinguait Monchiquit —	— Monchiquitähnlicher Pikritporphyrit Fourchit Augitporphyrit Lujavritpegmatit
Mineralgefüllte Spalten.	Pegmatit Eudialyt-ägirinspalten Titanitspalten	Pegmatit Eudialyt-ägirinspalten —

Diese Massive treten ganz isolirt auf und bilden nicht einen Theil eines ausgedehnteren Eruptivgebietes mit noch anderen den Nephelinsyeniten näher und ferner verwandten Gesteinen, welche aus einem gemeinsamen Magmabassin herstammen, wie es W. C. BRÖGGER für die südnorwegischen, postsilurischen massigen Gesteinen nachgewiesen hat. Hier treten in der Hauptsache körnige und porphyrische Glieder der Nephelinsyenit-Phonolith-familie, sowie ganz basische Ganggesteine auf. Die veränderten Diabase am Westrande des Umptek und die Granite am Nordostrande sind von den

Nephelinsyeniten zeitlich durch die langen Epochen getrennt, während welcher sie zuerst dem Gebirgsdruck ausgesetzt wurden und nachher die auf ihnen discordant ruhenden und später contactmetamorphosirten Sedimente abgelagert wurden. Die ältesten Bildungen der Massive sind die Augitporphyrite in den losen Blöcken am Poutelitschorr. Dann folgen die Hauptgesteine des Umptek und des Lujavr-Urt, und so die Varietäten von Nephelinsyenit, Nephelinsyenitporphyr und Tinguait, und zuletzt die basischen Ganggesteine. Es ist dieselbe Reihenfolge wie im Christianiagebiete, obgleich die Reihe hier sehr lückenhaft ist. Die sehr basischen Theralithe, Ijolithe und Tawite dagegen sind jünger als die Nephelinsyenite, älter als die basischen Ganggesteine (im Lujavr-Urt).

Im grossen Ganzen treten Gesteine mit derselben mineralogischen Zusammensetzung in den beiden Gebieten auf, und das Verhältniss, im welchem die Haupttypen und die begleitenden Varietäten sich an den Aufbau der Massive betheiligen, sowie die Art und Weise, in welcher es geschieht, ist ziemlich übereinstimmend. Es ist ja auch natürlich, denn entweder haben die beiden Massive früher zusammengehangen, oder wenn sie anfangs schon zwei getrennte Massive waren, so haben sie doch ihr Magma aus demselben Bassin zu gleicher Zeit erhalten. Ein auffallender Unterschied macht sich aber in der Structur der Gesteine der beiden Massiven geltend. Derselbe muss von ganz abweichenden Bedingungen beim Erstarren der Magmen abhängig sein, und darüber lassen die von uns gemachten Beobachtungen folgende Schlüsse ziehen.

Sowohl am Westrande des Umptek als an der Nordostecke haben wir die Nephelinsyenite in überlagernden Contacten mit altkrystallinischen Bildungen gefunden. Der am Fusse der Berge am Ufer des Umpjavr auftretende Umptekit bildet die Grenzzone gegen eine etwas tiefer gelegene Unterlage, und im Inneren des Hochgebirges trafen wir an tiefer erodirten Stellen die schlierigen Contactbildungen an, welche darauf hindeuten, dass der Boden des Massives nicht weit entfernt ist. Aus diesen Beobachtungen geht hervor, dass der Umptek die tieferen und mittleren Theile eines grossen Massives darstellt. Daher die grosskörnigen Structuren und die Krystallisationsreihenfolge, die in vieler Hinsicht der der Pegmatite ähnlich ist.

Der Lujavr-Ûrt dagegen bildet den oberen Theil eines Laccolithen. Dafür spricht in erster Linie die Structur der Lujavrite, welche entweder eine reine Fluctuationserscheinung im Tiefengestein ist oder, was mir wahrscheinlicher erscheint und von mir in der petrographischen Beschreibung ausgelegt werden soll, durch eine verhältnissmässig ruhige, aber von der Hülle des Laccolithen beeinflusste Krystallisation herrührt. In beiden Fällen stellt sie eine ausgeprägte Grenzfaciesstructur vor in Übereinstimmung mit der bekannten Thatsache, dass Parallelstructuren sehr häufig in Gangmassen und an den Rändern von Tiefengesteinsmassiven auftreten, nicht nur in Nephelinsyeniten, wie z. B. in Südnorwegen und auf Grönland, sondern auch in Graniten und Syeniten. Dass der über den ganzen Lujavr-Urt verbreitete gneissähnliche Bau der Gesteine ihre Entwickelung einem früheren Dache des Massives verdankt, beweist die mit diesem überall conforme Schiefrigkeit, die entweder annähernd horizontal ist oder, wenn geneigt, Einbuchtungen und Wölbungen desselben entspricht. Eine weitere Stütze für die Vermuthung, dass hier der obere Theil eines Massives vorliegt, scheint mir die im Lujavr-Urt nach oben hin immer reichhaltiger werdende Abwechselung der Gesteinsbänke und die Veränderungen in ihrem petrographischen Character darzubieten. Denn in den unteren Theilen des Lujavr-Urt kann man einzelne Nephelinsyenitbänke mit foyaitischer (dem Chibinätypus ähnlicher) Structur finden, und der normale Lujavrit, das vorherrschende Gestein, welches gewiss nicht zu den untersten Gebilden des Massives gehört, wird noch von dem Eudialyt-lujavrit, Lamprophyllit-lujavrit, sowie von den dichten Lujavrit-porphyren und den tinguaitischen Lujaviten mit den seltenen Mineralien überlagert. Hierbei scheinen die Veränderungen des Gesteinscharacter in der Richtung zu gehen, dass nicht nur eine Anreicherung an Eudialyt und Hinzutritt von Lamprophyllit nach oben hin stattfinden, sondern auch porphyrische Ausbildung häufiger wird, und vor Allem, dass die farbigen Gemengtheile, wie z. B. der Eudialyt und die Ägirinnadeln immer mehr ausgeprägt idiomorph gegen die hellen werden, ein Umstand, welcher überhaupt die Lujavrite den Nephelinsyeniten des Umptek gegenüber auszeichnet. Zu bemerken ist noch, dass das Korn der Gesteine im Lujavr-Urt, mit Ausnahme das der Pegmatite, nach oben hin durchschnittlich abnimmt, ganz wie auch die Bestandtheile des parallelstruirten Lujavrits selbst kleinere Dimensionen besitzen, als die im richtungslosen Hauptgestein des Umptek. Den vielfach wiederholten Wechsel in den obersten Lagern kann man so erklären, dass die dem Dache am nächsten liegenden Gesteine zuerst erstarrten, und ihre Absonderung in Bänke und Platten am raschesten und leichtesten stattfand, wobei immerfort neues Magma von den tieferen Theilen auf den Spalten hineindrang.

Es weist nämlich das lagerartige Auftreten der verschiedenen Nephelinsyenitvarietäten zwischen einander im Umptek und im Lujavr-Urt, dass die Bildung der Massive nicht durch eine einfache gewaltige Eruption und darauf folgende Erstarrung, sondern allmählich mit Unterbrechungen sich vollzog. Nachdem eine aufgekommene Magmaportion zu festem Gestein krystallisirt war, bildeten sich klaffende Spalten in diesem, vorzugsweise parallel der bankförmigen Absonderung, und wurden mit neuem Magma gefüllt. Durch mehrfache Wiederholung dieses Vorganges vermehrte sich das Volum der Massive. Auch die fluidalflasrigen Abarten der Gesteine (S. 86) deuten auf eine Aufreihung von schon verfestigtem Material, während die verticalen Gänge, welche die Gebirge durchsetzten, zeigen, dass die eruptive Thätigkeit aus derselben Magmaquelle auch nach der Bildung der Massive sich fortsetzte.

Das Nephelinsyenitgebiet liegt in einem Senkungsfelde. Die umgebenden Gebirge, wie der Tschuin und der Monschetundar (1100 m ü. d. M.) bestehen aus archäischen Gesteinen. Im Verhältniss zu diesen sind die an den Nephelinsyenit angrenzenden contactmetamorphen Sedimente gesunken. Diese letzteren aber sind sicher nur unbedeutende Überreste einer Sedimentdecke, welche die flache Umgebung des Nephelinsyenites früher erfüllte. Hier entstanden der Umptek und der Lujavr-Urt als grosse laccolithische Massive, die ungefähr auf der Grenze zwischen den altkrystallinen Boden und den ihn bedeckenden sedimentären Schichten erstarrten. Denn in der Hauptsache besteht die sichtbare Unterlage des Umptek aus den veränderten Diabasen, Gneissen und Gneissgraniten, während man aus dem Vorkommen der kleinen Partien von contactmetamorphosirten Sedimenten den Schluss ziehen kann, dass die Nephelinsyenite mit einer solchen Formation in Berührung trat, welche das Hangende gebildet haben muss. Dass die Massive Laccolithen sind, beweisen nicht nur die soeben besprochenen oberen Grenzfaciesbildungen des Lujavr-Urt und die Tiefengesteinsstructur der Gesteine, sondern auch im Umptek die Contactmetamorphosen an den Grenzen, besonders die Imprägnation des Sillimanitgneisses mit Nephelinsyenitmagma.

Die gewaltigen Massive sind bei der Zerstörung der umhüllenden Schichten blossgelegt worden, und ragen in Folge dessen als hohe Gebirge über die Umgebung hervor, von welcher auch die Sedimentdecke bis hinab zum archäischen Boden abgetragen worden ist. Der harte Contacthof hat wohl eine längere Zeit die sonst nicht allzu widerstandsfähigen Nephelinsyenite gegen die fortschreitende Erosion geschützt. Mann kann sich nämlich den Umptek und den Lujavr-Urt kaum als Horstgebirge vorstellen, da keine Merkmale von Verwerfungen an ihren Grenzen beobachtet worden sind, sondern im Gegentheil die unter den Chibinä hineintauchenden Gebilde eine unmittelbare Fortzetzung der Gesteine der Umgegend sind. Allerdings sind die jetzigen Grenzen der Gebirge mit den früheren nicht identisch, denn die an den Rändern der Gebirge horizontal ausgehenden oder aufgerichteten Gesteinsbänke weisen auf eine frühere etwas grössere Ausdehnung der Massive hin. Diese muss aber durch Erosion beeinträchtigt worden sein. Denn im Falle, dass das Gebiet von Bruchlinien begrenzt würde, müsste man in der gesunkenen Umgebung eher das Hangende als das Liegende der Nephelinsyenite finden. ˙Wenn überhaupt Dislocationen nach der Bildung der Laccolithen ˙eingetroffen sind, so deuten die Umstände viel mehr darauf hin, dass die Massive sich gesenkt haben, besonders der Lujavr-Urt im Verhältniss zum Umptek.

Schwieriger stellt sich die Erklärung der früheren gegenseitigen Stellung der Massive und der Enstehung des sie trennenden Umpjavr. Das Thal, in welchem der See sich ausbreitet, ist nur eine Partie des Flachlandes, über welches die Gebirge sich erheben. Es geht in N und in S in dieses unmittelbar über, und auch sein Boden scheint, wie die Umgebung des Nephelinsyenitgebietes, aus Gneiss und Gneissgranit zu bestehen. Diese Umstände machen die sonst einfach erscheinende Annahme einer Grabensenkung unwahrscheinlich. Denn gegen sie erheben sich dieselben Einwendungen, welche uns überhaupt nicht die Hochgebirge als Horste aufzufassen gestatten. Man muss wohl eher annehmen, dass schon bei den Verschiebungen und Bewegungen, bei welchen das Nephelinsyenitmagma emporgepresst wurde, eine unterirdische Schwelle dort entstanden ist, wo der Umpjavr jetzt liegt, und dass eine Einbuchtung der überliegenden Schichten die beiden Massive hier abschnürte oder vollständig von einander trennte. (Siehe das Profil auf der Tafel II). Eine Stütze für diese Anschaung ist, dass die wichtigsten Gangspalten im Umptek am Ufer des Umpjavr auftreten, wie z. B, die Tinguaitgänge im Njunjavrpachk und Njorkpachk im Umptek und die basischen Gänge im Kietknjun im Lujavr-Urt.

Anmerkung: Durch ein Versehen ist das Areal des Umpteks 30 km² zu gross angegeben: 1145 km³ anstatt 1115 km² (S. 8 u. 79), und in Folge dessen auch die Gesammtausdehnung der beiden Massive 1630 km² anstatt des Richtigen: 1600 km².

Petrographische Beschreibung des Nephelinsyenites vom Umptek und einiger ihn begleitenden Gesteine.

Von

V. HACKMAN.

Die folgende Tabelle giebt in kurzer Übersicht die im Massive von Umptek auftretenden Gesteine, soweit sie hier beschrieben werden, in der Reihenfolge an, welche bei der Beschreibung eingehalten worden ist.

I. *Gesteine aus der Reihe der Nephelin(Eläolith)-syenite und Phonolithe.*

1. Der grobkörnige Haupttypus von Nephelinsyenit, das im ganzen Massive vorherrschende Gestein. Pegmatitschlieren. — Basische Ausscheidung.

2. Mittel- bis feinkörnige Nephelinsyenitvarietäten. Sie bilden Lagergänge parallel zur horizontalen Bankung des Gesteines und sind im östlichen Teile des Gebirges über grössere zusammenhängende Gebiete verbreitet.

3. Mittel- bis grobkörniger Nephelinsyenit mit trachytoider Structur, als Lagergänge parallel zur horizontalen Bankung.

4. Feinschiefriger Nephelinsyenit, bildet Gänge quer zur horizontalen Bankung.

5. Nephelinsyenitporphyre. Sie bilden Lagergänge parallel zur horizontalen Bankung.

6. Nephelinporphyr. Lagergang parallel zur horizontalen Bankung.

7. Tinguaite. Gänge quer zur Bankungsrichtung.

II. *Gesteine aus der Reihe der Theralithe und Monchiquite.*

1. **Theralith.** Umfangreichere Gesteinspartie parallel zur horizontalen Bankung.

2. **Monchiquit.** Gang quer zur Bankung.

III. *Gesteine der Ijolithfamilie.*

1. **Ijolith** vom Kaljokthal. Lagergang parallel zur Bankung.

2. **Orthoklasführender Ijolith.** Gänge im angrenzenden Contactgestein.

IV. *Augitporphyrit,*

Contactmetamorphisiertes älteres Ganggestein.

I. Gesteine aus der Reihe der Nephelin(Eläolith-)syenite und Phonolithe.

1. *Der grobkörnige Haupttypus von Nephelinsyenit.*

Dieses grobkörnige Gestein lässt bei makroskopischer Betrachtung Feldspath, Nephelin (Eläolith) und schwarze Bisilicate als Hauptgemengteile erkennen. Daneben sind häufig noch Titanit, Eudialyt und ein neues Mineral, Lamprophyllit, zu beobachten. Die Farbe des Gesteines ist hauptsächlich durch die gewöhnlich graugrünen Feldspathe und Nepheline bedingt; nicht selten ist der Feldspath auch weissgrau, während der Nephelin grau bis graubraun wird, und es hat diese letztere Ausbildungsart des Haupttypus ein besonders gefälliges Aussehen, welches noch durch die beigemengten Eudialytkörner erhöht wird. Das Mengenverhältniss der das Gestein aufbauenden Hauptmineralien ist im Allgemeinen sehr constant: es überwiegen bei weitem Feldspath und Nephelin vor den farbigen Bisilicaten, und die Feldspathe sind wiederum meist reichlicher vorhanden als der Nephelin. Abarten entstehen dadurch, dass der Nephelingehalt local zunimmt, so dass die Menge dieses Minerales der des Feldspathes gleich kommt oder sie übertrifft. Doch ist dieser Wechsel im gegenseitigen Mengenverhältnisse des Feldspathes und Nephelines in dem grobkörnigen Nephelinsyenite nicht sehr häufig und von keiner grösseren Verbreitung, und die daraus entstehenden Abarten im Übrigen vollkommen gleich dem Haupttypus und ohne jede scharfe Grenze gegen ihn, so dass sie selbstverständlich keiner besonderen Beschreibung bedürfen. Dasselbe gilt von einem Schwanken der Korngrösse in gewissen Grenzen. Die dadurch entstehenden mittelkörnigen Abarten sind sehr selten, und, von dem Korne abgesehn, dem Haupttypus ebenfalls vollkommen gleich.

Die im Allgemeinen regellos körnige Structur macht zuweilen einer ungefähr parallelen Anordnung der Feldspathsleisten Platz. Man beobachtet dies besonders deutlich an der verwitterten Oberfläche des Gesteines, da der Nephelin in geringerem Maasse als der Feldspath der Einwirkung der Athmosphärilien widersteht, und sich in Folge dessen ein erhabenes Relief der widerstandsfähigeren Feldspathsleisten ausbildet.

Durch die mikroskopische Untersuchung vervollständigte sich die Zahl der das Gestein aufbauenden Mineralien. Diese sind ungefähr nach abnehmendem Mengenverhältniss geordnet: Feldspath (Mikroklin, Albit), Nephelin, Ägirin, Arfvedsonit, Eudialyt, Titanit, Lamprophyllit, Nosean, ein Mineral der Mosandritreihe, Ainigmatit, Eisenerz, Apatit und zwei unbekannte Mineralien, ferner in äusserst geringen Mengen: Perowskit, braune Hornblende und Biotit. Als secundär zu betrachten sind: Cancrinit und die Zeolithe.

Der Feldspath, das Mineral, welches in der Regel am reichlichsten im Gesteine vorhanden ist, tritt in Tafeln und Leisten auf, welche Dimensionen bis zu mehreren cm erreichen können. Es sind an ihm vorwiegend die Flächen M (010) und P (001) ausgebildet, welche beide Glasglanz besitzen und Spaltflächen sind, doch ist die Spaltbarkeit nach P vollkommener als nach M. Brüche ungefähr vertical gegen M und P haben einen schwachen Fettglanz. Zwillingsbildung nach dem Karlsbader Gesetze ist eine sehr häufige Erscheinung. Der Winkel M:P wurde an mehreren Spaltstücken gemessen: die Bilder waren nicht sehr scharf, ermöglichten jedoch eine annähernd genaue Einstellung, und als Mittelwert ergab sich ein Winkel von 90° 14'.

Unter dem Mikroskope zeigte sich der Feldspath nicht einheitlich aufgebaut, sondern aus einem innigen Gemenge von zwei Feldspathsarten zusammengesetzt, die sich als Mikroklin und Albit erwiesen. Auf Dünnschliffen, nach der Fläche M (010) orientiert, erscheint der eine der beiden Feldspathe, der Albit, mit unbedeutend stärkerer Doppelbrechung als der andere. Zu den parallelen und sehr deutlichen Spaltrissen nach (001) besitzt der erstere eine Auslöschungsschiefe von + 17° bis 19°, und im convergenten Lichte erscheint auf ihm eine spitze positive Bissectrix. Am Mikrokline beträgt die Auslöschungsschiefe 4° bis 5°, im convergenten Lichte tritt eine stumpfe positive Bissectrix aus, und die Axenebene verläuft in der Richtung der Spaltrisse. So wohl der Albit als der Mikroklin zeigen in den Schnitten nach der M-fläche keinerlei Zwillingslamellen, sondern haben jeder für sich ein vollkommen einheitliches Aussehn. Beide Feldspathe sind in ungefähr gleicher Menge vorhanden und durchdringen einander in flammigen unregelmässig begrenzten Lamellen, welche jedoch alle ungefähr nach ein und derselben Längsrichtung parallel ausgezogen sind. Diese Richtung bildet einen Winkel von ca. 70—72° mit den Spaltrissen nach P (001). Die Verwachsung auf der M-fläche erscheint folglich als eine mikroperthitische mit deutlich zu unterscheidenden Mikroklin und Albit.

Auf Schnitten, nach der Fläche P (001) orientiert, kann man ebenfalls deutlich eine innige Verwachsung von zwei Feldspathen wahrnehmen, bei welchen der Unterschied in der Stärke der Doppelbrechung hier viel deutlicher hervortritt als auf der M-fläche, während die Spaltrisse, entsprechend der Spaltbarkeit nach M, nicht oder nur höchst undeutlich und vereinzelt zu erkennen sind.

Der stärker doppelbrechende Feldspath, der Albit, zerfällt auch bei schwacher Vergrösserung in ein Gewebe von kleinen nach dem Albitgesetze parallel angeordneten Zwillingslamellen, welche von verschiedener Breite und Länge sind und in einander unregelmässig übergreifen. Die Auslöschungsschiefe des Albites beträgt hier mit der Richtung der Lamellen 3°—5°. Im convergenten Lichte war keine Bissectrix sichtbar.

Der schwächer doppelbrechende Feldspath bildet überwiegend Partien, welche bei schwacher Vergrösserung homogen und 0°—3° auslöschend erscheinen. Daneben finden sich jedoch häufig Teile, deren Auslöschungsschiefen, die einen nach rechts, die anderen nach links, alle Werte von 4° bis 16° durchlaufen. Hierbei ist entweder ein förmlicher Wandel der Auslöschung zu beobachten, oder dieselbe ist gleichmässig über eine grössere Anzahl kleiner zwischen die Albitlamellen eingestreuter Partien herrschend. Es wurden z. B. unter diesen über grössere Partien hin gleichmässigen Auslöschungsschiefen Werte von 8°, 12°, 15° etc. beobachtet. An einem der Schliffe war auch eine grössere zusammenhängende homogene Partie zu bemerken, welche 15° 30′ auslöschte. Bei stärkerer Vergrösserung zeigen sich jedoch die anscheinend homogenen Teile von schmalen unregelmässigen Streifen von Albit durchzogen, so dass sie ein zerrissenes Aussehn erhalten. Die scheinbar 0°—3° auslöschenden Teile erweisen sich stellenweise bei sehr starker Vergrösserung (ca. 600) aus einem Gewebe ungleich auslöschender Teile bestehend; man kann Auslöschungsschiefen bis zu 8° oder 9° nach verschiedener Richtung constatieren. Vielfach ist jedoch dieses Gewebe verschwindend fein, dass auch bei sehr starker Vergrösserung die Homogeneität, abgesehn von den flammigen Albitstreifen, nicht aufgehoben erscheint, und es liegt dann eine grosse Ähnlichkeit mit dem sogenannten Anorthoklase vor, dessen Auslöschungsschiefe nach MICHEL LÉVY [1] auf der Fläche (001) von 1° 30′ bis 5° 45′ variiert, und der sich ebenfalls durch eine Zusammensetzung aus äusserst feinen Zwillingslamellen auszeichnet. Dagegen stimmen die auf der Fläche (010) nirgends 5° übersteigenden Auslöschungsschiefen nicht mit Anorthoklas überein, wo sie von 6° bis 9° 48′ variieren.

Die hier geschilderten Erscheinungen der variierenden Auslöschungsschiefen der einzelnen Teile des schwächer doppelbre-

[1] A. MICHEL LÉVY et A. LACROIX, Les minéraux des roches. Paris 1888. pag. 191.

chenden Feldspathes finden wohl ihre natürlichste Erklärung in
der Annahme einer submikroskopischen Verwachsung von nach
dem Albitgesetze angeordneten Zwillingslamellen von Mikroklin
und von ihnen in geringerer Menge kryptoperthitisch beigemengten
winzigen Albitlamellen. Sind diese winzigsten Zwillingslamellen
des Mikroklin, welche teils nach rechts, teils nach links 15° 30′
auslöschen, äusserst dicht an einander gereiht und vielleicht in
Folge ihrer minimalen Dicke sogar auch in sehr dünnen Schlif-
fen über einander gereiht, so müssen sich die Auslöschungsschiefen gegenseitig aufheben und geringere Schiefen resultieren, welche bis zu 0° herabsinken können. An Stellen, wo das Gewebe weniger fein und dicht ist, wird man natürlich grössere
Auslöschungsschiefen wahrnehmen können, wie das auch der
Fall ist. Diese Auffassung findet ihre Stütze in der bekannten
von MICHEL LÉVY [1] gegebenen Erklärung des Orthoklases als einer
Zusammensetzung von äusserst fein und dicht verwachsenen kleinsten Mikroklinindividuen. Auch ROSENBUSCH erklärt die bei sehr
feiner Gitterstructur des Mikroklins (Mikr. Phys. I, 3 Aufl. pag.
649) auftretenden Verschiedenheiten der Auslöschungsschiefe damit,
dass er diese Erscheinung ebenfalls als »die Folge einer höchst
innigen zwillingsartigen Durchdringung von zuletzt nicht mehr erkennbaren Mikroklineinzelindividuen» auffasst. Da in unserem
Feldspathe ausserdem noch feine Albitlamellen mit dem Mikrokline
kryptoperthitisch verwachsen sind, mögen wohl auch diese auf die
Gesamtauslöschungsschiefe einwirken und das Verhältniss noch
complicierter gestalten.

Nach den auf der P-fläche beobachteten Erscheinungen ist
der Feldspath des grobkörnigen Nephelinsyenites demnach zu definieren als eine mikroperthitische Verwachsung von Albit mit einem
Kryptoperthite, seinerseits bestehend aus hauptsächlich submikroskopischen Mikroklinlamellen und etwas Albit. Nach den verfertigten orientierten Schnitten zu urteilen, ist die Menge des Albites
ungefähr gleich mit der des Kryptoperthites. In der Art der Ver-

---

[1] MICHEL LÉVY, Identité probable du microcline et de l'orthose. Bull.
soc. soc. minér. 2. 1879. pag. 135.

wachsung beider vermisst man auf der P-fläche im Allgemeinen eine gewisse Regelmässigkeit, wie sie auf der M-fläche sich vorfindet: die Lamellen sind fast vollkommen regellos geformt, nur stellenweise kann man eine Andeutung zu paralleler Anordnung ihrer Längsrichtungen erkennen, welche in diesem Falle dieselbe Richtung einschlagen wie die Albitlamellen, d. h. parallel zur Kante P : M sich erstrecken.

Die bisher geschilderten auf der P-fläche auftretenden Eigenschaften lassen sich ohne grössere Schwierigkeiten erklären. Anders verhält es sich mit einer Erscheinung, welche bisher noch unerwähnt geblieben ist: es tritt nämlich bei der Mehrzahl der Schnitte in den schwächer doppelbrechenden Partien im convergenten Lichte eine positive Bisectrix oder doch ein Interferenzbild aus, welches dem bei austretender positiver Bisectrix erscheinenden gleicht. Dass hier wirklich eine positive Bisectrix erscheine, ist eine stricte Unmöglichkeit, da eine solche auf den M-flächen sicher beobachtet wurde. Es muss also ein anderes optisches Phänomen vorliegen, welches dasselbe Bild erzeugt. Es fragt sich nur, wie dieses zu erklären ist. Eine mögliche Erklärung habe ich vielleicht in der innigen Verwachsung der äusserst fein verzwillingten Mikroklinindividuen zu finden geglaubt. Jede derselben müsste allein für sich betrachtet, einen Axenbalken austreten lassen. Da sie nun, nach dem Albitgesetze angeordnet, alternierend nach rechts und links auslöschen und ihre Axenbalken also in ungleicher Richtung austreten, so könnte vielleicht durch die Combination dieser Erscheinungen ein Bild entstehn, ähnlich dem zweier bei Umdrehung des Objecttisches sich öffnender und schliessender Axenbalken, welche bei Austritt einer Bisectrix sichtbar zu sein pflegen.

Die oben gegebene Definition des Feldspathes bestätigt sich auch bei Betrachtung eines Schnittes senkrecht gegen M und P. Ein solcher Schnitt zeigt wiederum die zwei Feldspäthe von ungleich starker Doppelbrechung in innigem Gemenge mit einander. Der stärker doppelbrechende Albit, wohl mit Mikroklin kryptoperthitisch vermengt, ist in ähnlicher Weise wie auf der Fläche P von sehr feinen parallelen Zwillingslamellen aufgebaut, deren

Auslöschungsschiefe gewöhnlich 4°—5° beträgt, stellenweise jedoch auch bis zu 7° oder 8° anwächst. Im convergenten Lichte wird eine negative Bisectrix sichtbar. Der andere, Mikroklinkryptoperthit, lässt bei schwächerer Vergrösserung eine ungefähre Auslöschungsschiefe von 6° erkennen. Bei sehr starker Vergrösserung zeigt auch er sich von sehr feinen parallelen Zwillingslamellen aufgebaut, welche jedoch meist kaum wahrzunehmen, sondern nur zu ahnen sind und sich durch eine wandelnde Auslöschungsschiefe kundgeben, die von 0°—ca. 8° variiert. Im convergenten Lichte erscheint auch hier eine negative Bissectrix, und die Axenebene ist senkrecht zu der Richtung der parallelen Lamellen. Diese Partien sind von sehr feinen parallelstreifigen Albitlamellen durchzogen, so dass es schwer ist genau die Grenzen zwischen beiden Feldspathen festzustellen; es tritt die Innigkeit der Verwachsung auf dieser Fläche besonders deutlich zum Vorschein. Albit und Mikroklin scheinen in ungefähr gleicher Menge vorhanden zu sein, ihre parallelstreifigen Lamellen sind parallel der Kante mit M angeordnet.

Es sei noch erwähnt, dass an einem der nach P (001) geschliffenen Präparate sich ein Streifen am Rande als nach M (010) orientiert erwies, und dass also demnach ein Zwilling nach dem Baveno-gesetz vorlag.

Dass, wie weiter oben erörtert, auf der Fläche M der Mikroklin ebensowenig wie der Albit eine Zwillingslamellierung aufweist, findet die einfache Erklärung darin, dass beide nur nach dem Albitgesetze verzwillingt sind. Es liegt hier also ein *Mikroklin ohne Gitterstructur* mit Zwillingsbildungen nur nach einem Gesetze vor.

Durch eine mit Flussäure an dem Feldspathe ausgeführte mikrochemische Reaction wurde das Vorhandensein von sowohl Natrium als Kalium nachgewiesen, wobei der erstere Bestandteil überwiegend vertreten zu sein schien. Es bestätigt also die chemische Reaction das durch die mikroskopische Untersuchung gewonnene Resultat, dass hier ein Kali-natronfeldspath, aus Mikroklin und Albit zusammengesetzt, vorliegt. Leider ist bisher noch keine quantitative Analyse des Minerales ausgeführt.

Bei der Bestimmung des specifischen Gewichtes vermittelst Thoulet'scher Lösung war es nicht möglich, vollkommen reine Feldspathskörner, an denen nicht winzige Ägirinteilchen gehaftet hätten, zu erhalten. Das leichteste Körnchen hatte das spec. Gewicht = 2,592.

Eine eigentümliche Erscheinung ist es, dass die Feldspathsindividuen, im Dünnschliffe unter dem Mikroskope betrachtet, häufig von einem Ringe von Albit teilweise oder vollständig sich umgeben zeigen. Der Albit dieser Ringe ist nicht parallel mit dem inneren Feldspathskerne orientiert, sondern es ist die Verwachsung eine subparallele oder noch weniger regelmässige. Die Zwillingslamellen sind, wenn sie sichtbar sind, in diesen Ringen in der Regel bedeutend breiter als die des Feldspathskernes. Meist besitzen die Ringe ungefähr die Form der zufälligen Conturen der Feldspathsindividuen. Fig. 1 und 2 auf Taf. XI zeigen diese Erscheinung. Fig. 2 ist einem mittel- bis feinkörnigen Nephelinsyenittypus entnommen, bei welchem das Phänomen ebenfalls deutlich zum Vorschein tritt. Die Entstehung derartiger Ringe kann wohl dadurch erklärt werden, dass die Ränder der Feldspathsindividuen durch magmatische Corrosion zerstört wurden, und hierauf die Albitsubstanz rings um die festen Kerne wieder auskrystallisierte.

Ausser in der eben beschriebenen Form kommt der Albit noch in einer dritten Modification vor: in vollkommen selbständigen, leistenförmigen, doch corrodierten Individuen ohne irgend welche regelmässige Verwachsung mit einem anderen Feldspathe. Sie zeigen deutliche polysynthetische Zwillingsstreifung, liegen regellos als Einschlüsse in den übrigen Gemengteilen zerstreut und sind von wechselnder Häufigkeit, im Ganzen jedoch nicht allzu zahlreich vorhanden. Sie sind deutlich frühere Bildungen als die übrigen Feldspathe.

Die Menge der Einschlüsse in den perthitisch verwachsenen Feldspathen ist eine sehr wechselnde. Es finden sich unter ihnen mit Vorliebe kleine Ägirinnädelchen, welche zuweilen sehr reichlich angehäuft sind. Ausserdem kommen Nephelin und Zeolithe, spärliche Apatitnädelchen und ein grosser Teil von den oben beschriebenen

Albitleistchen als Einschlüsse vor. Auf Schnitten, nach der Fläche P orientiert, sind die meisten der Ägirinnädelchen regelmässig angeordnet parallel zur Richtung der Albitlamellen, doch ist ein Teil derselben auch regellos eingelagert. Dasselbe gilt von Schnitten nach der Fläche vertical zu P und M, wogegen auf der M-fläche vollständige Regellosigkeit in ihrer Anordnung herrscht.

Der Feldspath ist wie im Übrigen das ganze Gestein sehr frisch, wenn auch nicht absolut frei von Zersetzungsvorgängen, deren Produkte Zeolithe sind. Es sind meist sehr kleine Individuen, die oft in Nadeln büschelförmig neben einander geordnet sind mit meist negativer Längsrichtung. Wegen der Kleinheit der Individuen waren hier die Beobachtungen nicht ganz sicher, und es liess sich nicht entscheiden, welche Art von Zeolithen hier vorliegt.

Der hier beschriebene Feldspath zeigt in mancher Hinsicht grosse Ähnlichkeiten mit den von W. C. Brögger [1] bei den norwegischen Augit- und Nephelinsyeniten und von N. V. Ussing [2] bei den grönländischen Nephelin- und Augitsyeniten beschriebenen Kalinatronfeldspathen.

Brögger beschreibt von Fredriksvärn und einigen anderen Fundorten einen Kryptoperthit, welcher, scheinbar ein homogener Natronorthoklas, sich bei starker Vergrösserung als eine äusserst feine Verwachsung von Albit mit Orthoklas offenbart. Diesen letzteren deutet Brögger als eine submikroskopische Zusammensetzung von winzigsten Mikroklinlamellen. Die auf der Fläche P (001) auftretenden variierenden Auslöschungsschiefen des Natronorthoklas, welche von 5° bis zu 12° anwachsen, erinnern an die des Mikroklinkryptoperthites vom Umptek. Auch mikroperthitische Verwachsungen von Albit mit Orthoklas oder mit Mikroklin werden geschildert. Unter diesen sind die Mikroklinmikroperthite die vorherrschenden, doch ist in ihnen stets der Albit reichlicher

[1] W. C. Brögger, Die Mineralien der Syenitpegmatitgänge der südnorwegischen Augit- und Nephelinsyenite. Zeitschr. f. Krystagr. XVI. Bd. 1890. pag. 521—564.

[2] N. V. Ussing, Alkalifeldspaterne i de sydgrönlandske Nefelinsyeniter og beslægtede Bjærgarter. Meddelelser om Grönland. XIV. 1893.

als der Mikroklin vorhanden. Wie für den Mikroklin vom Umptek so ist auch für diesen Mikroklin das Fehlen einer Gitterstructur characteristisch. Auch ist die Lamellierung des Mikroklins nur wenig ausgeprägt, sodass auf der Basis grössere homogene Teile mit einheitlicher Auslöschungsschiefe von ca. 15° vorkommen, wie dies auch bei dem Mikroklin von Umptek beobachtet wurde. Der Feldspath von Stokö enthält freilich gemäss der Beschreibung von BRÖGGER Mikroklin mit Gitterstructur, doch ist diese zum grössten Teile so fein und submikroskopisch, dass sie nur mit Schwierigkeit deutlich erkannt werden kann. Diese feine Gitterstructur hat dieselbe Erscheinung zur Folge wie die feine Lamellierung nach dem Albitgesetze bei dem Mikroklin von Umptek, nämlich dass die Auslöschungsschiefe auf der Fläche 001 alle Werte von 0°— 15° durchläuft.

Der Farbenschiller, welcher dem Feldspathe von Fredriksvärn eigen ist, wurde beim Feldspathe von Umptek nirgends beobachtet.

Das Fehlen der Gitterstructur ist auch für den von USSING beschriebenen Mikroklin der Nephelin- und Augitsyenite Grönlands eigentümlich, sei es dass dieses Mineral selbständig oder in Verwachsung mit Albit auftritt. Die für fast alle grob- oder grosskörnigen Nephelinsyenite von Julianehaab vorherrschende Art des Feldspathes ist nach USSING ein Kalinatronfeldspath, welcher als Mikroklinmikroperthit characterisiert ist. Wie bei dem Feldspathe vom Umptek so sind auch hier oft Albit und Mikroklin in ungefähr gleicher Menge vorhanden, oft aber ist auch die eine oder die andere Feldspathsart vorwiegend. Die Art der Verwachsung beider, soweit es die nach USSING primären und gleichzeitig mit dem Mikroklin auskrystallisierten Albitstreifen betrifft, zeigt auf der Fläche 010 dasselbe Phänomen, welches beim Feldspathe von Umptek beobachtet wurde (siehe S. 104), dass nämlich bei den unregelmässig begrenzten Lamellen eine ungefähre Längsrichtung zu erkennen ist, welche ca. 72° mit den parallelen Spaltrissen bildet. Diese Albitlamellen sind beim Feldspathe von Umptek unzweifelhaft ebenfalls als primär anzusehen. Die von USSING am Feldspathe von Siorarsuit geschilderten secundären Albitschnüre, welche mit den Spaltrissen einen Winkel von ungefähr 64° bilden, habe ich im Feldspathe von Umptek nicht beobachtet. Die oben geschilderte Art der Verwachsung der primären Albitstreifen mit Mikroklin schildert auch BRÖGGER sowohl bei dem Kryptoperthite als auch bei den Orthoklas- und Mikroklinperthiten der norwegischen Gesteine.

Reine Kryptoperthite ohne mikroperthitische Verwachsung mit Albit, wie sie von BRÖGGER und USSING beschrieben werden, scheinen bei den Feldspathen des grobkörnigen Nephelinsyenites von Umptek kaum vorzukommen.

Der Nephelin (Eläolith), das nach dem Feldspathe am häufigsten auftretende Mineral, ist makroskopisch leicht erkennbar an seinem muschligen Bruche. Die graugrünen, zuweilen auch graubraunen Körner sind selten grösser als 1 cm. Sie zeichnen sich aus durch Neigung zu idiomorpher Ausbildung, sodass häufig sechsseitige und quadratische Durchschnitte der Individuen wahrzunehmen sind. Das spec. Gewicht wurde an mehreren Körnchen mit Thoulet'scher Lösung bestimmt. Die Resultate waren für

das leichteste Körnchen = 2.603
» schwerste » = 2.634.

Im Dünnschliffe zeigt der Nephelin die characteristische niedrige Licht- und Doppelbrechung und nichts von dem gewöhnlichen Charakter abweichendes. Auch hier ist die idiomorphe Ausbildung häufig deutlich wahrzunehmen.

Die idiomorphe Ausbildung des Nephelins findet sich in gleicher Weise in Nephelinsyeniten einiger anderer Fundorte vor. So z. B. hebt E. A WÜLFING [1] in der Beschreibung des Nephelinsyenites von Transwaal die beinahe durchgehende idiomorphe Ausbildung des Nephelines hervor, welcher zum grössten Teil früher ausgeschieden wurde als der Orthoklas, diesen jedoch in seiner Bildungsperiode überdauerte. Im Nephelinsyenite von Salem in Massachussets sowie in einigen Typen aus den brasilianischen Gebieten zeigt der Nephelin ebenfalls Neigung zu Idiomorphismus,

[1] N. Jahrb. d. Min. 1888. II. pag. 16.

wie ich mich an Dünnschliffen dieser Gesteine überzeugen konnte. Dagegen erwähnt A. LACROIX [1], dass der Nephelin des Gesteines von Pouzac allotriomorph ist und die Zwischenräume zwischen den Feldspäthen ausfüllt. Nach demselben Verfasser ist auch im Nephelinsyenite von Montreal in der Regel dasselbe der Fall. Nach J. FR. WILLIAMS [2] ist der Eläolith in den Eläolithsyeniten von Arkansas in der Regel allotriomorph gegen den Feldspath, gelegentlich jedoch zeigt er in einigen Typen Neigung zu Idiomorphismus.

Als Einschlüsse beherbergt der Nephelin ebenso wie der Feldspath vorherrschend kleine Ägirinnädelchen, jedoch in sehr wechselnder Menge: oft sind dieselben sehr reichlich vorhanden, oft aber fehlen sie auch ganz. Flüssigkeitseinschlüsse sind zuweilen zu beobachten. Die Anordnung der Einschlüsse verrät bisweilen eine zonare Structur des Nephelins, welche die äusseren Begrenzungsumrisse zu Tage treten lässt.

Das gewöhnlichste Zersetzungsprodukt des im Allgemeinen sehr frischen Eläolithes ist der Natrolith. Mit Vorliebe bildet sich dieses Mineral an den Rändern und an den unregelmässigen Rissen. Oft sind die kleinen Natrolithnädelchen vertikal zur äusseren Kante des Eläolithes angeordnet; auch fächerartige oder büschelförmige Anordnung findet sich vor.

Ein weiteres Zersetzungsprodukt des Nephelins ist der Cancrinit, der in grösseren Blättchen und zuweilen auch in kleinen länglichen Individuen mit büschelförmiger Anordnung auftritt.

Die dunklen Bisilikate wurden bei mikroskopischer Untersuchung als hauptsächlich aus Ägirin und Arfvedsonit bestehend befunden.

Der Ägirin ist in der Regel das vorherrschende der beiden Mineralien. Er besitzt im durchfallenden Lichte schön saftig grüne Farbe mit deutlichem, starken Pleochroismus:

$$\mathfrak{a} \quad > \quad \mathfrak{b} \quad > \quad \mathfrak{c}$$
$$\text{dunkelgrün} \qquad \text{grasgrün} \qquad \text{gelbgrün}$$

---

[1] Bulletin de la Soc. géol. de la France. 1889—90.
[2] Annual Rep. of the Geol. Survey of Arkansas. 1890, II.

Seine Auslöschungsschiefe $c : a$ erreicht ein Maximum von 4°. Er schmilzt leicht unter Blasenwerfen und färbt die Flamme gelb in Folge des Na-gehaltes.

Als Einschlüsse finden sich Körner von Titanit, Apatit, Nephelin, Feldspath und auch Arfvedsonit vor.

Der Ägirin scheint in zwei Ausbildungsformen aufzutreten: 1) in den bereits mehrmals erwähnten winzigen idiomorphen Nädeichen, die sich im Feldspathe und Nephelin eingeschlossen finden und 2) in grösseren fetzenartigen Individuen, die sehr häufig innig verwachsen sind mit dem Arfvedsonit. Auf die Art dieser Verwachsung sowie auf die äusseren Formen der grösseren Ägirinindividuen soll weiter unten bei der Betrachtung der Beziehungen der einzelnen Mineralien unter einander eingegangen werden.

Der Arfvedsonit tritt gewöhnlich an Menge hinter dem Ägirin zurück. In der Regel ist er allotriomorph ausgebildet, nur selten trifft man Krystallflächenbegrenzung an. Die Licht- und Doppelbrechung sind niedriger als beim Ägirin und entsprechen denen des Arfvedsonites. Die Farbe ist im durchfallenden Lichte grün bis grau, der Pleochroismus ist deutlich:

a	>	b	>	c
dunkelgrün		grauviolett		graubräunlich bis stahlgrau
		hellgelblich braun		grünlich braun

Die zunächst der Prismenaxe gelegene optische Richtung ist a, welche wahrscheinlich auch spitze Bissectrix ist. Die Auslöschungsschiefe ist im Dünnschliffe bei weissem Lichte nicht genau bestimmbar, weil sie unvollständig ist in Folge starker Bissectricendispersion und oft durch einen Farbenwandel zwischen gelb und violett ersetzt ist. Die Auslöschungsschiefe wurde daher an mehreren aus dem Handstück isolierten Spaltflächen nach dem Prisma unter Bromnaphtalin im Natriumlichte gemessen, wobei das Mittel der beobachteten Auslöschungsschiefen 18° betrug. Da auch im Dünnschliffe die zufälligen Auslöschungsschiefen meist sehr gross sind (bis annähernd 40°), so weicht das Mineral hierin von dem von Rosenbusch [1] als Arfvedsonit beschriebenen

---

[1] Mikroskop. Physiogr. I. 3. Aufl. pag. 564.

Minerale ab, denn nach den von ihm an grönländischen Arfvedsonit gemachten Beobachtungen ist $c : a = 14°$. Noch grösser ist der
Unterschied mit dem Arfvedsonit BRÖGGERS, bei welchem $c : c = 14°$.
Auch mit den übrigen Gliedern derjenigen Amphibole, in welchen
die der Prismenaxe nächstliegende Elasticitätsaxe die grösste ist,
zeigt er keine Übereinstimmung, da beim Riebeckit $c : a = 5°—6°$
und beim Krokydolith $c : a = 18°—20°$ ist (nach Rosenbusch
Mikroskop. Physiographie I, 3. Aufl. pag. 566).

Der Strich des Minerales ist wie beim Arfvedsonit graublau,
Der Titangehalt, auf welchen schon die starke Bissectricendisper-
sion hindeutete, wurde auch chemisch nachgewiesen, indem ein
Körnchen mit Kaliumbisulfat aufgeschlossen, und die wässrige Lö-
sung dieser Schmelze mit Wasserstoffsuperoxyd versetzt wurde.
Es färbte sich die Lösung lebhaft orangegelb.

In der Flamme verhält sich das Mineral genau so wie der
Ägirin.

Isolirte kleine Säulchen wurden am Reflexgoniometer gemessen.
und die Bilder waren deutlich genug für die Bestimmung der prismatischen Spaltwinkel. Die Winkelwerte betrugen im Durchschnitte
56° 5′ — 56° 8′. Die Zwillingsbildungen scheinen die bei den
Amphibolen am häufigsten vorkommenden nach $\infty P \tilde{\infty}$ (100) als
Zwillings- und Verwachsungsebene zu sein.

Als Einschlüsse im Arfvedsonit sind zu nennen Titanit, Eisenerz, Nephelin, Feldspath und Ägirin.

Da abgesehn von den oben hervorgehobenen Unterschieden
die Eigenschaften im Allgemeinen mit denen des Arfvedsonites
übereinstimmen, auch der Pleochroismus dem des letzteren Minerales am ähnlichsten ist, und da ferner über die optischen Eigenschaften des Arfvedsonites die Ansichten noch geteilt sind, so soll
dieser Amphibol, zumal da von ihm noch keine chemische Analyse
existiert, vorläufig als Arfvedsonit bezeichnet werden mit dem
Vorbehalt der Möglichkeit, dass hier eine neue arfvedsonitähnliche
Species der Amphibolgruppe vorliegt.

Kleine Fetzen von brauner Hornblende finden sich in sehr
spärlicher Menge und auch nur äusserst selten im Arfvedsonit einge-

wachsen vor. Sie mögen hier der Vollständigkeit halber unter den auftretenden farbigen Silikaten erwähnt sein, ebenso wie die verschwin-
denden Spuren von Biotit, die sich hier und da ganz selten im
Gesteine vorfinden. In etwas grösserer Menge als die beiden letztgenannten Gemengteile, doch auch nur sehr spärlich findet sich
der Ainigmatit vor. Er soll daher auch erst bei der Beschreibung der Varietät, in welcher er in grösserer Menge vorhanden
ist, nähere Berücksichtigung finden.

Der Titanit scheint ein nie fehlender Gemengteil des Gesteines zu sein. Doch ist seine Menge sehr wechselnd, stellenweise
reichlich angehäuft in makroskopisch gut erkennbaren, einige mm
grossen Kryställchen von gelber oder hellbrauner Farbe, ist er an
anderen Stellen wiederum nur spärlich mikroskopisch zu bemerken.
Es gelang aus einem Handstücke zwei Individuen mit Krystallflächen auf das Reflexgoniometer zu bringen. Beide Individuen
waren dick säulenförmig durch vorwiegende Ausbildung des Pris-
mas (110), das hier mit m bezeichnet werden soll. Diese Fläche
war an beiden Individuen zweimal vorhanden, die Kante war durch
das Orthopinakoid a (100) abgestumpft. An den einem Individuum
(N:o 2) war ausserdem noch die Pyramidenfläche n (111) vorhanden.

Die gemessenen Winkelwerte waren:

N:o 1: $m : a = 146° 54'$, demnach $m : m = 113° 58'$
N:o 2: $m : a = 146° 48'$, demnach $m : m = 113° 36'$
          $n : n = 137° 58'$.

Der Winkel $n : n$ konnte nur vermittelst Schimmerreflexen
gemessen werden. Auch für die übrigen Winkelwerte konnte keine
allzu grosse Genauigkeit erzielt werden, da die Bilder nicht sehr
deutlich waren.

Die Bezeichnung der Flächen entspricht der von DANA ange-
wandten. Wählt man die von ROSENBUSCH und TSCHERMAK ange-
wandte Aufstellungsform, so entspricht die Fläche m dem Klinodoma r (011) und a der Basis P (001). Dieselbe Tendenz zur
Längsausstreckung nach dem Prisma (DANA) oder nach dem Klinodoma (ROSENBUSCH) zeigen z. B. auch die Titanitkrystalle des nicht
Sodalith-führenden Typus des Nephelinsyenites von Ditro und der

Eukolittitanit BRÖGGERS. [1] Die Durchschnitte im Dünnschliffe zeigen ausser der der obigen Form entsprechenden Umgrenzung häufig regellose Gestalt. — Licht- und Doppelbrechung sind von der gewöhnlichen characteristischen Stärke. Der Pleochroismus ist von wechselnder Stärke je nach der Lage der Schnitte. Die Farben sind graulich weiss, hellgraubraun und pfirsichrot. Die Absorption ist $c > b > a$.

An einem im Dünnschliffe aufgefundenen Schnitte, in welchem die positive spitze Bisectrix gerade austrat, wurde vermittelst Micrometeroculars eine Messung des Axenwinkels vorgenommen. Dieser Winkel erwies sich als ungewöhnlich klein, während die Dispersion sich als auffallend stark zeigte, denn das Resultat war folgendes:

$$2 E \begin{cases} \text{für rotes Licht} = 35° 50' \\ \text{für blaues Licht} = 22° 15' \end{cases}$$

Der Eudialyt zeichnet sich durch seine im auffallenden Lichte schön kirschrote Farbe aus. Er tritt im Gesteine in sehr wechselnder Menge auf und fehlt stellenweise gänzlich. Die Körnchen, die zuweilen eine Grösse von mehreren mm besitzen, zeigen Glasglanz und muscheligen Bruch und sind in der Regel nicht von Krystallflächen begrenzt, sondern durchgehend allotriomorph im Gegensatze zu dem stets idiomorphen Eudialyt im Nephelinsyenit des Lujavr-Urt. [2] Die allotriomorphe Ausbildung tritt ausserordentlich deutlich im Dünnschliffe hervor (Siehe Taf. XVI, Fig. 2 [3]; die dunkele Füllmasse, von welcher die übrigen Gemengteile umgeben sind, bezeichnet den Eudialyt). Im durchfallenden Lichte ist der Eudialyt farblos mit einem Stich ins Rötliche. Spaltrisse sind zahlreich und kreuzen sich unter verschiedenen Richtungen. Die Lichtbrechung ist stark, die Doppelbrechung sehr schwach und

---

[1] Zeitschr. für Krystallogr. XVI. pag. 514.

[2] W. RAMSAY. Petrogr. Beschreibung der Gesteine des Lujavr-Urt. Fennia 3, N:o 7, 1890. pag. 42.

[3] Diese Abbildung ist allerdings nicht dem Haupttypus, sondern einer pegmatitischen Bildung entnommen, in welcher dasselbe Phänomen vorliegt und in Folge der reicheren Anhäufung von Eudialyt noch deutlicher hervortritt.

positiv. Die Absorption scheint O > E zu sein. Wie bereits RAM-
SAY in seiner Beschreibung des Eudialytes von der Halbinsel Kola [1]
hervorgehoben hat, variiert die Stärke der Doppelbrechung dieses
Minerales. In den Dünnschliffen bemerkte ich, dass die Doppelbrechung überall längs den Rissen stärker ist als an den übrigen
Teilen, wodurch das Mineral zwischen gekreuzten Nicols ein flecki-
ges Aussehn erhält, indem heller und dunkler graue Partien mit
einander abwechseln. Zuweilen erscheint das Mineral unter dem Gypsblättchen betrachtet in ungleiche Felder geteilt, welche teils gelb und
teils blau erscheinen, was auf eine Verwachsung mit einem Mineral
von negativem Character, welches nur Eukolit sein kann, hindeutet.
Das gleiche Phänomen ist von RAMSAY bei dem Eudialyt vom Lujavr-Urt geschildert worden. Übereinstimmend mit den Beobachtungen RAMSAYS ist die Doppelbrechung zuweilen so gering, und
das Axenbild im convergenten Lichte so undeutlich, dass das Mineral den Eindruck einer isotropen Substanz macht. Andrerseits
zeigt sich, wie gleichfalls RAMSAY bereits hervorgehoben hat, stellenweise eine optische Anomalie darin, dass zweiaxige Axenbilder im convergenten Lichte zum Vorschein kommen.

Der Gehalt an Chlor wurde bei dem Eudialyt nachgewiesen,
indem Körnchen des Minerales mit Salpetersäure behandelt wurden, und hierauf zu einem Tropfen der Lösung Silbernitrat hinzugefügt wurde. Es trat eine graue Trübung in Folge von Chlorsil-
berbildung ein. Das gebildete Chlorsilber wurde mit Ammoniak
aufgelöst und alsdann wieder vermittelst Salpetersäure als weisser käsiger Niederschlag gefällt.

Der Eudialyt dürfte in ungefähr gleicher Reichlichkeit, wie er
auf Kola angetroffen wurde, wohl nur noch im Nephelinsyenite
von Kangerdluarsuk vorkommen. Den Nephelinsyeniten der meisten übrigen Fundorte fehlt er gänzlich. Nur aus dem Gebiete von
Magnet Cove in Arkansas beschreibt J. FR. WILLIAMS einen pegmatitischen Eläolith-Eudialyt-syenitgang. Auch in diesem Vorkommen ist der Eudialyt von Eukolit begleitet, der nach WILLIAMS
wahrscheinlich ein Umwandlungsprodukt von Eudialyt ist.

---

[1] N. Jahrb. für Min. 1893. Beilage Bd. VIII.

Mit dem Namen Lamprophyllit bezeichne ich auf den Vorschlag W. RAMSAYS hin ein bisher nur vom Nephelinsyenite des Lujavr-Urt bekanntes astrophyllitähnliches Mineral.[1] Dieses Mineral ist häufig schon makroskopisch bemerklich in einige Millimeter langen gelbbraunen platten Säulchen, die glimmerartigen halbmetallischen Glanz auf einer gut ausgebildeten Spaltfläche besitzen.

Die Spaltbarkeit ist wie bei dem Astrophyllite von glimmerähnlicher Vollkommenheit, und es gelang daher leicht feine Spaltblättchen mit der Messerspitze abzutrennen. Unter dem Mikroskope zeigten derartige Spaltblättchen im convergenten Lichte den Austritt einer stumpfen negativen Bisectrix mit sehr grossem Axenwinkel. In den meisten Fällen trat die Bisectrix gerade im Gesichtsfelde aus, während sie an einigen Blättchen schief austrat. Der letztere Fall liess sich jedoch offenbar mit einer Krümmung des Blättchens in causalen Zusammenhang bringen. Im parallelen Lichte war ein deutlicher Pleochroismus zu erkennen, und zwar war $c =$ braungelb und $b =$ hellgoldgelb, also die Absorption $c > b$. Wie bekannt tritt bei dem eigentlichen Astrophyllite [2] ebenfalls auf der besten Spaltfläche (welche, wenn man das Mineral wie BRÖGGER und ROSENBUSCH es thun, als rhombisch auffasst, der Fläche 100 entspricht) eine stumpfe negative Bissectrix mit grossem Axenwinkel aus, doch ist hier die Absorption $a > b > c$. An Spaltblättchen von Astrophyllit, welche zum Vergleich herangezogen wurden, konnten diese Thatsachen natürlich nur bestätigt werden: Am Astrophyllit von Langesund wurde beobachtet: c (hellgelb) $< b$ (goldgelb) und an dem von Colorado: c (goldgelb) $< b$ (braungelb). Es ist also die Absorption unseres Minerales entgegengesetzt der des Astrophyllites und entspricht der des Glimmers.

In den Dünnschliffen sind die Durchschnitte dieses Minerales oft lang tafelförmig mit seitlicher Krystallflächenbegrenzung, auch

---

[1] W. RAMSAY, Fennia 3, N:o 7. Unbekanntes Mineral N:o 2. pag. 45.

[2] W. C. BRÖGGER, die Mineralien der Pegmatitgänge der südnorw. Augit.- u. Neph.-syenit. pag. 200—216.

H. ROSENBUSCH, Mikroskop. Physiograph. I, 3. Aufl. pag. 488 ff.

Endflächen sind an kleineren Individuen zuweilen bemerklich. Die Licht- und Doppelbrechung verhalten sich wie bei dem Astrophyllit. Der Pleochroismus ist deutlich, wenn auch nicht sehr stark:

$$a \quad \gtreqless \quad \mathfrak{b} \quad > \quad \mathfrak{c}$$

strohgelb   strohgelb   orangegelb.

An den Säulchen ist die Längsrichtung stets $\mathfrak{c}$, die Querrichtung a oder $\mathfrak{b}$. Die Spaltbarkeit verläuft senkrecht zu a, also senkrecht zur Axenebene. An manchen der zufälligen Durchschnitte waren die Spaltrisse sehr deutlich zu bemerken, die Richtung derselben ist ungefähr die von $\mathfrak{c}$, doch war in den beobachteten Fällen stets eine kleine Auslöschungsschiefe vorhanden.

Zwillingsbildungen sind häufig, die Verwachsungen sind immer ungefähr parallel der Längsrichtung; polysynthetische Zwillinge kommen vor.

An einem Handstücke gelang es, ein kleines Säulchen abzutrennen,. an welchem ausser der Spaltfläche noch eine andere Fläche ausgebildet war. Der Winkel zwischen beiden wurde auf dem Reflexgoniometer gemessen und ergab den Wert von ca. 138°. Da die Reflexbilder unvollkommen waren, war keine sehr genaue Messung möglich. Nimmt man nun an, dass die vollkommenste Spaltfläche auch hier wie beim Astrophyllit die Fläche 100 ist, so entspricht die hier gemessene zweite Fläche keiner der von Brögger beim Astrophyllit angegebenen Flächen. Dagegen giebt W. Ramsay an dem von ihm beschriebenen, dem Astrophyllit gleichenden Minerale, unter anderen den Winkel 110 : 100 = zwischen 138° und 140° an, wobei er ebenfalls die beste Spaltfläche als 100 auffasst. Auch im Übrigen stimmt das von Ramsay beschriebene Mineral vollkommen mit dem unsrigen überein, sowohl in der Farbe, Spaltbarkeit, Lage der Axenebene, dem optischen Character als auch in der Absorption ($a \geq \mathfrak{b} > \mathfrak{c}$).

Chemisch wurden am Minerale nachgewiesen Mn, Ti und Na. Ein Zersetzungsprodukt dieses Minerales scheint eine strohgelbliche Substanz zu sein, welche bei sehr schwacher Licht- und Doppelbrechung noch ungefähr die Form des Lamprophyllites hat. Es finden sich darin zuweilen auch stärker licht- und doppelbrechende Partien vor, welche noch unzersetztes Mineral zu sein scheinen.

In geringer Menge wurde mikroskopisch stellenweise Noscan wahrgenommen. Dieses Mineral, welches an seinem isotropen Verhalten, seiner schwachen Lichtbrechung und Farblosigkeit im durchfallenden Lichte zu erkennen ist, tritt immer allotriomorph auf. Es enthält stets Flüssigkeitseinschlüsse, welche oft perlschnurartig angeordnet sind. Das Mineral wurde mikrochemisch mit Salpetersäure behandelt, und zu einem Tropfen der salpetersauren Lösung wurde Chlorbarium zugesetzt, wonach sich Krystalle von schwefelsaurem Barium bildeten. Der Schwefelsäuregehalt des Minerales war also hierdurch nachgewiesen. Bei der Behandlung mit verdünnter Salpetersäure und Bleinitrat entstanden keine Chlorbleikrystalle, und als zu einem Tropfen der salpetersauren Lösung des Minerales Silbernitrat zugesetzt wurde, trat keine Chlorreaction ein. Aus diesen Versuchen geht hervor, dass hier kein Sodalith vorliegen kann. Dagegen macht das Auftreten von spärlichen Gypskryställchen bei dem Zusetzen von H_2SO_4 zu einem Tropfen der salpetersauren Lösung des Minerales eine geringe isomorphe Beimischung von Hauyn wahrscheinlich.

Der Nosean nimmt daher im Nephelinsyenite von Umptek die Stelle des Sodalithes ein, welcher in den meisten übrigen Nephelinsyeniten vorhanden ist. Der Sodalith fehlt sonst nur den Vorkommen von Särna, Alnö und Fünfkirchen (ROSENBUSCH, Mikroskop. Physiographie. II. 2. Aufl. pag. 85).

Zu der Zahl der nur mikroskopisch bemerkbaren in geringer Menge vorhandenen Gemengteile gehört auch ein Mineral der Mosandrit-reihe. Dieses Mineral besitzt häufig Krystallflächenbegrenzung, die jedoch nicht selten mehr oder weniger durch Corrosion verwischt ist. Es tritt in Tafeln und Säulchen auf, welche letztere zuweilen büschelförmig angehäuft sind. Doch kommen allotriomorph begrenzte Blättchen vor.

Die Farbe ist hellgelb bis farblos, ein schwacher Pleochroismus wurde zuweilen beobachtet, wobei a = strohgelb und b = hellgelb mit Stich ins Grünliche war. Die Lichtbrechung ist stark,

die Doppelbrechung gering. Die Spaltbarkeit parallel zur Längsrichtung ist meist ziemlich deutlich zu erkennen, ihr entspricht die
optische Richtung α. Die Axenebene liegt ungefähr parallel zur
Spaltfläche.

Der Character der Doppelbrechung ist positiv, der Axenwinkel klein. Der letztere wurde mit Anwendung von Micrometerocu-
lar gemessen, und es ergab sich:

$$2\,E \begin{cases} \text{für rotes Licht} = 67°\,53' \\ \text{für blaues Licht} = 60°\,34' \end{cases}$$

An einem anderen Individuum wurde ein noch viel geringerer Axenwinkel gemessen:

$$2\,E \begin{cases} \text{für rotes Licht} = 22°\,57' \\ \text{für blaues Licht} = 15°\,38' \end{cases}$$

Diese Messungen wurden an zufälligen Durchschnitten im
Dünnschliffe, welche die spitze Bissectrix gerade austreten liessen,
vorgenommen. Die nach den obigen Messungen aussergewöhn-
lich starke Dispersion der optischen Axen ist deutlich $v < \varrho$.
Mit dem Mosandrit[1] stimmt dieses Mineral in der Licht- und
Doppelbrechung, der Farbe und dem optischen Character überein und es hat auch dieselbe Dispersion wie dieses. Dagegen nähert es sich, was die Grösse des Axenwinkels betrifft, mehr dem
Rinkit[2] als dem Mosandrit. In der Lage der Axenebene unterscheidet es sich doch von den beiden letztgenannten, da in diesen
die Axenebene senkrecht, hier dagegen parallel zur besten Spaltbarkeit liegt.

Eine weitere Bestimmung des Minerales war wegen der Kleinheit und der geringen Menge desselben leider nicht möglich.

Aus demselben Grunde konnten auch folgende zwei unbekannte
Mineralien nicht genau ermittelt werden:

1. Ein citronengelbes Mineral von ziemlich hoher Lichtbrechung und schwacher Doppelbrechung. Einzelne der Blättchen

---

[1] W. C. BRÖGGER, Mineralien der Pegmatitgänge. Zeitschr. f. Krystallogr.
XVI, 1890. pag. 74 ff.

[1] ROSENBUSCH, Mikrosk. Physiogr. 1, 3. Aufl. pag. 614.

[2]   »   »   »   »   pag. 616.

zeigten seitliche Krystallflächenbegrenzung. Die Auslöschung ist parallel zu den Kanten. Spaltbarkeit war nicht zu beobachten, statt dessen nur unregelmässige Risse. An einem Schnitte ohne Krystallflächenbegrenzung trat die stumpfe negative Bisectrix aus. Das zweiaxige Axenbild war sehr verschwommen und undeutlich, doch schien die Dispersion $\varrho < v$ zu sein.

2. Ein orangegelbes Mineral, welches in Farbe, Licht- und Doppelbrechung mit dem Låvenit (siehe weiter unten die Beschreibung dieses Minerales) übereinstimmt, jedoch gerade die entgegengesetzte Absorptions hat: $\mathfrak{a} > \mathfrak{b} > \mathfrak{c}$. Da das Mineral nur äusserst spärlich vorhanden ist, liess sich nichts weiter über die Eigenschaften desselben ermitteln. Es sei hier erwähnt, dass G. Görich [1] in dem Nephelinsyenite vom Niger-Benuëgebiete in Westafrika ein von ihm als Låvenit bezeichnetes Mineral beschreibt, welches zwar im Übrigen mit Låvenit übereinzustimmen scheint, sich jedoch ebenfalls in der Art seines Pleochroismus von diesem unterscheidet: $\mathfrak{a}$ = rotgelb, $\mathfrak{b}$ = hellweingelb und $\mathfrak{c}$ = fast farblos.

Nur in kleinen höchst vereinzelten Körnchen mikroskopisch wahrnehmbar, kommt ein rotbraunes isotropes Mineral von ziemlich starker Lichtbrechung vor, welches vermutlich Perowskit ist. Doch konnte das nicht bewiesen werden, da das Mineral in all zu geringer Menge vorhanden ist, als dass eine nähere Untersuchung möglich wäre. In noch geringerer Menge als dieses kommt ein schmutzig gelbes isotropes Mineral von starker Lichtbrechung vor, welches wahrscheinlich Pyrochlor ist.

Der Apatit ist nur sehr spärlich in kleinen Nädelchen vorhanden.

Eisenerz fehlt im Allgemeinen fast gänzlich oder ist nur in geringer Menge in kleinen derben Körnchen zu bemerken. Nur zuweilen findet er sich stellenweise etwas reicher angehäuft vor.

Der Nephelinsyenit von Umptek ist bereits früher andrerorts beschrieben worden. In der Zeitschrift Bulletin de la Société de

---

[1] Zeitschrift der Deutschen geolog. Gesellschaft. XXXIX. 1887. pag. 96.

géographie. XII, 1. 1891. pag. 49 ff. findet sich in der »Géologie» überschriebenen Abteilung von Ch. Rabots Abhandlung »Explorations dans la Laponie russe» ein Aufsatz von Ch. Vélain, welcher eine interessante und übersichtliche Beschreibung der von Rabot auf der Halbinsel Kola gesammelten Gesteine enthält. Unter anderem findet sich hier auch der Nephelinsyenit von der Chibinskaja tun- dra (Umptek) beschrieben. Vermutlich ist jedoch das von Vélain untersuchte Material nicht der gewöhnlichsten und verbreitetsten, d. h. der hier als Haupttypus beschriebenen Art entnommen, son- dern wohl einer etwas abweichenden Varietät, da sich manche Unterschiede zwischen seinen Beobachtungen und den hier eben beschriebenen vorfinden. Der Arfvedsonit ist in dem von Vélain beschriebenen Typus, abweichend von dem unsrigen, meist nicht einheitlich gefärbt, sondern bräunlich im Centrum und nach den Rändern zu grünlich, nur zuweilen ist das ganze Mineral grün, was bei dem unsrigen Regel ist. Vélain beschreibt in seinem Gesteine Låvenit, während dieses Mineral nirgends von uns im Haupttypus, wohl aber in einigen anderen Varietäten, wie wir wei- ter unten sehen werden, beobachtet wurde. Dagegen enthält das Gestein von Vélain weder Eudialyt noch das Astrophyllit-ähnliche Mineral, noch die übrigen selteneren Mineralien. Vélain erwähnt das Vorhandensein von Sodalith, während ich nur Nosean consta- tieren konnte. Die kurze Andeutung über die Zusammensetzung des Feldspathes aus Orthoklas und ultramikroskopischen Anortho- klas, beide mikroperthitisch mit Albit verwachsen, lässt dagegen eine gleiche Zusammensetzung des Feldspathes wie in unserem Gesteine vermuten.

Der Auffassung Vélains betreffs der Krystallisationsfolge der Gemengteile möchte ich mich nicht ganz anschliessen, sondern sie in einer .Weise, wie im folgenden Kapitel der die Structur des Haupttypus behandelt dargelegt wird, zu erklären versuchen.

In seiner oben beschriebenen mineralogischen Zusammenset- zung zeigt der Nephelinsyenit von Umptek am meisten Ähnlichkeit mit demjenigen Grönlands. Die bei beiden Gesteinen ähnlichen Erscheinungen in der Art der Verwachsung von Mikroklin und Albit

sind bereits hervorgehoben worden, ebenso der für beide characteristische reiche Gehalt an Eudialyt. Obwohl der Arfvedsonit von
Umptek, wie bereits bei der Beschreibung dieses Minerales erwähnt
wurde, einigermassen verschieden ist von dem grönländischen, so
ist dennoch die allgemeine Zusammensetzung der farbigen Bisilikate, bestehend aus hauptsächlich Ägirin in Begleitung von Amphibol, dieselbe. Es finden sich demnach die Hauptbestandteile des
grönländischen Gesteines, Mikroklin, Albit, Nephelin, Ägirin, Arfvedsonit und Eudialyt alle im Gesteine von Umptek vor. Was die
Anordnung und Krystallisationsfolge der Gemengteile betrifft, so
herrscht auch hierin eine gewisse Ähnlichkeit zwischen den beiden
Gesteinen, wie wir aus dem folgenden Kapitel ersehn werden.

Ich begnüge In Norwegen ist der von BRÖGGER als »Foyait» bezeichnete
Typus, welcher mikroperthitischen Feldspath und als Hauptbestand-
teil der farbigen Silikate Ägirin enthält, unserem Nephelinsyenite
am ähnlichsten.

Zwischen dem Mineralbestande der übrigen Nephelinsyenite
und dem des Umptek bestehen Unterschiede, abgesehen von der
verschiedenen Zusammensetzung der accessorischen Gemengteile,
hauptsächlich in der Beschaffenheit der Feldspathe oder in der
Zusammensetzung der farbigen Silikate. Die ersteren sind dort
oft reine Orthoklase ohne mikro- oder kryptoperthitische Verwachsung mit Albit, so z. B. beim Vorkommen von der Serra de Món-
chique, von Alnö, Transwaal, Brasilien und, soweit man bis jetzt
urteilen kann, auch bei dem neu entdeckten Vorkommen von Nephelinsyenit in Kuolajärvi im finnischen Lapplande. Die farbigen
Silikate wiederum bestehen häufig aus anderen natronhaltigen
Gliedern der Pyroxen- und Amphibolreihe als beim Nephelinsyenit
vom Umptek oder auch aus CaO- und MgO-haltigen Gliedern derselben Reihe und aus Glimmer. Es ist hier nicht meine Absicht,
vollständige Parallelen zu ziehen zwischen dem Gesteine von Umptek und den übrigen bekannten Nephelinsyeniten, es würde das
zu weit führen, zumal da die meisten dieser Gesteine viel grösseren Reichtum an Varietäten aufzuweisen haben, und sich nicht
überall ein herrschender Haupttypus fixieren lässt. Ich begnüge

mich damit, auf die Mannigfaltigkeit in der Gestaltung dieser Gesteinsfamilie hinzuweisen und zu betonen, dass auch das Gestein
von Umptek innerhalb der Grenzen der ihn als Nephelinsyenit
kennzeichnenden Eigenschaften seine eigenartige Ausbildung zur
Geltung bringt. Dass dies nicht nur bezüglich des Mineralbestan-
des, sondern auch in der Structur der Fall ist, werden wir aus
dem Folgenden ersehn.

Die im vorhergehenden Teile aufgezählten und in ihren Eigenschaften beschriebenen Mineralien bedingen in ihrer Anordnung
die hypidiomorph-körnige Tiefengesteinsstructur des Haupttypus.

Das Mengenverhältniss des Feldspathes und des Nephelins ist
bereits erörtert, und ebenso ist der vorwiegende Idiomorphismus
des Nephelins gegenüber dem erstgenannten Minerale hervorgehoben worden. Wie ferner erwähnt wurde, stehen die im durchfallenden Lichte farbigen Mineralien, Ägirin und Arfvedsonit an Menge
den farblosen, den beiden oben genannten, nach. Die gegenseitigen Beziehungen dieser heiden Mineralgruppen bieten jedoch manches von Interesse. Es wurde bereits bemerkt, dass ein Teil des
Ägirins als vollkommen idiomorphe kleine Nädelchen sich zahlreich
in den farblosen Gemengteilen eingeschlossen vorfindet. Auch grössere Individuen des Ägirins zeigen manchmal eine absolute, manchmal
eine weniger scharfe Krystallflächenbegrenzung, wobei gewöhnlich
Prisma und Pinakoide (100 gross, 010 sehr klein) ausgebildet sind.
Jedoch der allergrösste Teil der auskrystallisirten Ägirinmenge ist
nicht in dieser Weise geformt, sondern in unregelmässig begrenzten Individuen zur Ausbildung gekommen. Diese letzteren
liegen eingeschaltet zwischen den farblosen Mineralien, welche ih-
rerseits sich mit ihren gegenseitigen Ecken und Kanten berühren,
wobei die entstehenden miarolitischen Zwischenräume durch den
Ägirin ausgefüllt sind. Die Grenzen des Ägirins zu den benachbarten farblosen Mineralien gestalten sich derartig, dass oft die
Conturen der Feldspaths- und Nephelinkörner in die des Ägirins
Einbuchtungen bilden (vergl. Taf. XII, Fig. 1 und 2). Hierbei sind es

öfters „Krystallkanten des Nephelins, welche die Form der Ägirin-
indivuduen beeinflusst haben, doch oft auch ist·dies nur durch
regellose Umrisse von Nephelin und Feldspath geschehen. Andrerseits sieht man auch wiederum die willkürlichen Begrenzungsfor-
men der Ägirine in die farblosen Individuen eindringen.

Der Arfvedsonit erscheint so gut wie ausschliesslich in der
Ausbildungsform der grösseren Ägirinindividuen, er ist fast durchweg in den Durchschnitten der Dünnschliffe in Form regelloser
Fetzen ausgebildet (vergl. Taf. XIII, Fig. 1 und 2). Beide Mineralien sieht man zuweilen auch in einer Art von poikilitischer Verwachsung mit den farblosen Gemengteilen. Es findet hierbei jedoch
kein vollständiges Durchdringen der verwachsenen Individuen, sondern nur ein randliches zahn- oder zackenförmiges Übergreifen in
einander statt.

Ägirin und Arfvedsonit finden sich gerne in grösseren Haufen
angesammelt vor, in welchen die einzelnen Individuen regellos um-
herliegen und einander in der Form beeinflussen. Eine weitere
häufige Erscheinung des Zusammenauftretens beider Mineralien ist
eine innige poikilitische Verwachsung zwischen ihnen. Hierbei
durchdringen sich die Individuen dermassen, dass die Durchschnitte
derselben wie aus Fetzen zusammengesetzt erscheinen: ein Teil
der Fetzen, welche alle unter sich gleich orientiert sind, gehören
alsdann einem Arfvedsonitindivindum an, während die übrigen
ebenfalls unter sich gleich orientierten Teile aus Ägirin bestehen
(vergl. Taf. XIV, Fig. 1 und 2). Zuweilen ist diese Verwachsung
unregelmässig, wobei die beiden Mineralien zu einander ungleich
orientiert sind, in der Regel jedoch findet eine parallele Verwachsung zwischen ihnen statt. Gewöhnlich ist diese Verwachsung
vollkommen parallel, so dass sich die Individuen nicht allein mit
der c- und b-Axel decken, sondern dies auch mit der a-Axel der
Fall ist. An den Durchschnitten der Prismenzone erkennt man
dies daran, dass die der optischen Richtung α entsprechende Auslöschungsschiefe bei beiden Mineralien nach derselben Seite hin
liegt. Nur ausnahmsweise kann man wahrnehmen, dass die a-Axeln
der beiden verwachsenen Mineralien nach der entgegengesetzten

Seite geneigt sind, und dass also die Auslöschungsschiefen der Längsschnitte nach entgegengesetzten Richtungen verlaufen. So wurde z. B. in einem Durchschnitte ein Arfvedsonit-zwilling, bei dessen einem Individuum die optische Richtung α nach rechts, bei dem andern nach links lag, in Verwachsung mit einem einfachen Ägirinindividuum beobachtet. Hier waren also beide Fälle vereinigt.

Eine derartige vollkommene Durchdringung von parallel verwachsenen Arfvedsonit- und Ägirinindividuen wurde auch in den Mosandritführenden Handstücken des Augitsyenites von der Insel Läven beobachtet. [1]

Der in sehr wechselnder Menge vorhandene Titanit ist ebenfalls in der Art seines Auftretens bemerkenswert. Denn während ein Teil dieses Minerales in idiomorphen Individuen erscheint, welche, obwohl oft mehr oder weniger corrodiert, doch deutlich als zu den ältesten Gemengteilen des Gesteines gehörend zu erkennen sind, ist ein anderer Teil desselben, und darunter oft recht grosse Individuem, durchaus allotriomorph und beherbergt Einschlüsse der übrigen Mineralien (vergl. Taf. XV. Fig. 2). Taf. XV Fig. 1 zeigt unregelmässige fetzenförmige Durchschnitte von Titanit, welche alle gleich orientiert sind, in einem Arfvedsonit eingeschlossen. Der grösste dieser Fetzen beherbergt wiederum ein Arfvedsonitkörnchen, welches anders orientiert ist, als der umschliessende Arfvedsonit. Es deutet diese Erscheinung auf ungefähr gleichzeitige Ausbildung des Titanites und Arfvedsonites hin.

Der Lamprophyllit verhält sich ähnlich wie der Titanit, indem er teils idiomorph, teils allotriomorph ausgebildet ist, der Eudialyt dagegen ist, wie bereits weiter oben erwähnt, stets vollkommen allotriomorph (vergl. Taf. XVI, Fig. 2).

Bei der hier beschriebenen Anordnung der Gemengteile ist es nicht leicht, eine absolut bestimmte Reihenfolge in der Bildung derselben festzustellen. Es scheinen jedoch die Bildungsperioden der einzelnen Mineralien besonders lang andauernd gewesen zu sein, so dass sie zum Teil sich mit einander deckten. So z. B.

---

[1] H. Rosenbusch, Mikrosk. Physiographie I, 3 Aufl. 1892 pag. 565.

scheint dies der Fall zu sein mit dem Nephelin und Feldspath einerseits, wobei der erstere jedoch seiner Hauptmenge nach früher auskrystallisierte, und andrerseits mit den farblosen Mineralien und dem Ägirin, obwohl der letztere in der Hauptsache ebenso wie der Arfvedsonit und Ainigmatit erst nach den ersteren zur Ausbildung gelangte.

Das gleichzeitige Auskrystallisieren verschiedener Gemengteile d. h. das weite Übereinandergreifen der Ausbildungsperioden der einzelnen Mineralien betont BRÖGGER [1] als ein wichtiges Characteristicum für die Structur der Tiefengesteine.

Desgleichen sagt BRÖGGER in der Beschreibung des »Ditroites« a. a. O. pag. 108:

»— Zu bemerken ist jedoch, dass die Krystallisation der einzelnen Mineralien in so grosser Ausdehnung gleichzeitig mit derjenigen mehrerer der übrigen stattgefunden hat, dass im Allgemeinen eine mehr allotriomorphe als hypidiomorphe Begrenzung resultierte«.

Ein ähnliches Structurverhältniss ist auch nach seiner Beschreibung den Pegmatitgängen der südnorwegischen Augit- und Nephelinsyenite eigen, und gerade die Ähnlichkeit, welche zwischen diesen Pegmatiten und unserem Nephelinsyenite bezüglich der Structur in mancher Hinsicht herrscht, sei hier besonders hervorgehoben.

So sagt BRÖGGER pag. 158:

»Es ist — — — also notwendig, dies Verhältniss der gleichzeitigen Krystallisation bei jedem Versuche, eine bestimmte Reihenfolge der Krystallisation der Mineralien unserer Gänge festzustellen, zu berücksichtigen.«

und weiter auf derselben Seite: ·

»Noch mehr wird jeder Versuch, eine ganz bestimmte Krystallisationsfolge festzustellen, dadurch unmöglich, dass eine bedeutende Anzahl der Mineralien unserer Gänge in ganz verschiedenen Perioden der Ganggeschichte sich bilden konnten; so finden wir z. B. den Ägirin in der Regel als eines der zuerst auskrystalli-

---

[1] Zeitschrift für Krystallographie XVI. 1890. Allgemeiner Teil, pag. 154 u. ff.

sierten Mineralien, andrerseits aber auch als sehr späte Bildung
auf Drusenräumen mit Natrolith abgesetzt».

Es unterscheidet daher BRÖGGER mehrere Facies von Mineralbildung bei seinen Pegmatiten, und auch hierin zeigt die Structur derselben Ähnlichkeit mit der des Nephelinsyenites von Umptek, denn auch bei diesem muss als characteristisch hervorgehoben werden, dass eine Anzahl der Gemengteile in zwei
Perioden zur Ausbildung gelangten.

Die zu verschiedenen Bildungszeiten entstandenen Mineralien
unseres Gesteines sind der Ägirin, Titanit, Lamprophyllit und Albit. Einerseits gehören sie zu den ältesten Gemengteilen des Gesteines und sind also früher als der Nephelin und die Hauptmenge
der Feldspathe entstanden, so die bereits mehrfach erwähnten kleinen Ägirinnädelchen, die idiomorphen Individuen des Titanit und
des Lamprophyllit und endlich die corrodierten selbständigen Albit-
leischen, die man zuweilen in ophitischer Weise die farbigen Mineralien durchdringen sieht. Andrerseits gehören die vier oben genannten Mineralien einer späteren Periode an, so der grösste Teil
des Ägirins, der mikroperthitisch mit Mikroklin verwachsene Albit,
ein grosser Teil des Titanites und des Lamprophyllites. Zu diesen
späteren Bildungsperioden gehören auch noch der Arfvedsonit, der
Eudialyt und der spärliche Ainigmatit.

Gleich wie bei den Pegmatiten so mag wohl auch hier eine
lebhafte Beteiligung pneumatolytischer Vorgänge in dem Magma
stattgehabt haben, und die Mitwirkung von »agents minéralisateurs«
mag zur Bildung mancher Mineralien beigetragen haben, wie des
Titanites und Lamprophyllites der späteren Periode so wie des
Ainigmatites und Eudialytes, zumal da sich auch gerade diese
Mineralien in den Pegmatiten des Umptekmassives in besonders
reicher Entwicklung vorfinden.

Was die Krystallisationsfolge der Gemengteile bei den übrigen Nephelinsyeniten betrifft, so wird von den meisten Autoren,
so weit sie überhaupt dieses Verhältniss erörtern, die für die
meisten Eruptivgesteine characteristische Reihenfolge angegeben
oder als selbstverständlich vorausgesetzt, gemäss welcher im Allge-

meinen die˜ basischeren Gemengteile vor den saureren zur Ausbildung gelangen.

Eine solche ist z. B. nach LACROIX [1] die Krystallisationsfolge in den Gesteinen von Pouzac und Montreal. Ch. VÉLAIN [2]
giebt dieselbe Reihenfolge an für das Gestein von Umptek. Bei
dem Nephelinsyenite von Transwaal giebt E. A. WÜLFING [3] folgende
Reihe der Ausscheidung der Gemengteile an: 1) Apatit, Titanit und
opake Erze, 2) Bisilikate, 3) Nephelin und Feldspath, 4) Sodalith
und secundäre Produkte. Hierbei bemerkt er jedoch, dass die
Perioden 2 und 3 in einander übergehn. Dagegen hebt N. V.
USSING [4] als eine Eigentümlichkeit des Nephelinsyenites von Grönland hervor, dass hier entgegen dem für die meisten anderen
Eruptivgesteine geltenden Gesetze durchgehend die basischen und
eisenreichen Mineralien später auskrystallisiert sind als die Al-
kalifeldspathe. Da dies˙ zum Teil auch bei dem Nephelinsyenite
von Umptek der Fall ist, so liegt darin wiederum ein Moment der
Ähnlichkeit zwischen den beiden im Übrigen so ähnlich zusammengesetzten Gesteinen. Fr. GRAEFF [5] betont bei einer Varietät des
Nephelinsyenites der Serra de Tinguá in Brasilien die späte Ausscheidung des Ägirins aus dem Magma, die oft deutlich daran zu
erkennen ist, dass er gelegentlich die jüngsten Gemengteile, wie
Feldspath, einschliesst, resp. umfasst. Bei Beschreibung einer anderen Abart desselben Vorkommens erwähnt GRAEFF. dass der Ägirin in drei Formen auftritt: 1) in sehr grossen regellos begrenzten
Fetzen, welche reichliche Einschlüsse der älteren Gemengteile beherbergen, 2) in kleinen, in der Prismenzone sehr scharf begrenzten Säulen, und 3) in Form dünner und langer Nadeln, welche
meist zu fächerartigen Aggregaten vereinigt sind. Die letzt genannten Nadeln sieht er für sehr junge Bildungen an. Die Formen
1 und 2 scheinen vollkommen den im Umptek auftretenden zu

---

[1] Bulletin de la société géologique de la France 1889—90 pag. 511.

[2] Bulletin de la société de géographie, Paris XII, 1. 1889, pag. 49.

[3] N. Jahrb. für Min. 1888, II, pag. 132.

[4] N. V. USSING, Nogle Graensefaciesdannelser af Nephelinsyenit. Det 14.
skandinaviske Naturforskermöde.

[5] N. Jahrb. für Min. 1887, II, pag. 222.

entsprechen, die erstere der späteren und die letztere der früheren Ausbildungsform.

Die chemische Zusammensetzung des Haupttypus geht aus zwei Analysen hervor, deren Resultate in der folgenden Tabelle unter I und II aufgezeichnet sind. I entstammt einem eudialytreicheren Handstücke und wurde durch die Zuvorkommenheit des D:r C. von Jahn im Laboratorium der geologischen Reichsanstalt in Wien von F. Eichleiter [1] gütigst ausgeführt. II ist einem Handstücke der gewöhnlichsten Art des Haupttypus entnommen und wurde von mir im chemischen Laboratorium der Universität Heidelberg angefertigt. Zum Vergleiche sind in der Tabelle Analysen anderer Nephelinsyenite (III—VII) beigefügt.

	I	II	III	IV	V	VI	VII	
SiO_2	54.14	52.25	54.20	51.90	56.30	51.04	53.28	
TiO_2	0.95	0.60	1.04	—	—	0.29	—	
ZrO_2	0.92	—	—	—	—	—	—	
Al_2O_3	20.61	22.24	21.74	22.54	24.10	20.47	20.22	
Fe_2O_3	3.28	2.42	0.46	4.03	1.99	1.89	1.56	
FeO	2.08	1.98	2.36	3.15	—	2.19	1.99	
MnO	0.25	0.53	—	—	—	—	—	
CaO . . . . ,	1.85	1.54	1.95	3.11	0.69	2.62	3.29	
MgO	0.83	0.96	0.52	1.97	0.13	0.97	0.29	
K_2O	5.25	6.13	6.97	4.72	6.79	3.52	6.21	
Na_2O	9.87	9.78	8.69	8.18	9.28	11.62	7.89	
Cl	0.12	—	—	—	—	—	—	
P_2O_5	—	—	—	—	—	0.27	FeS_2	1.77
CO_2	—	—	—	—	—	0.62		3.43
Glühverlust (H_2O)	0.40	0.73	2.32	0.22	1.58	5.85		
	100.55	99.16	100.25	99.82	100.86	101.85	99.93	

---

[1] Verhandlungen der K. K. geol. Reichsanstalt in Wien. Jahrgang 1893. N:o 9.

I. Tschasnatschorr ⎱ Umptek.
II. Rabots Spitze ⎰

III. Serra de Monchique. P. Jannasch, N. Jahrb. f. Min. 1884, II. pag. 11.
IV. Norwegen (Laurdalit) W. C. Brögger, Zeitschr. f. Krystallogr. XVI. 1890. pg. 33.
V. Ditrò. Fellner, N. Jahrb. f. Min. 1868. pag. 83.
VI. Siksjöberg. Mann, N. Jahrb. f. Min. 1884, II. pag. 193.
VII. Magnet Cove (Arkansas), J. Fr. Williams, Annual. Rep. of the geol. Survey of Arkansas 1890, II.

Aus dieser Zusammenstellung geht deutlich die im grossen Ganzen herrschende Übereinstimmung des Gesteines von Umptek mit den übrigen angeführten Nephelinsyeniten hervor. In sämtlichen Analysen sieht man den für die Nephelinsyenite characteristischen hohen Gehalt an Thonerde und Alkalien, wobei Natron stets vor Kali überwiegt, gegenüber dem niedrigen Gehalt an Kalk und Magnesia in guter Übereinstimmung ausgedrückt. Diesen Verhältnissen entsprechen mineralogisch das Vorherrschen von Feldspath und Nephelin vor den übrigen Gemengteilen. Die für den Kieselsäuregehalt nicht sehr hohe Procentzahl steht im Zusammenhange mit dem Fehlen von freier Kieselsäure, welches sich mineralogisch in der Abwesenheit von Quarz ausspricht.

Pegmatitschlieren.

Sie sind zwar meist von sehr geringer Ausdehnung, doch recht häufig im Hauptgestein anzutreffen und bilden aderähnliche Partien von verschiedenartiger Umgrenzungsform. In der Regel ist das Korn dieser kleinen Pegmatitschlieren nicht sehr viel gröber als das des umgebenden Gesteines, sie unterscheiden sich jedoch merklich von diesem durch ihren ausserordentlich reichen Gehalt an Eudialyt. Auch andere Mineralien, wie z. B. Lamprophyllit, erscheinen in ihnen in grösserer Menge angehäuft. Mir lag nur ein Handstück dieser Pegmatite zur Untersuchung vor, dessen Mineralbestand im Übrigen dem des Haupttypus entsprach. Der Feldspath zeigt dieselbe mikroperthitische Verwachsung von Mikroklin und Albit, wobei ich mehrere Fälle von Zwillingsver-

wachsung nach dem Bavenoer Gesetze an den Mikroperthitindivi-
duen gewahren konnte. Corrodierte Plagioklasleistchen sind sehr
häufig und immer regellos angeordnet. Der Nephelin enthält vielfach Einschlüsse von kleinen Ägirinnadeln. Der Ägirin ist auch
in den grösseren Individuen meist idiomorph und ist unter den farbigen Silikaten das herrschende Mineral. Der Arfvedsonit ist nur in
unbedeutender Menge vorhanden. Der Lamprophyllit ist meist idiomorph ausgebildet. Die letzte Füllmasse. bildet der sehr reichlich
vorhandene allotriomorphe Eudialyt (vergl. Taf. XVI, Fig. 2). Die
sonstigen Eigenschaften des Eudialytes entsprechen vollkommen
den im Haupttypus beschriebenen. Als ein Zersetzungsprodukt des
Lamprophyllites ist wohl ein isotropes Mineral von strohgelber Farbe
mit Stich ins Rötliche anzusehn. Die Lichtbrechung scheint gleich
hoch zu sein wie bei dem erstgenannten Minerale, und das Mineral
erscheint in langsäulenförmiger Ausbildung mit deutlicher Spaltbarkeit parallel zur Längsrichtung.

Eine basische Ausscheidung im Haupttypus.

In einer kesselförmigen Einsenkung auf der Höhe des Wudjawrtschorr am Westufer des Jun-wud-jawr wurde mitten im grobkörnigen Haupttypus eine dunkele grob-mittelkörnige Gesteinspartie
angetroffen, welche wahrscheinlich eine basische Ausscheidung im
Hauptgesteine bildet. Ein Handstück vom Rande derselben lag
mir zur Untersuchung vor. Es zeigt den Haupttypus in die dunklere Gesteinspartie übergehend, in welcher die farbigen Bisilikate in meist ziemlich gut idiomorphen prismenförmigen Individuen sich stark angehäuft finden.

Von dem dunklen Teile des Handstückes wurde ein Dünnschliff angefertigt, und bei mikroskopischer Untersuchung ergab
sich eine Zusammensetzung aus folgenden Mineralien, welche ungefähr nach der Reihenfolge ihres Mengenverhältnisses aufgezählt sind:

Ägirin, Arfvedsonit, Feldspath, Eisenerz, Titanit, (Nephelin),
Biotit und Apatit; secundär: Zeolithe.

Der Ägirin zeigt nichts Aussergewöhnliches in seinen Eigenschaften. Wie im Haupttypus so ist er auch hier in zwei Perioden

zur Ausbildung gelangt: 1) in kleinen Nädelchen, welche sich in den farblosen Gemengteilen eingestreut finden und 2) in grösseren Individuen. Die letzteren enthalten Einschlüsse von Apatit, Eisenerz, Titanit und Arfvedsonit.

Der Arfvedsonit entspricht dem im Haupttypus beschriebenen. Bemerkenswert ist nur, dass er zuweilen ins Bräunliche spielende Farben zeigt, wobei alsdann die Richtung $\mathfrak{a}$ = dunkelrotbraun mit Stich ins Grünliche und $\mathfrak{b}$ = kastanienbraun ist.

Die bereits im Haupttypus beschriebenen innigen Verwachsungen zwischen Ägirin und Arfvedsonit finden sich in gleicher Weise auch hier vor. Beide Mineralien sind auch hier in grossen Haufen zusammengedrängt, die ein Gewirre von einander in der Form beeinflussenden Fetzen bilden.

Als farbiger Gemengteil gesellt sich noch zu den beiden genannten in etwas reicherer Menge als im Haupttypus der Biotit, der hier und da in kleineren Mengen zwischen den Anhäufungen von Ägirin und Arfvedsonit auftritt. Er erscheint in unregelmässig begrenzten Blättchen und dürfte wohl gleichzeitig mit den oben genannten Mineralien ausgebildet sein. Der Pleochroismus ist sehr deutlich, die Farben sind $\mathfrak{c}$ = dunkel schwarzbraun und $\mathfrak{a}$ = hellrötlichbraun. Stellenweise findet sich dieser braune Glimmer wie in poikilitischer Verwachsung mit den farbigen Bisilikaten, indem eine grosse Menge gleich orientierter kleiner Glimmerblättchen in das Verwachsungsgewebe von Ägirin und Arfvedsonit eingestreut ist.

Das Eisenerz ist im Gegensatz zum Verhältniss im gewöhnlichen Haupttypus reichlich vorhanden und meist in grossen derben Massen ausgebildet. Es zeigt öfters genau oder doch nahezu rechtwinkelig sich schneidende Spaltrisse. Gerne mit grösseren Titanitindividuen vergesellschaftet, ist es auch oft von einem Kranze von Körnchen desselben Minerales umgeben, denn an einigen dieser sehr stark licht- und doppelbrechenden Körnchen konnte man ebenfalls deutlich im convergenten Lichte das für den Titanit eigentümliche Interferenzbild erkennen. Wahrscheinlich ist das Eisenerz hier Ilmenit oder titanhaltiger Magnetit.

Der Titanit kommt ausser in der eben genannten Form noch in grossen couvert- und keilförmigen Durchschnitten vor und ist ein sehr häufiger Gemengteil. Pleochroismus ist nicht vorhanden oder nur sehr schwach. Zwillingsbildungen wurden nicht beobachtet. Sehr oft sind Körner dieses Minerales von büschelig angeordneten Fasern umgeben, welche, da sie in der Licht- und Doppelbrechung mit ihm übereinstimmen und sich auch als durch Salzsäure unangreifbar erweisen, nichts Anderes sein können als Titanit.

Der Apatit findet sich häufig als Einschluss besonders in den farbigen Gemengteilen vor; er tritt in verhältnissmässig ungewöhnlich grossen Säulchen und in sechsseitigen isotropen Durchschnitten auf.

Der Feldspath scheint vollkommen frei von mikroperthitischen Verwachsungen zu sein. An einem Durchschnitte, der offenbar ungefähr der Fläche M entsprach, trat die positive Bissectrix etwas schief aus, während die Auslöschungsschiefe zu den parallelen Spaltrissen 5° betrug. Demnach muss dieser Feldspath Orthoklas oder Mikroklin sein. Das letztere erscheint wahrscheinlicher aus der Analogie mit dem übrigen grobkörnigen Nephelinsyenit. Das Mineral zeigt keine idiomorphe Begrenzungen. Es ist sehr reich an Einschlüssen von kleinen Ägirinnädelchen, welche meist parallel zu den Spaltrissen angeordnet sind.

Als secundärer Gemengteil findet sich Natrolith in ziemlich grosser Menge in dick säulenförmigen Individuen angehäuft vor. Wahrscheinlich verdankt derselbe seinen Ursprung der Zersetzung von Nephelin; frischer Nephelin war im Dünnschliffe nicht zu bemerken.

Als ein weiteres secundäres Mineral ist ein monokliner Zeolith zu nennen, der oft in langsäulenförmigen, farblosen bis rötlichgelben Individuen auftritt. Die Längsrichtung ist negativ. Die Kleinheit der Individuen liess keine genauere optische Bestimmung zu, doch gelang es, vom Handstücke Teilchen dieses Zersetzungsproduktes mit dem Messer loszutrennen und einer mikrochemischen Untersuchung zu unterziehen. Das Pulver wurde in Salzsäure gelöst, und von der Lösung wurden drei Tropfen gesondert auf Objectgläser gebracht. Der eine Tropfen wurde mit etwas Schwefelsäure gemengt, worauf nach ungefähr 12 Stunden Gypskryställchen sich bildeten. Der zweite Tropfen, der mit Fluss-säure versetzt wurde, ergab keine Krystalle. Dem dritten Tropfen wurde ein kleiner Tropfen Schwefelsäure und einige winzige Körn-chen von Chlorcaesium zugesetzt. Es bildeten sich nach zweitägi-gem Stehen Krystalle von Caesiumalaun, wodurch das Vorhanden-sein von Aluminium nachgewiesen war. Daher scheint das Mine-ral wohl ein Ca-haltiger monokliner Zeolith zu sein.

In der Structur unterscheidet sich diese basische Ausschei-dung vom Haupttypus, abgesehn von den bereits hervorgehobenen Verschiedenheiten im Mengenverhältnisse der Gemengteile, haupt-sächlich darin, dass hier nur der Ägirin in zwei Bildungsperioden auftritt. Der Titanit scheint vollständig vor der Bildung der Haupt-masse der farbigen und farblosen Gemengteile zur Ausbildung ge-langt zu sein.

2. *Mittel- bis feinkörnige Nephelinsyenitvarietäten.*

Diese Gesteine treten als Lagergänge vorzugsweise parallel zur horizontalen Bankung des Hauptgesteines auf. Sie zeigen, obwohl sich nahe an den Haupttypus anschliessend und sich von ihm makroskopisch hauptsächlich nur durch die Korngrösse un-terscheidend, doch eine gewisse Selbständigkeit, die sich in ihrem geologischen Auftreten so wie in ihrer in gewissem Grade abwei-chenden Beschaffenheit ausspricht, und sie zeigen keine directen Übergänge in den Haupttypus. Sie wurden an den verschiedensten Stellen des Massives angetroffen und bilden in der Regel nur schmale, selten einige Meter an Breite übersteigende Streifen, doch wurde öfters eine grössere Anzahl solcher parallel mit einander verlaufender Strei-fen in kurzen Zwischenräumen beobachtet.. Nur in den östlichen Tei-len des Gebirges haben diese Gesteine stellenweise eine grössere zu-sammenhängende Ausdehnung. Diese mittel-bis feinkörnigen Nephe-linsyenittypen variieren in ihrer mineralogischen Zusammensetzung und in ihrer Structur in gewissen Grenzen, am häufigsten haben sie jedoch die Beschaffenheit des hier als die erste Varietät zu beschreibenden Typus. Dieser zeigt makroskopisch eine Zusammensetzung aus Feldspath, Nephelin und farbigen Bisilikaten und zuweilen auch Titanit, der mitunter sehr reichlich vorhanden ist. Die Feldspathsleistchen sind zuweilen mehr oder weniger deutlich parallel angeordnet. Das Mengenverhältniss der das Gestein zusammensetzenden Gemengteile ist ungefähr dasselbe wie das im Allgemeinen im Haupttypus beobachtete, indem die hellen Mineralien vor den dunklen vorherrschen. Unter den ersteren scheint jedoch der Feldspath noch stärker als im Haupttypus vor dem Nephelin zu überwiegen.

Die mikroskopische Untersuchung erwies, dass der Feldspath dieselbe Art mikroperthitischer Verwachsung von Mikroklin und Albit zeigt wie im Haupttypus. Desgleichen bestehen die farbigen Bisilikate aus Ägirin und Arfvedsonit von derselben Beschaffenheit wie in jenem, nur mit dem Unterschiede, dass der Arfvedsonit hier bei weitem den Ägirin an Menge übertrifft. Der Arfvedsonit ist auch hier durchgehend allotriomorph (vergl. Taf. XIII, Fig. 2). Der Titanit ist an Menge sehr wechselnd und besonders reichlich in den im Osten des Gebirges auftretenden Gesteinen der hier beschriebenen Art. Ausser den hier aufgezählten Mineralien erkennt man mikroskopisch noch Låvenit (siehe die nähere Beschreibung dieses Minerales weiter unten) in vereinzelten Blättchen und Apatit in einzelnen kleinen Nädelchen.

Im Übrigen dürfte die Krystallisationsfolge der Gemengteile derjenigen des Haupttypus entsprechen.

An einem Handstücke von einem am Ostrande des Umptek am Tuoljucht gelegenen Berge wurde eine Analyse von H. Berghell in Helsingfors ausgeführt, welche folgendes, unter N:o I angeführtes Resultat ergab:

	I Mittel-bis feinkörniger Neph.- syenit von Tuoljlucht %	II Mittel-bis feinkörniger Neph.- syenit v. Poutelitschorr %
Si O_2	57.78	56.40
Ti O_2	1.83	0.84
$Al_2 O_3$	15.45	21.36
$Fe_2 O_3$	3.06	2.96
Fe O	3.11	2.39
Mn O	0.98	0.49
Ca O	1.72	1.81
Mg O	1.13	0.90
$K_2 O$	2.89	4.83
$Na_2 O$	11.03	8.57
Glühverl.	0.91	0.01
	99.92	100.56

Spec. Gew. $= 2.67—2.70$.

Die unter N:o II angeführte Analyse bezieht sich auf einen zweiten mittel-bis feinkörnigen Typus, welcher am Poutelitschorr im nördlichen Umptek angetroffen wurde, und ist von F. EICHLEITER in Wien angefertigt. Beide Analysen weisen im Vergleich zu denen des Haupttypus (siehe pag. 132) einen höheren Gehalt an Kieselsäure, und N:o I erheblich weniger Thonerde auf. [1] Im Übrigen entspricht die Zusammensetzung im grossen Ganzen der des Haupttypus und ist eine durchaus nephelinsyenitische. Wir haben es hier offenbar mit ein wenig acideren Gliedern derselben Gesteinsart zu thun.

Das Gestein vom Poutelitschorr (N:o II) ist graugrünlich und durchaus regellos körnig ohne irgend welche Andeutung zu Parallelstructur, und die Structur erscheint makroskopisch fast allotriomorph körnig. Der Feldspath ist derselbe wie der im Haupttypus beschriebene, an Menge steht er vielleicht dem Nepheline

---

[1] Die zweimal ausgeführte Analyse ergab beide Male den so niedrigen Gehalt an Thonerde, welcher in Anbetracht des hohen Alkaligehaltes des Gesteines verwundern muss.

nach. Sehr häufig bemerkt man im Dünnschliffe um den Feldspath herum die randlichen Albitstreifen (siehe Taf. XI fig. 2), welche
bereits in der Beschreibung des Haupttypus ihre Erwähnung fanden (siehe pag. 109). Unter den farbigen Bisilikaten findet sich
ausser Ägirin und Arfvedsonit noch Ägirin-augit vor.

Der Ägirin-augit [1] unterscheidet sich vom Ägirin wesentlich
durch seine grössere Auslöschungsschiefe. Es wurde an zufälligen
Schnitten im Dünnschliffe $c:a = 30°$ als Maximum beobachtet. Die
Farbe ist im durchfallenden Lichte gewöhnlich etwas heller, der
Pleochroismus weniger deutlich, und die Doppelbrechung schwächer als beim Ägirin. Er kommt hier nur in Verwachsung mit
dem Ägirin vor, wobei er den inneren Kern des Individuums bildet,
während der Ägirin ihn randlich umgiebt. In der Regel findet
von innen nach dem Rande zu ein allmählicher Übergang von
Ägirin zu Ägirin-augit statt, was sich durch allmählich wachsende
Auslöschungsschiefe kund giebt. Oft findet man auch Ägirin, Ägirin-augit und Arfvedsonit in inniger Durchdringung mit einander
verwachsen, so dass Durchschnitte von fetzenartig zusammengesetzten
Individuen häufig zu beobachten sind in der gleichen Weise wie
bei den im Haupttypus beschriebenen Verwachsungen von Ägirin
und Arfvedsonit. Siehe Taf. XIV fig. 2.

In einem Ägirin-augit-individuum wurde im Dünnschliffe ein
Blättchen eines im durchfallenden Lichte rötlichen Augites beobachtet, der seinerseits wiederum kleine Einschlüsse von dunklem
Glimmer enthielt. Dieser Glimmer findet sich auch sonst zuweilen, wenn auch nur in äusserst geringer Menge, in kleinen Blättchen kranzförmig um Eisenerzkörnchen herum angehäuft. Sein
Pleochroismus ist sehr deutlich: c = schmutzig grün, a = rotbraun. Wahrscheinlich ist der Glimmer Biotit.

Der Titanit, der auch makroskopisch in rotbraunen Kryställchen zu erkennen ist, ist ein ziemlich häufiger Gemengteil.
Eisenerz ist reichlicher vorhanden als im Haupttypus. Von accessorischen Gemengteilen finden sich noch Noscan, das Mineral

---

[1] Vergl. H. Rosenbusch, Mikr. Physiographie 1. 3 Auflag. pag. 537.

der Mosandrit-reihe, Eudialyt und einige winzige Körnchen eines braunen isotropen Minerales vor, welches wohl Perowskit oder Granat ist.

Die Anordnung der Gemengteile ist dieselbe wie im Haupt-typus. Die verschiedenen Bildungsperioden des Ägirins sind besonders deutlich zu erkennen. Die kleinen meist farblosen Nädelchen der älteren Generation sind in grosser Menge in den Nephelin- und Feldspathsindividuen eingestreut. Ferner finden sich etwas grössere hellgraugrünlich gefärbte Ägirinnadeln sehr häufig büschel- oder fächerförmig angeordnet vor und umschliessen dann gern ein anderes Mineral,. besonders Eisenerz oder das Mineral der Mosandrit-reihe. Die grösseren später entstandenen Ägirinindividuen sind fast immer, wie oben geschildert, mit Ägirin-augit und Arfvedsonit innig verwachsen.

Ausser diesen beiden Typen wurde noch eine dritte Varietät von mittel-bis feinkörnigem Nephelinsyenit untersucht, welche von einem Berge südlich vom Kaljokthale im östlichen Umptek stammt. Sie unterscheidet sich makroskopisch nur durch feineres Korn vom Haupttypus. Die mikroskopische Untersuchung ergab, dass sich unter den farbigen Bisilikaten ausser Ägirin und Arfvedsonit noch Ägirin-augit befand in derselben Weise wie oben beschrieben mit den beiden ersteren Mineralien verwachsen. Im Übrigen entsprechen Anordnung und Mengenverhältniss der Mineralien im Ganzen denen des Haupttypus, nur Eisenerz und Ainigmatit finden sich in etwas grösserer Menge vor. Der Idiomorphismus des Nephelins tritt hier ganz besonders deutlich zu Tage.

Eine vierte Varietät wurde am Jimjegorrtschorr im nordwestlichen Umptek beobachtet. Bemerkenswert ist an diesem Gesteine, dass unter den regellos angeordneten Feldspathskrystallen einzelne durch ihre Grösse (bis zu 1½ cm im Durchmesser) hervorragen. Im Dünnschliffe liessen sich jedoch nicht zwei Generationen von Feldspath bestimmt unterscheiden. Die Mineralzusammensetzung ist dieselbe wie im Haupttypus, nur ist der Arfvedsonit vor dem Ägirin an Menge überwiegend, und der Titanit in etwas grösserer Menge vorhanden als im Haupttypus.

Es ist nicht ausgeschlossen, dass noch weitere mittel-bis feinkörnige Nephelinsyenitvarietäten den Haupttypus in dem ausgedehnten Massive unterbrechen, doch entsprechen die hier geschilderten Arten den von uns auf unseren Wanderungen beobachteten und gesammelten.

3. *Nephelinsyenit mit trachytoider Structur*

wurde u. a. am Tschaschnotschorr und am oberen Ende des östlichen
Kukiswum-thales beobachtet, wo er als ein schmaler Lagergang
parallel zur Gesteinsbankung aufsetzte. Das Gestein ist grob- bis mittelkörnig und lässt eine auffallend deutliche trachytoide Structur in
Folge von Parallelanordnung der Feldspathe erkennen. Obwohl bereits in der Beschreibung des Haupttypus eine hie und da vor-
kommende parallele Anordnung der Feldspathe erwähnt wurde, so
ist doch das hier zu beschreibende Gestein schon durch sein geologisches Auftreten als eine vom Haupttypus getrennte Varietät anzusehn.
Makroskopisch erkennt man weissgrauen Feldspath als überwiegenden Gemengteil, graugrünen Nephelin, schwarze basische Silikate
und kleine braune Titanitkörnchen. Die Feldspathsindividuen haben sich alle mit ihren breiten Tafelseiten parallel zu einander
gestellt, so dass ihre Schmalseiten auf dem Querbruch des Gesteines als parállele Leisten erscheinen (vergl. das mikroskop.
Bild Taf. XVI Fig. 1), während auf dem Hauptbruche keine Parallelstructur sichtbar ist. Karlsbader Zwillinge sind nicht selten an
den Leisten zu beobachten. Die Diagonallänge der Feldspathstafeln
ist gewöhnlich über 1 cm. Zwischen den Feldspathsleisten liegen
die bedeutend kleineren, meist idiomorphen Nephelinindividuen
(meist c:a 2—3 mm im Durchmesser besitzend, aber auch 5—6
mm gross werdend).

Die Gemengteile sind ungefähr dieselben wie im Haupttypus:
Feldspath, Nephelin, Arfvedsonit, Ägirin, Titanit, Nosean, Eudialyt, Apatit und Biotit.

Der Feldspath ist derselbe Kalinatronfeldspath wie im Haupttypus, die älteren selbständigen Albitleistchen sind jedoch in grösserer

Menge vorhanden. Unter den farbigen Bisilikaten herrscht der Arfvedsonit bei weitem vor und ist stets in allotriomorphen Blättchen ausgebildet. Stellenweise beherbergt er Einschlüsse von kleinen Biotitblättchen. An einem dieser Blättchen konnte im convergenten Lichte ein sehr kleiner Axenwinkel mit spitzer negativer Bissectrix beobachtet werden, wobei $\varrho < v$ war. Der Pleochroismus des Biotites war $\mathfrak{c} =$ dunkelrotbraun und $\mathfrak{a} =$ hellgelb. Der Biotit ist sehr reichlich vorhanden, zum grössten Teile allotriomorph ausgebildet und schliesst häufig Nephelinindividuen ein. — Der Apatit erscheint in verhältnissmässig ziemlich grossen Individuen.

4. Feinschiefriger Nephelinsyenit.

Dieses Gestein bildet mehrere parallel zu einander verlaufende vertical stehende Gänge von einem halben bis mehrere Meter Breite, welche von der Tiefe des Uts-wudjawr-thales bis auf die höchsten Teile des Kukiswumtschorr hinauf und ebenso auch am gegenüberliegenden Berge Juksporr verfolgt werden konnten. Das Streichen dieser Gänge verläuft nach Angaben W. RAMSAYS N 20° —25° W, annähernd parallel mit der Richtung des langen und schmalen Passes Kukiswum.

Das Korn ist fein bis dicht, die Farbe dunkelgrau, die Parallelstructur ist sehr deutlich ausgeprägt und mit der Gangspalte parallel. Obwohl die Mehrzahl der Gemengteile makroskopisch nicht sehr deutlich zu unterscheiden sind, kann man doch erkennen, dass das Gestein aus einer grossen Menge gleichmässig verteilter schwarzer Nadeln, reichlichem weissen Feldspathe und grünlichgrauem Nephelin zusammengesetzt ist. Einzelne Feldspaths- und Nephelinkörner ragen durch ihre Grösse über die anderen hervor. Sehr deutlich zu erkennen sind lange gelbe Nadeln von Titanit, welche unabhängig von der Parallelstructur in verschiedenen Richtungen angeordnet und bis zu c:a 5 mm lang sind. Ausserdem sind noch einzelne Blättchen des Lamprophyllit bemerkbar.

Nach der mikroskopischen Untersuchung baut sich das Gestein aus folgenden Mineralien auf, die hier ungefähr nach abnehmendem

Mengenverthältnisse aufgezählt sind: Ägirin, Orthoklas, Nephelin, Titanit, Arfvedsonit, Lamprophyllit, Eudialyt, Spuren von Eisenerz und von einem stark lichtbrechenden isotropen krappbraunen Mineral unbestimmbarer Natur. Die im auffallenden Lichte schwarzen Nadeln erweisen sich bei mikroskopischer Untersuchung hauptsächlich aus Ägirin bestehend, welcher der bei Weitem vorwiegende Gemengteil unter den farbigen Silicaten ist; neben ihm kommt in bedeutend geringerer Menge der Arfvedsonit vor. Während der Ägirin in idiomorphen Individuen ausgebildet ist, deren exacte Krystallflächenbegrenzung freilich meist durch Corrosion verwischt ist, erscheint der Arfvedsonit wie im Haupttypus in vollkommen allotriomorphen Blättchen. Die Eigenschaften beider entsprechen den im Hauptgesteine beschriebenen. Einschlüsse von Lamprophyllit kommen im Ägirin, wenn auch nur selten, vor. Dieselben finden sich auch im Arfvedsonit neben solchen von Ägirin und den farblosen Gemengteilen.

Die Parallelstructur des Gesteines ist hauptsächlich durch die Anordnung der langgestreckten Ägirinindividuen bedingt.

In gleicher Menge als der Ägirin ist der Feldspath, welcher hier allein durch Orthoklas repräsentiert ist, vorhanden, der in sehr frischen, ziemlich idiomorphen Individuen von recht gleichmässiger Grösse ausgebildet ist. Die Einschlüsse, die er beherbergt, sind nicht in nennenswerter Menge vorhanden, sie bestehen in Flüssigkeitsinterpositionen, Ägirin und Lamprophyllit.

Der Nephelin ist weniger reichlich vorhanden als der Orthoklas und ist ebenfalls sehr frisch.

Der Titanit bildet, wie das bereits makroskopisch erkennbar ist, langgestreckte säulen- und zuweilen auch keilförmige Individuen, welche ziemlich gut idiomorph, jedoch zum Teil corrodiert sind. Sie enthalten Einschlüsse von Ägirin und von den farblosen Gemengteilen.

Der Lamprophyllit ist in corrodierten Blättchen und Leisten ausgebildet, wobei die Längsrichtung der Individuen meist der Richtung der Schiefrigkeit des Gesteines entspricht. Das Mineral enthält vereinzelt Einschlüsse von winzigen Eisenerzkörnchen.

Im Übrigen stimmen seine Eigenschaften mit den früher an diesem Minerale im Hauptgesteine beschriebenen überein.

Das Letztere gilt auch vom Eudialyt, der hier nur in vereinzelten kleinen vollkommen allotriomorphen Körnchen erscheint, welche teilweise isotrop und teilweise schwach doppelbrechend sind.

Da ausser den an Menge nicht sehr hervorragenden zwei Mineralien, Arfvedsonit und Eudialyt, sämtliche Gemengteile Neigung zu Idiomorphismus besitzen, so macht die Structur des Gesteines einen im grossen Ganzen panidiomorphen Eindruck. Es ist also dieses Gestein sowohl durch sein geologisches Auftreten als seine Structur als Ganggestein characterisirt.

Dieses Gestein ist das dem Haupttypus des Nephelinsyenites in seinem Mineralbestande ähnlichste der quer zur horizontalen Bankung durchsetzenden Ganggesteine. Eine chemische Analyse ist von ihm nicht angefertigt worden.

5. *Nephelinsyenitporphyre.*

a) Der grob-bis mittelkörnige Nephelinsyenitporphyr.

Obwohl sich dieses Gestein seinem geologischen Auftreten nach eng an die unter 2 und 3 beschriebenen Nephelinsyenit-varietäten anschliesst, indem es auch vorzugsweise in Lagergängen parallel zur Bankung den Haupttypus durchquert, unterscheidet es sich doch von ihnen durch seine deutliche porphyrische Ausbildung: In einer mittelkörnigen Grundmasse, bestehend aus Feldspath, Nephelin und schwarzen Bisilikaten, sind grössere Nephelin- und Feldspathsindividuen, aber keine dunklen Mineralien porphyrisch eingestreut. Makroskopisch sind ausser diesen Hauptgemengteilen noch kleine braungelbe oder bräunlichrote Titanitkörnchen wahrzunehmen. Das Mengenverhältniss der porphyrisch ausgeschiedenen Nepheline und Feldspathe schwankt, indem bald das eine, bald das andere Mineral vorherrscht. Die Nephelinindividuen der ersten Generation erreichen eine Grösse von bis zu 2 cm im Durchmesser, sie werden jedoch von den entsprechenden Feldspathen übertroffen, von welchen 3—5 cm breite Tafeln beobachtet wurden.

Die mikroskopische Untersuchung zeigte, dass der Mineralbestand im grossen Ganzen derselbe ist wie im Haupttypus, ebenso
auch die Anordnung der Mineralien abgesehn von der Recurrenz
des Nephelines und Feldspathes, welche auch ein grösseres Überwiegen der farblosen Gemengteile vor den farbigen verursacht.
Es dürfte daher das Gestein in seiner chemischen Zusammensetzung sich nahe an den Haupttypus anschliessen und vielleicht ana-
log den fein-bis mittelkörnigen Varietäten ein wenig acider sein
als dieser. Bemerkenswert ist, dass hier als accessorisches Mineral der Låvenit beobachtet wurde, welcher im Haupttypus nicht
vorhanden ist. Dieses Mineral findet sich hier in grösserer Menge
vor als in der ersten mittel- bis feinkörnigen Varietät, ist jedoch auch hier nur mikroskopisch wahrzunehmen. Es erscheint
in gelben Körnern und Säulchen mit teilweise idiomorpher Begrenzung. Licht- und Doppelbrechung sind hoch. Der Pleochroismus ist deutlich:

$$c \quad > \quad b \quad > \quad a$$

saftig orangegelb   strohgelb   hellweingelb.

Die Spaltbarket ist gut und monotom, wohl die nach (100),
wie BRÖGGER beobachtete. Unregelmässige Risse nach verschiedenen Richtungen kommen daneben vor. Die optische Axenebene
ist senkrecht zur Spaltbarkeit, also parallel zur Symmetrieebene, der
optische Character wurde negativ befunden, die Dispersion schien
$\varrho < v$ zu zein. An einem zufälligen Schnitte der Prismenzone, an welchem die Spaltrisse deutlich hervortraten, war die Auslöschungsschiefe $c : a = 17°$. Zwillingsbildung parallel zur Spaltbarkeit ist
häufig, zuweilen polysynthetisch.

Es scheint das Mineral vollständig mit dem von BRÖGGER[1] beschriebenen Låvenit im norwegischen Augitsyenite übereinzustimmen. Ausser in dem norwegischen Vorkommen wird der Låvenit
auch im Nephelinsyenite von Pouzac von LACROIX[2] und in cini-

---

[1] Zeitschr. f. Krystallogr. XVI 1890, pag. 339—350.
[2] Bulletin de la soc. géolog. de la France 1889—90, pag. 511.

gen Typen des Eläolithsyenites der Serra de Tinguà von Graeff [1]
erwähnt.

b) Der mittel-bis feinkörnige Nephelinsyènitporphyr.

Dieses Gestein durchquert zusammen mit einem unten (6.) zu
beschreibenden dichten Nephelinporphyre als Lagergang parallel
zur Bankung das Hauptgestein an einem Bergabhange der südlichen Seite des Flussthales zwischen dem kleinen und grossen
Wudjawr.

Es unterscheidet sich in seinem Aussehen wesentlich von
dem vorhergehenden Nephelinsyenitporphyre durch sein feineres
Korn und vor allem durch seine dunklere Farbe, die bedingt ist
durch einen grösseren Reichtum an farbigen Gemengteilen.

Dieser mittel- bis feinkörnige Nephelinsyenitporphyr ist ein dun-
kelgrüngraues Gestein, in welchem sich makroskopisch Nephelin,
Feldspath, schwarze Bisilikate, rotbraune Titanitkörnchen und kleine
gelbe glimmerartig glänzende Blättchen von Lamprophyllit erkennen
lassen. Der Nephelin ist bedeutend überwiegend vor dem Feldspathe, und die basischen Bisilikate sind in reicherer Menge und
in gleichmässigerer Verteilung vorhanden als im Haupttypus. Es
ist daher sicher anzunehmen, obwohl keine Analyse dieses Gesteines bisher ausgeführt worden ist, dass dasselbe basischer ist
als der Haupttypus und in Folge dessen sowohl chemisch als mineralogisch sich dem hiernach zu beschreibenden Nephelinporphyre
nähert. Die porphyrische Structur ist bedingt durch das Auftreten
des Nephelins und der dunklen Bisilikate in zwei Generationen,
während die letzteren in dem unter *a)* beschriebenen Gesteine
in der ersten Generation nicht vertreten waren. Der Nephelin
der ersten Generation zeichnet sich nur durch seine Grösse vor
dem der zweiten aus; die grössten Individuen erreichen im Durchmesser 1 cm. Die schwarzen Bisilikate der ersten Generation
sind in dünnen idiomorphen Nadeln ausgeschieden, welche bis
zu $1^1/_2$ cm lang werden und unregelmässig nach allen Richtungen hin in der holokrystallinen Grundmasse eingebettet liegen.

[1] N. Jahrb. f. Min. 1887 II, pag. 222.

An der Zusammensetzung des Gesteines sind nach der mikroskopischen Untersuchung insgesamt folgende Mineralien beteiligt: Nephelin, Orthoklas, Ägirin, Arfvedsonit, Ägirinaugit, Eisenerz, Titanit, Ainigmatit, Lamprophyllit, Eudialyt und Apatit. Secundäre Gemengteile sind: Cancrinit und Zeolithe.

Der Feldspath ist reiner Orthoklas. Um ihn seiner Menge nach.vom Nephelin sicher zu unterscheiden, wurde die mikrochemische Ätzung mit HCl vorgenommen. Die bei weitem grössere Mehrzahl der farblosen Gemengteile zeigte sich angegriffen und bestand also aus Nephelin. Der Nephelin erwies sich als idiomorph gegenüber dem Orthoklas.

Die farbigen basischen Bisilikate bestehen meist aus Verwachsungen von Ägirin, Ägirin-augit und Arfvedsonit. Derartige Verwachsungen sind bereits an früheren Stellen dieser Arbeit beschrieben wurden (siehe pag. 140). Auch die porphyrisch ausgeschiedenen langen Nadeln erweisen sich bei mikroskopischer Betrachtung als aus diesen drei Gemengteilen zusammengesetzt. Es kommen jedoch auch selbständige Ägirinindividuen vor.

Abweichend vom Haupttypus finden sich in diesem Gesteine stellenweise ausserordentlich starke Anhäufungen von Eisenerz vor, der dann in grossen derben Massen ausgebildet ist. Hand in Hand damit geht eine Anhäufung von Ainigmatit vor sich, der im Haupttypus nirgends in dieser Menge beobachtet wurde.

Der hier auftretende Ainigmatit ist ein im durchfallenden Lichte dunkelrotbraunes Mineral, welches stets in allotriomorphen Schnitten erscheint. Der Pleochroismus ist deutlich:

$$\mathfrak{a} \quad > \quad \mathfrak{b} \quad > \quad \mathfrak{c}$$
schwarz   dunkelrotbraun   heller rotbraun.

An Schnitten, an welchen parallele Spaltrisse nur nach einer Richtung erkennbar waren, schien $\mathfrak{a}$ dieser Richtung am nächsten zu liegen.

Der Ainigmatit ist oft umgeben von einem braungelben, pleochroitischen Minerale von hoher Lichtbrechung und ziemlich hoher Doppelbrechung. Es bildet eine Menge von kleinen Individuen, die unregelmässig durcheinander liegen, oft aber auch büschelförmig angeordnet sind. An den kleinen Nädelchen ist die Längsrichtung c oder b = strohgelb, die Querrichtung a oder b = braun. Wahrscheinlich ist dieses Mineral ein Zersetzungsprodukt des Ainigmatites.

Der Ainigmatit kommt stellenweise in sehr reichlicher Menge in den Pegmatitgängen des Umptek vor, und findet sich nach W. RAMSAY auch im Lujawr-Urt, nach BRÖGGER unzweifelhaft auch in den Pegmatitgängen in der Umgegend des Langesundfjord, und nach F. WILLIAMS auch als Gemengteil des »Pulaskites« vor, eines Hornblendesyenites, welcher im Gebiete von Fourche Mountains in Arkansas zusammen mit Eläolithsyenit auftritt. Ferner findet sich dieses Mineral im Nephelinsyenite von Salem und vielleicht in dem von Montreal.

Von den übrigen Mineralien gilt das in der Beschreibung des Haupttypus gesagte; bemerkt sei, dass der Titanit sehr reichlich vorhanden ist.

6. Nephelinporphyr.

Dieses Gestein tritt, wie erwähnt, unmittelbar in Berührung mit dem letzt beschriebenen Nephelinsyenitporphyre auf und bildet mit ihm zusammen einen Lagergang parallel zur horizontalen Bankung.

Der Nephelinporphyr ist ein dichtes grünlichgraues bis grauschwarzes Gestein, in dessen Grundmasse sich kleine Einsprenglinge von Nephelin und Titanit makroskopisch erkennen lassen. Durch die mikroskopische Untersuchung wurde der porphyrische Character des Gesteines bestätigt. Folgende Mineralien setzen das Gestein zusammen: Nephelin u. Ägirin-augit, beide in zwei Generationen, Titanit, Ägirin, Orthoklas, Eisenerz in sehr geringer Menge und ein nicht zu bestimmendes farbiges Silikat.

Der Nephelin ist reichlich vorhanden und sehr frisch. Die Individuen der ersten Generation unterscheiden sich durch

Grösse und ausgeprägteren Idiomorphismus von denen der späteren und erreichen im Durchmesser einige mm.

Der Feldspath scheint nur Orthoklas zu sein, es finden sich keinerlei mikroperthitische Verwachsungen mit anderen Feldspathen vor.

Orthoklas und Nephelin konnten mit Sicherheit nur durch Behandlung des Dünnschliffes mit HCl von einander unterschieden werden. Hierbei zeigte es sich, dass der Nephelin in reichlicherer Menge vorhanden ist.

Unter den im durchgehenden Lichte farbigen Silikaten wiegt bei weitem der Ägirin-augit vor. Seine beiden Generationen sind nur durch die Grösse unterschieden, auch die Individuen der zweiten Generation sind idiomorph ausgebildet oder zeigen wenigstens Andeutung von Idiomorphismus. Die Eigenschaften des Minerales entsprechen den bereits an früherer Stelle beschriebenen. Das Letztere gilt auch vom nur in geringer Menge vorhandenen und dann stets idiomorphen Ägirin.

Ganz allotriomorph ist ein drittes farbiges Silikat. Dieses nicht sehr häufig sich vorfindende Mineral umgiebt zuweilen die zwei oben genannten farbigen Gemengteile und erscheint im Dünnschliffe in regellosen Blättchen. Wegen seiner im durchgehenden Lichte hellgraugrünlichen Farbe und seiner schwachen Doppelbrechung hat er Ähnlichkeit mit dem Arfvedsonit, doch ist die den an einigen Exemplaren bemerkbaren parallelen Spaltrissen zunächst liegende optische Richtung c. Die Auslöschungsschiefe an zufälligen Schnitten betrug c : c = bis zu 38°. Ein nicht auffallender Pleochroismus ist vorhanden: a = schmutzig hellgrau und c = grünlich oder bläulich grau. Es muss dahingestellt bleiben, zu welcher Species dieses Mineral gehört, da es in zu geringer Menge vorhanden war, als dass sich noch weitere Eigenschaften ausser den bereits hier aufgezählten feststellen liessen.

Der Titanit ist auffallend reichlich vorhanden und zum grössten Teile in kleinen Säulchen ausgebildet. Es gelang, einige dieser Säulchen vermittelst Thoulet'scher Lösung und des Electro-

magneten aus dem Gesteinspulver zu isolieren und die Flächen-
winkel derselben am Reflexgoniometer zu messen. Da die Flächen
nur sehr verschwommene Bilder gaben, musste nach den Schimmerreflexen gemessen werden, weshalb keine grosse Genauigkeit
der Winkelwerte erzielt werden konnte. Es waren an den Kryställchen je zwei Flächenpaare ausgebildet; die Winkel, welche diese
mit einander bildeten, waren nach den genauesten Messungen
= 113° 56′—114° 18′. Es scheint demnach, dass die Krystalle
wie im Haupttypus des Nephelinsyenites (siehe pag. 116) nach dem
Klinodoma (nach ROSENBUSCH r : r = 113° 30′) oder (gemäss der
Aufstellung DANAS) nach dem Prisma säulenförmig ausgestreckt sind.

Ausser den kleinen, in grosser Menge gleichmässig über das
ganze Gestein verteilten Titanitkryställchen kommen auch hie und
da grössere keilförmige Individuen dieses Minerales eingesprengt vor.

Eisenerz ist nur in ganz vereinzelten Körnchen vorhanden.

Da mit Ausnahme des zweifelhaften Silikatminerales sämtliche Gemengteile idiomorph sind oder wenigstens Andeutung von
Idiomorphismus besitzen, so muss die Structur des Gesteines als
panidiomorph-porphyrisch bezeichnet werden.

	I Nephelin(Eläolith)porphyr v. Umptek	II Eläolithporphyr v. Arkansas	III Borolanit
SiO_2	45.64	44.50	47.8
TiO_2	2.44	1.40	0.7
Al_2O_3	19.50	22.96	20.1
Fe_2O_3	3.47	} 6.84	6.7
FeO	3.34		0.8
CaO	4.45	8.65	5.4
MgO	3.04	1.65	1.1
MnO	0.19	—	0.5
K_2O	6.96	4.83	7.1
Na_2O	11.57	6.70	5.5
H_2O (Glühv.)	0.16	2.06	2.4
	100.76	99.59	98.1

Das Gestein wurde von mir analysiert, und die Resultate dieser Analyse finden sich in der beigegebenen Tabelle unter N:o 1
aufgezeichnet, II und III sind des Vergleiches wegen beigefügt.

Es geht deutlich aus dem hohen Thonerde- und dem beträcht-
lichen Alkaligehalte des Nephelinporphyres seine nahe Verwandt-
schaft zum Nephelinsyenite hervor. Von diesem unterscheidet er
sich jedoch wesentlich durch seine grössere Basicität, welche in
dem verminderten Gehalte an Kieselsäure neben dem Anwachsen
des Gehaltes an Eisen, Kalk und Magnesia ihren Ausdruck findet.
Mineralogisch findet dieses Verhältniss seine Erklärung in der reichen Menge von farbigen Gemengteilen, welche sehr gleichmässig
über das Gestein verteilt sind. Da dieselben, zum grössten Teile
aus Ägirin-augit bestehend, ausserdem auch Natron enthalten,
wird hierdurch ebenfalls ein nicht geringer Beitrag zum Anwachsen des Na-gehaltes geliefert, welcher eine auffallende Höhe besitzt. — Der hohe Titangehalt des Nephelinporphyrs erklärt sich
durch den ausserordentlichen Reichtum des Gesteines an Titanit.

Die unter II und III angeführten Analysen zeigen in der
Hauptsache Übereinstimmung mit N:o I. N:o II entspricht einem
von J. F. WILLIAMS [1] aus dem Gebiete von Magnet Cove in Arkansas beschriebenen Eläolithporphyre, welcher characterisiert ist
durch das Auftreten von Eläolitheinsprenglingen in einer feinkörnigen bis aphanitischen Grundmasse, bestehend aus Eläolith, Orthoklas, Pyroxen etc., und durch Abwesenheit von Feldspath als
Einsprengling. N:o II ist die Analyse des von F. J. HORNE und
II. TEALL [2] beschriebenen und »Borolanit« genannten Gesteines.
Dieses Gestein, welches beim See Borolan in Schottland im cam-
brischen Kalkstein auftritt, besitzt eine wesentliche Zusammensetzung aus Orthoklas und Melanit, zu welchen sich als untergeordnete Gemengteile noch Biotit, Pyroxen, Nephelin und Sodalith (die

---

[1] Annual Rep. of the Geol. Surv. of Arkansas 1890, II.

[2] J. HORNE, and J. J. H. TEALL, On Borolanite. Transactions of the Royal
Society of Edinburgh. Vol. XXXVII — Part. I — (N:o 11), pag. 163 ff.

beiden letzteren vollkommen zersetzt und umgewandelt), Titanit und
Apatit gesellen, und ist unverkennbar ein Glied der Nephelinsye-
nitfamilie.

7. Tinguaite.

Mit dem der Serra de Tinguá in Brasilien entlehnten Namen
»Tinguait« bezeichnet man nach H. ROSENBUSCH bekanntlich dichte
Ganggesteine, welche an Nephelinsyenitmassive gebunden sind, wesentlich aus Orthoklas und Nephelin nebst Ägirin oder Glimmer
zusammengesetzt sind und äusserlich den Phonolithen gleichen. In
ihrer chemischen Zusammensetzung stimmen sie fast genau mit
den Nephelinsyeniten überein.

In den östlichen Teilen des Umptek nahe dem Ufer des Umpjawr treten mehrfach Ganggesteine auf, welche als Tinguaite zu
bezeichnen sind. So streichen nach den Angaben W. RAMSAYS
auf der Nordostseite des Njurjawrpachk längs dem Umpjawr neben
einander mehrere Gänge eines dichten grünen Tinguaites in der
Richtung N 40° W. Diese Gänge, welche nur eine Breite von
0.25—1.0 Meter besitzen, durchsetzen sowohl den grobkörnigen
Haupttypus als auch den hier auftretenden schiefrigen Nephelinsyenit.

Ferner finden sich im Njorkpachk Gänge von zwei Arten
dichten Tinguaites, etwas dunkler grün als die vorher genannten,
vor, welche eine Streichungsrichtung von N 60°—70° O besitzen.
Die eine dieser Arten zeichnet sich aus durch einen Gehalt an Olivin,
die andere durch eine auffallende Menge grosser Feldspathseinsprenglinge, welche dem Gesteine ein gesprenkeltes Aussehn verleihen.

a) Der Tinguait vom Njurjawrpachk.

Das äussere Aussehn dieses Tinguaites entspricht einem dichten graugrünen Gesteine mit zuweilen schiefriger Structur. Ober-
flächlich ist das Gestein von einer sehr dünnen, nie einige mm an
Dicke übersteigenden hellgrüngrauen Verwitterungskruste bedeckt.

An nicht mehr frischen Stellen geht die graugrüne Farbe des Gesteines in eine braunrötliche über.

Auf den ersten Blick macht das Gestein den Eindruck, einheitlich dicht struiert zu sein, doch bei genauerem Betrachten erkennt man in der Grundmasse hie und da Einsprenglinge von
Feldspath und von kleinen schwarzen glasglänzenden Pyroxenprismen.

Die Grundmasse des Gesteines löst sich, durch das Mikroskop
betrachtet, in ein holokrystallines Gemenge von Ägirin, Feldspath, Nephelin und isotropen Körnchen auf.

Der am meisten in die Augen springende Gemengteil ist der
Ägirin. Er erscheint in sehr kleinen Nädelchen von hellgrüner
Farbe, welche in unendlicher Menge den ganzen Dünnschliff bedecken. Die Mehrzahl dieser Nädelchen sind fluidal angeordnet
und umfliessen gleichsam in mehr oder weniger starken Windun-
gen die Einsprenglinge. Dazwischen liegen jedoch auch die Nädelchen richtungslos durcheinander, sodass ein vollständiges, filziges
Gewebe entsteht. Die Dichtigkeit dieses Gewebes ist einem ört-
lichen Wechsel unterworfen, es finden sich stellenweise lang ausgezogene Streifen, welche aus vollkommen dichten Anhäufungen
von Ägirin bestehn, während andere Stellen wieder etwas ägirin-
ärmer sind. Die bandförmigen Streifen, welche die dichten Anhäufungen von Ägirin bilden, umfliessen die ägirinärmeren Partien
und senden »Apophysen« in sie hinein. Eine derartige dichte fil-
zige Anordnung der Ägirine mit Ausbildung einer Fluidalstructur
ist auch anderwärts in der Grundmasse der Tinguaite, so z. B. bei
den Leucittinguaiten von Magnet Cove in Arkansas [1], beobachtet
worden. Eine ebenfalls fluidale Anordnung zeigen zum grossen
Teile die an Menge dem Ägirin kaum nachstehenden kleinen Feldspathsleistchen. Sie bestehen aus Plagioklas und Orthoklas
und liegen meist parallel zu den fluidal angeordneten Ägirinnädelchen.

Zwischen die idiomorphen Feldspathsleistchen eingeschaltet
liegen die zum Teil sehr scharf idiomorphen Nephelinindividuen.

---

[1] J. F. WILLIAMS, Annual Rep. of the Geol. Survey of Arkansas. 1890, II.

Sie zeigten sich beim Ätzen mit HCl angegriffen und konnten so von den Orthoklasdurchschnitten unterschieden werden.

Gleichfalls durch HCl angreifbar erwiesen sich die kleinen isotropen Körnchen, an denen die Grundmasse sehr reich ist. Diese Körnchen sind stets gut idiomorph und scheinen älter zu sein als die Ägirinnädelchen, die sich randlich fast immer um sie herum anhäufen. Die Formen der Körnchen variieren; meist bilden sie quadratische oder hexagonale Durchschnitte, zuweilen erscheinen jedoch mehr oder weniger runde Individuen.

Fig. 1 auf Taf. XVIII zeigt diese Körnchen eingebettet in dem oben beschriebenen filzigen Ägiringewebe. Dieselben sind nicht immer vollkommen isotrop, sondern sie beherbergen auch häufig schwach doppelbrechende Kerne, um welche der isotrope Rand mehr oder weniger breit ausgebildet ist. Zuweilen besteht der Kern aus vielen winzigen Körnchen von Licht- und Doppelbrechung der optisch zweiaxigen Zeolithe, oder er zeigt radial wandernde Auslöschungsschiefe.

Die isotropen Körnchen sind wahrscheinlich Analcim, der hier meist eine Umbildung nach Nephelin zu sein scheint, worauf die häufigen vier- und sechsseitigen Krystalldurchschnitte hindeuten. Für das Vorhandensein von Analcim spricht einerseits der hohe Gehalt des Gesteines an Natron und Wasser (siehe die Analyse pag. 158) sowie andrerseits die Häufigkeit der Pseudomorphose von Analcim nach Nephelin. Die oft rundlichen Formen der isotropen Körnchen, von denen eines sogar eine zonare kreisförmige Anordnung winziger Einschlüsse erkennen liess, wie sie bei Leucitkörnchen beobachtet werden, lassen vermuten, dass sie nicht alle Pseudomorphosen nach Nephelin, sondern auch nach Leucit sind. Würde diese Vermutung sich bestätigt finden, so läge hier ein Leucittinguait vor, wie sie bisher nur von Brasilien und Arkansas bekannt sind. Leider lässt sich jedoch nirgends an den kleinen runden Körnchen im Dünnschliffe eine Ikositetraederform erkennen, auch finden sich hier nicht wie in den Leucittinguaiten von Arkansas und Brasilien grosse makroskopische Leucitpseudomorphosen vor, an denen sich die Form feststellen liesse.

Es ist daher der Beweis für das Vorhandensein von Leucit nicht sicher zu erbringen.

Als secundäres Produkt findet sich in der Grundmasse ausser den Zeolithen noch Calcit in sehr geringer Menge in winzigen Blättchen vor.

Die in der Grundmasse hie und da eingebetteten Feldspaths-einsprenglinge bestehn aus Orthoklas. Diese Einsprenglinge erreichen bis zu c:a 8 mm Länge, sind meist tafelförmig nach M (010) ausgebildet und gewöhnlich an der Oberfläche matt und etwas zersetzt. Im Mikroskope lassen sich ihre tafel- und leistenförmigen Durchschnitte gut als Orthoklas erkennen, soweit sie nicht in Zeolithe umgewandelt sind. Zwillingsbildungen sind nicht wahrzunehmen. Einschlüsse von Ägirinnädelchen scheinen immer vorhanden zu sein, zuweilen sinken dieselben zu den winzigsten Dimensionen herab. Einzelne der Orthoklaseinsprenglinge bieten in sofern ein merkwürdiges Phänomen dar, als sie sich teilweise in eine isotrope Substanz, welche anscheinend die gleiche Lichtbrechung besitzt und vermutlich Analcim ist, umgewandelt zeigen, und zwar ist dann die Umwandlung im Innern des Durchschnittes am weitesten vorgeschritten.

Die kleinen schwarzen spärlich in der Grundmasse eingesprengten Pyroxennädelchen geben sich mikroskopisch als Ägirinaugit zu erkennen. Die Durchschnitte im Dünnschliffe sind immer seitlich scharf begrenzt, doch ermangeln sie der Endflächen. Die Auslöschungsschiefen in den zufälligen Schnitten c : a übersteigen nie 25°. Der Pleochroismus ist deutlich: $\mathfrak{a} =$ grasgrün, $\mathfrak{c} =$ gelbgrün. — Einschlüsse von Orthoklas kommen vor.

Neben diesen Mineralien erkennt man mikroskopisch noch Spuren anderer umgewandelter Einsprenglinge, die sich in lokalen Anhäufungen von Zeolithen zu erkennen geben. Hierbei ist jedoch weder die ursprüngliche Krystallform des einstigen Minerales noch seine sonstige Beschaffenheit mehr zu ersehen. Die Zeolithe scheinen verschiedener Art zu sein. Zuweilen bestehen sie aus prismatisch ausgebildeten winzigen Kryställchen mit positiver Längsrichtung und sind dann wahrscheinlich Natrolith. Meist jedoch

bilden sie Blättchen ohne bestimmte krystallographische Begrenzung. Wo diese Blättchen langgezogene Form haben, ist die Längsrichtung stets negativ bei ungefähr paralleler Auslöschung. Oft ist
jedoch die Auslöschungsschiefe an diesen Blättchen radial wandernd.
Genauere Bestimmung erlaubt die Kleinheit der Individuen nicht,
doch kann man vermuten, dass die Zeolithe zur Gruppe von Des-
min, Brewsterit oder Thomsonit gehören.

Ferner ist die Grundmasse unterbrochen durch grössere isotrope, schwach lichtbrechende Körner, welche jedoch gewöhnlich
teilweise erfüllt sind von winzigen, nicht näher bestimmbaren Körnchen von der Licht- und Doppelbrechung der Zeolithe. Diese isotropen Körner sind oft schlauchförmig in die Länge ausgezogen
und von beträchtlicher Längenausdehnung. An dem einen Ende
einer dieser lang ausgezogenen Partien wurde ein Durchschnitt
beobachtet, welcher nicht vollkommen isotrop war, sondern ausserordentlich geringe Doppelbrechung zeigte mit gleichzeitigem Erscheinen einer sogenannten Felderteilung. D. h. der Schnitt war
in eine Menge Felder von verschiedener Auslöschung eingeteilt.
Dies lässt mit grosser Wahrscheinlickkeit auf Analcim mit optischer Anomalie schliessen.

Ob dieser Analcim eine Pseudomorphose nach Orthoklas oder
nach Nephelin oder vielleicht nach Leucit ist, lässt sich nicht mehr
entscheiden, da keine Krystallformen an den Durchschnitten zu erkennen sind.

Die hier beschriebenen, sowohl als Einsprenglinge als auch
in der Grundmasse vorkommenden Partien von Analcim und von
anderen Zeolithen, erinnern an Erscheinungen, welche N. V. Us-
SING [1] in den schwarzen oder grünen im Nephelinsyenite von Grönland auftretenden und von ihm als Grenzbildungen bezeichneten
Gesteinen beschreibt. Auch in diesen Gesteinen macht sich eine
»intensive Zeolithbildung« geltend, wobei der Analcim den weit
überwiegenden Teil der gebildeten Zeolithe ausmacht. Er ist nach
USSING nicht allein eine Umbildung nach Nephelin und Leucit, son-

---

[1] N. V. USSING. Nogle Graensefaciesdannelser af Nefelinsyenit. Del 14
skandinaviske Naturforskermöde. pag. 3.

dern auch nach Mikroklin und Albit, ja sogar nach Eudialyt. Pseudomorphosen von Analcim nach Leucit sind ausserdem mit grosser Sicherheit zu erkennen; sie zeigen Ikositetraederform sowie auch häufig die zonar verteilten Interpositionen, wie sie für Leucit characteristisch sind. In dem Tinguáite vom Njurjawrpachk lässt sich dagegen eine Pseudomorphose nach Leucit nur vermuten, nicht bestimmt nachweisen.

Eine von D:r K. KJELLIN ausgeführte Analyse des Tinguáites von Njurjawrpachk ergab folgende Resultate, welche hier unter N:o I angegeben sind:

	I	II	III
Si O_2	54.46	54.04	52.91
Ti O_2	Spur	—	—
Al_2 O_3	19.96	20.27	19.49
Fe_2 O_3	2.34	4.66	4.78
Fe O	3.33	0.64	2.05
Ca O	2.12	2.75	2.47
Sr O	—	—	0.09
Mg O	0.61	0.16	0.29
Mn O	Spur	—	0.44
K_2 O	2.76	6.79	7.88
Na_2 O	8.68	8.56	7.13
H_2 O	5.20	1.93	1.19
Cl	—	—	0.53
SO_3	—	—	0.52
	99.46	99.80	100.25 [2]

Zum Vergleiche sind die Analysen der Leucittinguáite von Magnet Cove [1] in Arkansas beigefügt (N:o II u. III). Diese Leucittinguáite enthalten keinen ursprünglichen Leucit mehr, sondern nur Pseudoleucite. Diese letzteren unterscheiden sich jedoch wesentlich von den vermutlichen Leucitpseudomorphosen des Tinguáites von Njurjawrpachk sowie von denen der grönländischen Gesteine, da sie nicht aus Analcim, sondern in einer Ausfüllung durch

---

[1] J. F. WILLIAMS, a. a. O.

[2] Incl. 0.48 % nach dem Schmelzen mit $KHSO_4$ in kaltem Wasser unlösl. Erden.

hauptsächlich Orthoklas und Nephelin nebst zuweilen Pyroxen, also
durch nephelinsyenitische Substanz, bestehn. Sie kommen sowohl
als grosse Einsprenglinge sowie auch als Bestandteile der Grundmasse vor. Von gleicher Zusammensetzung sind die von E. HUSSAK [1]
beschriebenen Leucitpseudokrystalle der Tinguáite der Serra de
Tinguá in Brasilien, die von F. GRAEFF [2] als Einschlüsse von Nephelinsyenit im Tinguáite gedeutet werden.

b) Die Tinguáite vom Njorkpachk.

Diese Tinguáite sind durch zwei verschiedene Arten repräsentiert. Beide besitzen eine makroskopisch dichte graugrüne
Grundmasse; die eine Art enhält in dieser Grundmasse nur sehr
kleine Einsprenglinge von weissem glasigen Feldspath, weissgrauem,
zuweilen gelblichen Nephelin und schwarzen Pyroxennädelchen,
während die zweite Art durch auffallend grosse und zahlreiche
Orthoklaseinsprenglinge characterisiert ist.

Die erstgenannte Art lässt ausser den kleinen bereits
aufgezählten Einsprenglingen noch hier und da kleine dunkle Glimmerblättchen makroskopisch erkennen. Bei mikroskopischer Untersuchung erkennt man, dass die makroskopisch dichte Grundmasse holokrystallin ist und sich hauptsächlich aus Pyroxen,
Feldspath und Nephelin zusammensetzt.

Der Pyroxen bildet in derselben Weise wie in der Grundmasse des Tinguáites vom Njurjawrpachk ein Gewebe von ausserordentlich zahlreichen kleinen hellgrünen Nädelchen, welche
bis zu mikrolithischer Kleinheit herabsinken. An den Rändern
der in der Grundmasse eingebetteten Einsprenglinge häufen sie
sich gewöhnlich zu dichteren Massen an, doch ist im Allgemeinen
das Gewebe weniger dicht als bei dem erst beschriebenen Tinguáite, auch ist die Fluidalstructur bei weitem nicht so scharf ausgeprägt, sondern nur andeutungsweise vorhanden. Die Mehrzahl

[1] E. HUSSAK, Über Leucit-Pseudokrystalle im Phonolith (Tinguáit) der
Serra de Tinguá. N. Jahrb. f. Min. 1890, I. pag. 166.
[2] F. Fr. Graeff, N. Jahrb. f. Min. 1887, II. pag. 222.

dieser Nädelchen löschen ungefähr parallel aus und haben die
Längsrichtung $= a$ und sind als Ägirin zu deuten. Ein Teil derselben zeigt jedoch eine grössere Auslöschungsschiefe, wobei a am
nächsten der Längsrichtung liegt, und muss als Ägirin-augit angesehn werden.

Der Feldspath der Grundmasse ist zum grössten Teile Orthoklas, der in kleinen idiomorphen Leistchen, welche in der Regel
nach dem Karlsbader Gesetz verzwillingt sind, ausgebildet ist.
Diese Leistchen liegen nach allen Richtungen durcheinander und
sind über die ganze Grundmasse gleichmässig verbreitet. Neben
dem Orthoklase findet sich auch vielfach Plagioklas, welcher an
der durch strichweise wandelnde Auslöschungsschiefe wahrnehmbaren polysynthetischen Zwillingsstreifung zu erkennen ist.

Der Nephelin scheint in grosser Menge in hypidiomorphen
Individuen vorhanden zu sein.

'Feldspath und Nephelin beherbergen Einschlüsse von Pyroxennädelchen.

Als Zersetzungsprodukte von Feldspath und Nephelin treten
Zeolithe auf. Dieselben sind in Blättchen angeordnet und zeigen
keine Krystallflächenbegrenzung, aber man kann an ihnen beobachten, dass immer die Richtung parallel ihrer Längsrichtung
$= a$ ist, wobei die Auslöschungsschiefe ungefähr parallel verläuft. Genaueres liess sich über die Natur dieser kleinen Blättchen nicht ermitteln.

Ausser den hier genannten Zeolithen scheint auch Analcim
als secundäres Gebilde vorzukommen. Darauf deuten die scheinbar isotropen Schnitte eines sehr schwach lichtbrechenden Minerales hin, welche sich unter dem Gypsblättchen betrachtet als unbedeutend doppelbrechend erweisen. Auch eine »Felderteilung«
konnte unter gekreuzten Nicols vereinzelt wahrgenommen werden.
Das Mineral ist vollkommen allotriomorph und voll von Einschlüssen der Pyroxennädelchen und von Feldspathsleistchen.

Ausserdem findet sich als secundärer Gemengteil in der
Grundmasse spärlich Calcit vor.

Die in dieser Grundmasse eingebetteten Einsprenglinge
erwiesen sich mikroskopisch als aus Pyroxen, Olivin, Glimmer,
Feldspath und Nephelin bestehend.

Der Pyroxen ist hauptsächlich Ägirin-augit. Die gut idiomorphen grösseren Krystalle sind sowohl seitlich durch Prisma
(∞ P) und Orthodoma (∞ P $\tilde{\infty}$), wobei die letztere Form herrschend
ist, als auch terminal durch P begrenzt. Die Individuen sind im
durchgehenden Lichte hellgrün bis farblos, wobei ein nicht sehr
starker, aber mehr oder weniger deutlicher Pleochroismus zu bemerken ist:

$$\mathfrak{a} \underset{\text{hellgrün}}{=\!=\!=} \mathfrak{b} \qquad > \qquad \mathfrak{c}$$

hellgelblichgrün.

Die der Längsrichtung am nächsten liegende optische Rich-
tung ist $\mathfrak{a}$; die zufälligen Auslöschungswinkel sind meist gross, bis
zu 35°. Die Auslöschungsschiefe ist bei sehr vielen Individuen
wandelnd und die Auslöschung ist zuweilen nicht ganz vollständig,
was vermutlich durch sehr zarte idiomorphe Schichtung bedingt
ist. Dieser Ägirin-augit ist stets von einem dunkler grünen äusseren Rande von Ägirin rings umgeben.

Stellenweise lassen sich Anhäufungen der Pyroxeneinspreng-
linge zu kleinen Nestern bemerken, welche immer von einem
Bande dicht gehäufter kleiner Pyroxennädelchen der Grundmasse
umgeben sind. In der Regel umgeben die Pyroxenkrystalle an
solchen Stellen ein grösseres Olivinkorn oder mehrere solche.

Diese Olivin-körner zeigen Andeutung zu gut idiomorpher
Begrenzung, es ist die Krystallform nur durch magmatische Corrosion der Ränder etwas verwischt. Sie sind in allen Richtungen
von Rissen durchzogen, an welchen sich häufig braune Glimmerblättchen angesammelt finden. Auch um die Olivinkörner herum
finden sich vielfach Glimmerblättchen zwischen den Pyroxenindividuen vor. Es ist offenbar, dass der Glimmer aus den resor-
bierten Olivinen hervorgegangen ist. Kleine, meist vierseitig begrenzte Körnchen von Eisenerz, wahrscheinlich Magnetit, sind im
Olivin in geringer Menge eingeschlossen. — Zuweilen erscheinen die
Olivinkörner auch ohne die Umgebung der Pyroxennester, nur von

Glimmerblättchen umringt, ja auch ohne die letzteren in der Grundmasse eingesprengt. Der Olivin ist ein sonst in den Tinguaiten
nicht beobachteter Gemengteil, er gehört unstreitig zu den ältesten
Gebilden des Magmas und die besprochenen Nester dürften wohl
als eine Art basischer Ausscheidung mit den Olivinknauern der
Basalte und anderen älteren Ausscheidungen in Eruptivgesteinen
der Art nach verwandt sein.

Im Allgemeinen ist der Olivin sehr frisch, doch wurden in
einem Dünnschliffe zwei nebeneinander liegende Körnchen beobachtet, welche vollständig in Eisenerz und Chlorit umgewandelt
waren. Der Chlorit gab sich zu erkennen durch eine geringe Licht-
und sehr schwache Doppelbrechung sowie durch seine hellgrüne
Farbe. Es war auch ein schwacher Pleochroismus wahrnembar:
$b = c =$ grün und $a =$ gelblich. In den Spalten dieser umgewandelten Körner waren Glimmerblättchen eingeschaltet.

Der Glimmer ist kein sehr häufiger Gemengteil. Er tritt
meist nur in der oben beschriebenen Weise secundär nach Olivin
auf, zuweilen aber auch in wahrscheinlich primären vereinzelten Individuen, die auch makroskopisch erkennbare Grösse erreichen.
Seine Farben sind $c =$ schmutzig braun und $a =$ hellgelb. An einem Querschnitte mit sich unter 120° schneidenden Krystallkanten
trat im convergenten Lichte die negative Bissectrix mit einem sehr
kleinen Axenwinkel aus, während die Dispersion $\varrho < v$ war. Die
Axenebene lag senkrecht zu einer Krystallkante. Einige vom Handstücke abgelöste Spaltblättchen, welche im convergenten Lichte untersucht wurden, liessen sämtlich eine negative Bissectrix mit sehr
kleinem Axenwinkel austreten. An einem dieser Spaltblättchen
waren in gleicher Weise wie am Querschnitte im Dünnschliffe Krystallkanten sichtbar, und auch hier verlief die Axenebene senkrecht
zur Symmetrieebene. Daraus geht hervor, dass hier ein Glimmer
der 1. Art, Anomit, vorliegt.

Der Glimmer scheint jünger zu sein als die Pyroxeneinspreng-
linge, da er von ihnen in der Form beeinflusst wird. In der Grundmasse finden sich stellenweise längliche, von einem Pyroxenkranze
umgebene Glimmerindividuen eingebettet, die ein wenig gebogen

sind. Es ist diese Erscheinung wahrscheinlich als eine Folge von fluidaler Bewegung des Magmas anzusehn.

Die ziemlich zahlreichen Einsprenglinge von Orthoklas bilden idiomorph ausgebildete Durchschnitte. Sie sind meist recht frisch und oft einschlussfrei. Wenn Einschlüsse vorhanden sind, sind es meist winzige Ägirinnädelchen.

Durch Behandlung mit HCl wurde nachgewiesen dass ein Teil der farblosen Einsprenglinge Nephelin ist.

Orthoklas und Nephelin finden sich zuweilen in Zeolithe umgewandelt. Stellenweise ist die Umwandlung so weit vorgeschritten, dass das Individuum vollständig ausgefüllt ist von winzigen Körnchen mit der Licht- und Doppelbrechung der Zeolithe, so dass seine ursprüngliche Natur nicht mehr zu erkennen ist. Zuweilen bemerkt man, dass der ganze Rand eines der im durchfallenden Lichte farblosen Einsprenglinge erfüllt ist von kleinen prismenförmigen Kryställchen, die meist senkrecht zur Kante stehen oder auch fächerförmig angeordnet sind. Es besitzen diese Kryställchen parallele Auslöschung, die Licht- und Doppelbrechung des Natrolithes, und die Längsrichtung ist positiv. Es liess sich jedoch nicht entscheiden, ob sie Natrolith oder Hydronephelit sind.

Der Titanit ist nicht reichlich vorhanden. Er zeigt in den Durchschnitten meist Couvertform mit Zwillingsbildung. Noch spärlicher ist Apatit vorhanden, der in dicken, kurzen Nädelchen und in sechsseitigen Querschnitten erscheint.

Der Kieselsäuregehalt dieses Gesteines wurde von K. KJELLIN auf 50.04 % bestimmt. Diese niedrige Procentzahl scheint mir darauf hinzudeuten, dass hier ein mehr basisches Glied der Tinguaitfamilie vorliegt, was sich mineralogisch durch den grossen Reichtum an Pyroxen sowie auch durch das Vorhandensein von Olivin ausdrückt. Da im Übrigen jedoch die Zusammensetzung, besonders die der Grundmasse eine tinguaitische ist, so scheint mir eine Abscheidung dieses Gesteines als einer besonderen Art nicht nötig. Es möge jedoch dasselbe als olivinführender Tinguait characterisiert sein.

Die zweite Art der Tinguaite von Njorkpachk enthält ausser den bereits genannten reichlichen grossen Einsprenglingen von Feldspath noch Körner von Nephelin, braune Titanitkryställchen und schwarze Pyroxennädelchen, welche sich makroskopisch gut erkennbar von der dichten grünen Grundmasse abheben. Die zahlreichen grossen Einsprenglinge von Feldspath verleihen dem Gesteine schon makroskopisch ein durchaus porphyrisches Aussehn. Es könnte daher das Gestein als Tinguaitporphyr bezeichnet werden, obgleich dieser Name in sofern uneigentlich ist, als ja alle Tinguaite sich mikroskopisch als porphyrisch struiert erweisen.

Die Feldspathseinsprenglinge sind von grauer und grüngrauer Farbe und bilden grosse Tafeln und Leisten, deren grösste über 2 cm lang sind. Die breiten Flächen der Tafeln sind parallel der Spaltfläche M (010).

Im Dünnschliffe erscheinen die Durchsnitte gut idiomorph und scharf abgegrenzt von der Grundmasse. Zum grossen Teil sind die Individuen reiner Orthoklas ohne Verwachsungen, oft aber erkennt man in ihnen auch mikroperthitische Verwachsung mit einem stärker doppelbrechenden Feldspathe. An einem nach der Fläche M geschliffenen Spaltblättchen hatte der schwächer doppelbrechende Teil (Orthoklas) eine Auslöschungsschiefe von $7°$ zu den Spaltrissen, während der stärker doppelbrechende eine solche von $19°$ aufwies. Der letztere ist also Albit. An einem anderen dünngeschliffenen Spaltblättchen nach P war nur ein Feldspath zu erkennen. Die Auslöschung war parallel den Spaltrissen, und im convergenten Liebte trat keine Bissectrix aus.

Zwillingsbildung ist in der Regel an diesen Orthoklaseinsprenglingen nicht zu erkennen, an einem der Durchschnitte wurde jedoch eine solche nach dem Gesetze von Baveno beobachtet. Es war dieser Schnitt auch dadurch noch sehr interessant, dass er eine eigentümlich zonare Anordnung des mikroperthitisch mit dem Orthoklas verwachsenen Albites erkennen liess. Fig. 2 auf Tafel XVIII veranschaulicht diese Erscheinung.

Die Orthoklaseinsprenglinge zeichnen sich durch ihre grosse Frische aus, doch sind sie zuweilen von Rissen durchzogen, in welchen sich nicht näher bestimmbare Zeolithbildungen und auch Ägirinsubstanz in schmalen Streifen ausgebildet vorfinden. Mehrere an einander liegende Körner von Orthoklas umschliessen zuweilen kleine in polysynthetischen Zwillingslamellen angeordnete Plagioklas-leistchen. Einschlüsse von anderen Mineralien, wie Titanit und Pyroxen, finden sich nur selten vor.

Orthoklaseinsprenglinge fehlen keinem der bisher bekannten Tinguaite, wenn sie zuweilen auch nur mikroskopisch sind. So gross und so zahlreich, wie sie hier vorkommen, sind sie mir nur von einem Tinguaite der Foya bekannt, der von L. VAN WERVEKE beschrieben worden ist [1] und den auch ich auf einer im Herbste 1893 unternommenen Reise daselbst antraf.

Der Nephelin ist als Einsprengling makroskopisch gut erkennbar und erscheint in grossen fettglänzenden graugrünen Körnern mit muschligem Bruche. Er steht an Menge bei weitem dem Feldspathe nach, auch sind die Körner kleiner als die des letzteren. Dass wirklich Nephelin vorliegt, wurde durch Behandlung mit Salzsäure nachgewiesen, denn feingepulverte Körnchen des Minerales wurden von der Säure unter Bildung von Gelatine angegriffen. Im Dünnschliffe ist der Nephelin nicht immer leicht vom Feldspathe zu unterscheiden, zumal da er sich auch durch grosse Frische auszeichnet. Er enthält Einschlüsse von Titanit, Pyroxen und Albit.

Die Pyroxen-einsprenglinge sind makroskopisch meist als kleine schwarze Nädelchen erkennbar, zuweilen aber zeigen sie breite pinakoidale Flächen mit terminaler Begrenzung durch $+P$ ($\bar{1}11$). Mitunter finden sich die Nädelchen auch in den grossen Feldspathkrystallen eingestreut.

Im Mikroskope erkennt man, dass der Pyroxen in zwei Arten entwickelt ist. Die gewöhnlichste von beiden ist Ägirin-augit von genau derselben Beschaffenheit, wie er in der ersten Art beschrieben ist, nur dass an den Querschnitten hier die Fläche $\infty P \infty$

---

[1] N. Jahrb. f. Miner. 1880 II. pag. 177 ff.

(010), obgleich nur klein, ausgebildet erscheint. Auch hier finden sich fast immer die randlichen Umwachsungen von Ägirin vor.

Neben dem Ägirin-augit erscheint in einem der Dünnschliffe als zweite Art des Pyroxenes ein stark titanhaltiger Augit, der sich hier zu einem Nestchen von mehreren Individuen zusammengehäuft findet. Bei diesem Augit ist die der prismatischen Spaltbarkeit am nächsten liegende optische Richtung = c, wobei die Auslöschungsschiefe sehr gross ist (an den zufälligen Schnitten bis zu 40°). Wo ein Pleochroismus zu erkennen ist, ist c = graubraun und a = hellviolett. Zuweilen ist die Auslöschung ganz unvollkommen und besteht eigentlich in einem Farbenwandel vom Gelblichen ins Violette. Diese Erscheinung beweist eine starke Bissectricendispersion, welche sich auch im convergenten Lichte bestätigt findet.

Randlich ist der Titanaugit regelmässig von einem Streifen von Ägirin umwachsen, der mit ihm parallel orientiert ist. Der Ägirin hat zuweilen eine wandelnde Auslöschungsschiefe, indem diese nach innen zu grösser wird. Es lässt sich dieser Umstand dadurch erklären, dass zwischen dem randlichen Ägirin und dem inneren Titanaugit sich noch eine Zwischenzone befindet, in wel-cher der Ägirin allmählich in Ägirinaugit übergeht. Als Einschlüsse enthalten sowohl der Titanaugit als der Ägirin-augit Körner von Apatit, Titanit und Eisenerz von winzigen Dimensionen. An dem von den Titanaugitindividuen gebildeten Nestchen finden sich Eisenerz und Biotit ringsum angesammelt vor.

Der Biotit bildet nur einen spärlichen Gemengteil; wo er vorkommt, ist er stets mit den Pyroxeneinsprenglingen vergesellschaftet. Er ist dann entweder in den Pyroxenindividuen eingeschlossen, sie teilweise ausfüllend, oder er bildet zusammen mit kleinen Ägirinnädelchen und Eisenerzkörnern kleine Haufen. Der Pleochroismus des Biotites ist zwischen hellgelb und dunkelbraun, zuweilen findet sich stellenweise rötliche oder grünliche Färbung vor.

Der Titanit bildet braune, keilförmige, gut ausgebildete Kryställchen. Die Form dieser Krystalle ist dieselbe wie die

bei dem Titanite des Haupttypus und des Nephelinporphyrs beschriebene, es sind dieselben prismatisch ausgestreckt, und die
Prismakanten sind durch das Orthopinakoid abgestumpft.

Neben den zu Häufchen angeordneten Biotitblättchen finden
sich zuweilen in grosser Menge winzige Prismen eines gelben
Minerales von recht hoher Licht- und Doppelbrechung vor.
Dieselben sind deutlich pleochroitisch, wobei die positive Längsrichtung hellgelb, die negative Querrichtung citronengelb ist. Die
Auslöschung ist an sämtlichen Prismen parallel zur Längsrichtung.
Diese Eigenschaften sprechen dafür, dass hier Astrophyllit vorliegt, doch gestattet die Kleinheit der Individuen nicht die Feststellung weiterer optischer oder chemischer Eigenschaften.

Als ein äusserst seltener Gemengteil tritt ein braunes, stark
lichtbrechendes Mineral auf, welches vielleicht Granat oder Perowskit ist. Es sind davon nur einige winzige Körnchen im
Dünnschliffe wahrgenommen worden.

Die Grundmasse des Gesteines hat dieselbe Zusammensetzung wie in der ersten Art der Tinguáite von Njorkpachk, nur
sind hier die Ägirinnädelchen im Allgemeinen etwas grösser und
weniger dicht angeordnet. Dagegen ist die Fluidalstructur ausserordentlich schön ausgebildet.

II. Gesteine aus der Reihe der Theralithe und Monchiquite.

1. Der Theralith.

Auf der Höhe (c:a 700 m über dem Imandra) des westlichen
der beiden das Tachtarwumthal im Norden abschliessenden halbkreisförmigen Pässe wurde von uns eine grössere ungefähr parallel zur Bankung des Nephèlinsyenites gelagerte Partie von Theralith angetroffen. Dieses Gestein setzte die Bergwände zu beiden
Seiten des Passes zusammen, doch konnten wir die ganze Breite
und Ausdehnung desselben sowohl wegen der zur Zeit noch reichlich das Gestein bedeckenden Schneemassen als auch wegen der
in grosser Menge lose herumliegenden, das anstehende Gestein

verdeckenden Blöcke nicht ermitteln. Es liess sich daher auch nicht bestimmt feststellen, ob diese Gesteinspartie als ein parallel zur Bankung streichender Lagergang oder als eine basische Ausscheidung von grösserer Ausdehnung aufzufassen ist.

Mit dem Namen »Theralith« bezeichnet bekanntlich ROSENBUSCH [1]) die abyssische Ausbildungsform derjenigen Eruptivgesteinsreihe, welche chemisch durch einen grossen Gehalt an den Oxyden der zweiwertigen Metalle und zugleich an Alkalien bei niedrigem Kieselsäuregehalt, und mineralogisch hauptsächlich durch die Combination von Kalknatronfeldspath mit Nephelin oder Leucit characterisiert ist, und welche in den Tephriten und Basaniten ihre effusiven Vertreter hat. Wie die nun folgende Beschreibung des vorliegenden Gesteines zeigen wird, entspricht es seinen Eigenschaften nach der hier gegebenen Definition von Theralith.

Es mag hier zuerst die von F. EICHLEITER in Wien ausgeführte Analyse des Gesteines angegeben werden, welcher zum Vergleich diejenige des Theralithes [2] von Martinsdale (Crazy Mountains) in Montana beigefügt ist:

	Theralith von Umptek	Theralith [3] von Montana
$Si O_2$	46.53	43.18
$Ti O_2$	2.99	—
$Al_2 O_3$	14.31	15.24
$Fe_2 O_3$	3.61	7.61
$Fe O$	8.15	2.67
$Mg O$	6.56	5.81
$Ca O$	12.13	10.63
$Na_2 O$	4.95	5.68
$K_2 O$	1.58	4.07
$H_2 O$ . . (Glühv.)	0.20	3.57
$Mn O$	0.22	—
	101.23	99.46
Spec. Gew.	2.96	2.86

[1] H. ROSENBUSCH, Mikroskop. Physiographie II 1887, pag. 247 ff.
[2] J. E. WOLFF, Notes on the petrography of the Crazy Mountains and other localities in Montana Territory. Northern Transcontinental Survey 1885.
[3] WOLFF nennt das Gestein in seiner Beschreibung Tephrit.

Der Theralith vom Umptek ist ein mittel- bis grobkörniges Gestein von gesprenkeltem Aussehen, doch dem Grundtone der Farbe nach dunkel, was von dem reichlichen Gehalte an farbigen Gemengteilen herrührt. Unter den farbigen Mineralien herrscht entschieden ein monokliner Pyroxen vor, welcher in schwarzen glasglänzenden, meist gut idiomorph begrenzten Krystallen [∾ P (110), ∞ P ∞ (100 u. 010), P (111)] mit oft etwas in Folge des Auftretens von Spaltrissen rauher und gefurchter Oberfläche ausgebildet ist. Die Krystalle dieses Pyroxens, welcher sich bei mikroskopischer Untersuchung als Augit erwies, übertreffen an Grösse alle übrigen Bestandteile des Gesteines, so dass in Folge dessen das letztere ein porphyrisches Aussehen erhält. Sämtliche Augitindividuen gebören doch ein und derselben Krystallisationsperiode an. Die Zwischenräume zwischen den stark vorherrschenden und vielleicht $^2/_3$—$^3/_4$ des ganzen Gesteines ausmachenden dunklen Bestandteilen werden durch weissen Feldspath und Nephelin gebildet. Ausser diesen Mineralien erkennt man makroskopisch noch kleine Krystalle eines hellbraunen Titanites und kleine Körnchen von Pyrit.

Die mikroskopische Untersuchung ergab das Vorhandensein folgender Mineralien:

Augit, braune Hornblende, Biotit, Titanit, Eisenerz, Apatit, Feldspath (meist Kalknatronfeldspath), Nephelin, Sodalith und Zeolithe (secundär).

Der Augit ist von allen Mineralien am reichlichsten vorhanden. Er erscheint im durchfallenden Lichte fleischrot gefärbt, nur die Ränder sind oft grün. Pleochroismus ist nicht vorhanden. Spaltrisse nach dem Prisma sind deutlich, ausserdem ist zuweilen eine Spaltbarkeit nach dem Orthopinakoide zu bemerken, welche sich durch vereinzelte, aber deutliche parallele Risse kundgiebt. Die Winkel der Auslöschungsschiefen zur prismatischen Spaltbarkeit sind in den zufälligen Schnitten meist bedeutend, in den grünen randlichen Streifen scheinen sie gewöhnlich noch grösser zu sein als in dem fleischfarbenen Kerne. Die der Längsrichtung nächst liegende optische Symmetrierichtung ist c, dies gilt ebenfalls

für den grüngefärbten Rand. Die Zwillingsbildungen sind die gewöhnlichen nach 100, wobei oft eine Anzahl schmaler Lamellen
in Zwillingsstellung eingeschaltet sind.

Ausserordentlich oft findet sich der Augit mit der braunen
Hornblende verwachsen, so dass diese eine randliche Umhüllung
des Augites bildet, doch ist diese Umhüllung meist nur eine unvoll-
ständige, nicht das ganze Individuum umgebende. Daneben finden
sich auch häufig Fetzen der Hornblende im Augitkerne eingeschlossen.

An sonstigen Einschlüssen beherbergt der Augit häufig Eisenerz, Titanit und Apatit, und zuweilen, wenn auch selten, Feldspath.

Der Augit hat meist sehr gute idiomorphe Begrenzungen,
welche jedoch oft durch Corrosion ein wenig verwischt sind.

Die braune Hornblende ist nach dem Augit der häufigste
der farbigen Bestandteile. Sie erscheint im Dünnschliff gleich wie
dieser gut idiomorph ausgebildet, und hat Krystallbegrenzung sowohl seitlich durch Flächenkanten nach der Prismenzone als auch
durch terminale Flächen. Sie fällt im Dünnschliffe durch ihre satt-
braune Farbe und ihren starken Pleochroismus auf:

$$\mathfrak{a} \quad < \quad \mathfrak{b} \quad < \quad \mathfrak{c}$$

hellgelb mit Stich ins   rotbraun   dunkelrotbraun
Bräunl. od. Grünl.

Die Spaltrisse nach dem Prisma sind sehr vollkommen, die
Auslöschungsschiefen in den zufälligen Schnitten sind alle klein,
$\mathfrak{c} : \mathfrak{c}$ übersteigt nicht 15°.

Als Einschlüsse enthält sie Eisenerz, Titanit, Apatit, Augit
und Biotit.

Der Biotit zeigt in seinen Eigenschaften nichts Aussergewöhnliches. Die Farben sind für $\mathfrak{c} =$ dunkel grünlich braun und
für $\mathfrak{a} =$ hellgelb. Dagegen erregt er Interesse durch die Art seines Auftretens. Er ist in viel geringerer Menge vorhanden als die
beiden oben beschriebenen Silicate, und sein Auftreten ist im Allgemeinen nur auf gewisse Stellen beschränkt. Derartige Stellen
finden sich stets in unmittelbarer Nähe von grösseren Augit- und
Hornblendeindividuen, und es ist hier meist eine grosse Menge von

Biotit zusammengehäuft, dessen von parallelen Kanten begrenzte Individuen wirr durcheinander liegen. Diese Anhäufungen umschliessen oft einen Kern, bestehend aus einer grossen Anzahl winziger unregelmässig begrenzter Augitkörnchen, welche den Eindruck machen, der Rest eines durch Resorption teilweise zerstörten Individuums zu sein. Zwischen den Augitkörnchen finden sich häufig kleine Biotitblättchen eingestreut. Grössere Augitteilchen finden sich auch zwischen den den Kern umgebenden Biotitblättchen eingelagert, ebenso auch Eisenerz, Titänit und braune Hornblende. Fig. 1 auf Taf. XVII giebt ein Bild dieses Chaos von Krystalltrümmern, welches an Hornfelsstructur erinnert.

Derartige fleckenweise verteilte Anhäufungen von Biotitblättchen um einen Kern von allotriomorphen Augitkörnchen kommen auch, wie ich mich an Dünnschliffen überzeugen konnte, in dem von J. H. Sears [1] beschriebenen »Essexit« genannten basischen Gesteine vor und sind den im Theralith vom Umptek beobachteten täuschend ähnlich. Der Essexit tritt in dem Gebiete von Salem zusammen mit dem Nephelinsyenite auf und hat einen gabbroiden Habitus.

Eine weitere interessante Art des Auftretens des Glimmers in unserem Theralith besteht darin, dass er öfters sich local stark angehäuft findet in kleinen nadelförmigen Durchschnitten und skelettartigen Gebilden, welche Einschlüsse in den grossen Augitindividuen bilden. Die kleinen Nadeln sind in allen Richtungen angeordnet, und die skelettförmigen zusammenhängenden Partien von gleich orientierter Glimmersubstanz bilden eine Art von poikilitischer Verwachsung mit dem Augit, in welchem sie sich eingeschlossen finden. Es zeigt diese Erscheinung, dass die Krystallisation des eingeschlossenen Glimmers früher begonnen hatte als die des Augites, doch war sie noch nicht vollendet, als die Augitindividuen in raschem Wachstum sich zu bilden begannen, wodurch zeitweise die Ausbildung beider Mineralien gleichzeitig vor sich ging.

---

[1] J. H. Sears, The Bulletin of the Essex Institute Vol. XXIII. Salem 1891.

Der Biotit kommt auch, obgleich nicht sehr häufig, in einzelnen grösseren Individuen vor und dann meist als Einschluss in
der braunen Hornblende. Der Biotit seinerseits enthält Einschlüsse
von Eisenerz und Titanit.

Unter den farblosen Gemengteilen nimmt der Feldspath
den ersten Platz ein. Er scheint zum grössten Teile Kalknatronfeldspath, der Oligoklas- und Andesinreihe angehörend, zu sein;
daneben kommt jedoch auch reichlich Albit vor. Das specifische
Gewicht der Hauptmasse des Feldspathes schwankt zwischen 2.65
und 2.68, und mikrochemisch wurde der Gehalt an Natron und Kalk
an isolierten Körnchen nachgewiesen, wobei der erstere Bestandteil vorherrschend war. Unter dem Mikroskop macht der Feldspath
nicht sofort den Eindruck eines Plagioklases, da die polysynthetische Zwillingsstreifung in der Regel nur undeutlich ist und sich
hauptsächlich durch eine strichweise wandelnde Auslöschungsschiefe
zu erkennen giebt. Häufig fehlt auch diese schwach erkennbare
Viellingsstreifung ganz, dagegen sind die Individuen oft nach dem
Karlsbader Gesetze verzwillingt und haben das Aussehn von Orthoklas. An einigen zufälligen Schnitten, welche ungefähr der Fläche
M (010) entsprachen, betrugen an diesen Individuen die Auslöschungsschiefen zu den Spaltrissen zwischen $+18°$ und $+20°$, und
es sind daher diese Feldspathindividuen nicht Orthoklas, sondern
Albit. In einem der Dünnschliffe fanden sich im Albit auch stellenweise Partien eines schwächer doppelbrechenden Feldspathes mikroperthitisch verwachsen vor, dessen Auslöschungsschiefe an einem
Schnitte, ungefähr parallel M, 5° betrug. An einigen anderen einheitlich zusammengesetzten Schnitten nach M wurde dieselbe geringe Auslöschungsschiefe beobachtet, was wohl auf das Vorhandensein von Orthoklas oder Mikroklin hindeutet. Dies scheint um
so wahrscheinlicher, als ein geringer Teil der isolierten Feldspaths-
körnchen ein specifisches Gewicht von weniger als 2.57 besass.

Die Individuen des Feldspathes zeigen Neigung zu Idiomorphismus und sind in der Regel in Leistenform ausgebildet.

Es hat der Feldspath grosse Ähnlichkeit mit dem des Theralithes von Montana. Nach Rosenbusch [1], welcher die Beschreibung von J. E. Wolff [2] zu Grunde legt, zeigt er »verhältnissmässig selten die Viellingsstreifung, und dann ist diese meistens sehr zart; Zwillingshalbirung ist häufiger. Dass jedoch der Feldspath nicht Orthoklas, oder doch seiner Hauptmasse nach nicht Orthoklas sei, wurde durch das spec. Gewicht und mikrochemische Reactionen am isolierten Pulver nachgewiesen. Derselbe ist z. Th. sicher Kalknatronfeldspath.«

Der Nephelin ist in dem Gesteine nicht reichlich vertreten. Makroskopisch ist er in kleinen unregelmässig begrenzten grauen fettglänzenden Körnchen erkennbar. Im Dünnschliffe konnte er nur durch Behandlung mit Salzsäure seiner Menge nach sicher nachgewiesen werden. Doch unterscheiden sich viele seiner Schnitte für das Auge schon durch geringere Doppelbrechung vom Feldspathe. Schwache parallele Spaltrisse, zu denen die Auslöschung parallel ist, lassen sich zuweilen beobachten. Er zeigt weniger oft als der Feldspath Andeutung zu Idiomorphismus. Im Ganzen ist das Mineral sehr frisch. Es enthält sehr oft Einschlüsse von kleinen Apatitkrystallen und auch Flüssigkeitseinschlüsse.

Das dritte der farblosen Minerale ist der Sodalith. Dieses Mineral ist nur spärlich vorhanden; es ist meist allotriomorph, nur an ein Paar Individuen wurde Krystallbegrenzung beobachtet, welche die Form eines Rhombus hatte. Der Sodalith zeichnet sich durch seinen isotropen Character, seine geringe Lichtbrechung und durch grossen Reichtum an Flüssigkeitseinschlüssen aus. Diese letzteren sind kettenförmig angeordnet und durchziehen in allen Richtungen den Krystall. Chemisch wurde die Probe nach dem von A. Osann [3] angegebenen Verfahren mit Essigsäure und Chlorbarium gemacht. Das Mineral überzog sich hierbei nicht mit einem Niederschlage von $BaSO_4$, sondern verblieb durchsichtig.

---

[1] Mikroskopische Physiographie II. 2. Aufl. 1887 pag. 250.

[2] Notes on the petrography of the Crazy Mountains and other localities in Montana Territory. Northern Transcontinental Survey 1885.

[3] A. Osann, Über ein Mineral der Nosean-Hauyn Gr., N. J. 1892. I pag. 222.

Als characteristischer accessorischer Gemengteil ist der Titanit ziemlich reichlich vorhanden. Er erscheint in idiomorph ausgebildeten, oft recht grossen Individuen in der gewöhnlichen Couvertform und zeigt auch im Übrigen nichts Aussergewöhnliches in
seinen Eigenschaften.

Eisenerz findet sich sehr reichlich vor. Seine Körner sind
oft von einem Titanitkranze umgeben.

Der Apatit findet sich in kleinen Prismen und sechsseitigen
isotropen Durchschnitten als sehr häufiger Einschluss in den übrigen Mineralien.

Zuweilen, wenn auch sehr spärlich, kommen Zeolithbildungen nach Feldspath, Nephelin und Sodalith vor. Eine genaue Feststellung der Natur der Zeolithe war wegen der Spärlichkeit und
geringen Grösse der Individuen nicht möglich. Wo diese Andeutung zu Krystallform besassen, war die Längsrichtung negativ
und die Auslöschung ungefähr parallel.

Die Krystallisationsfolge der das Gestein zusammensetzenden
Mineralien scheint folgende zu sein: Eisenerz, Apatit, Titanit, Augit, Biotit, Hornblende, Feldspath, Eläolith, Sodalith. Da die Mehrzahl der Gemengteile idiomorph sind oder doch wenigstens Andeutung zu Idiomorphismus besitzen, so entsteht hieraus für das
Gestein eine panidiomorph- bis hypidiomorph-körnige Structur. Das
Gestein ist überaus frisch und zeigt sehr wenig Merkmale von Verwitterung.

Das auch in anderen Nephelinsyenitmassiven der Theralith auftritt, beweist z. B. das Vorkommen von Montreal in Canada, wo
er bekanntlich eine grosse Ausdehnung besitzt. Durch das Stu-
dium von Dünnschliffen des dortigen Theralithes konnte ich erkennen, dass dieses Gestein grosse Ähnlichkeit mit dem Theralith vom
Umptek zeigt. Es treten hier Augit und braune Hornblende von
gleichem Aussehen und in gleicher Weise auf. Der Feldspath zeigt
jedoch die polysynthetische Zwillingslamellierung mit weit grösserer Deutlichkeit. Ausserdem enthält dieses Gestein reichlich Olivin, wogegen es ärmer an Titanit ist. Der Olivin hat nur den
Character eines accessorischen Gemengteiles. Wollte man jedoch

ebenso, wie es bei den dem Theralithe entsprechenden Effusivgesteinen geschehen ist, eine Einteilung nach dem vorhandenen oder fehlenden Olivine vornehmen, so würde der Theralith von Montreal als das dem Basanite und der Theralith von Umptek als das dem Tephrite entsprechende Tiefengestein zu bezeichnen sein.

Mit dem Nephelinsyenit zusammen kommt der Theralith fernerhin noch bei Salem in Massachussets als ältere basische Ausscheidung vor.

2. *Der Monchiquit.*

Dieses Gestein wurde als schmaler Gang unabhängig von der Bankungsrichtung am östlichen Abhange des Wudjavrtschorr am See Wudjavr angetroffen. Es besitzt eine dichte schwarze Grundmasse, in welcher Einsprenglinge von 1—2 mm grossen, grünen bis bräunlichen Olivinkrystallen und ca. 1 mm langen schwarzen Augitnadeln porphyrisch eingestreut sind.

Mikroskopisch wurden ausser Olivin und Augit noch Eisenerzkörnchen in reicher Menge als Einsprenglinge vorgefunden. Diese Gemengteile liegen in einer Grundmasse eingebettet, die aus einem dichten Filz von Mikrolithen, zum grossen Teil winzigen Nädelchen brauner Hornblende, welche durch ein graulich gelbes Glas verkittet sind, besteht. Fig. 2 auf Taf. XVII zeigt einen Durchschnitt dieses Monchiquites.

Der Olivin ist in zahlreichen idiomorphen Individuen von wechselnder Grösse entwickelt (von 3—4 mm bis herab zu $^1/_{16}$ mm). Die Krystallformen (Domen, Pinakoide, Prisma) sind recht gut ausgebildet und nur wenig durch Corrosion verwischt. Meist sind die zufälligen Durchschnitte sechsseitig begrenzt, wobei auch stark in die Länge ausgestreckte Individuen vorkommen. Die Krystalle sind von Rissen durchzogen, aber Spaltrisse sind weniger deutlich zu erkennen. Es sind in der Regel die grössten Individuen die frischesten. Sie zeigen jedoch randlich stets an den Kanten eine Zersetzung in grünlichgelben Blätter- oder Faserserpentin. Oft sind die Serpentinfasern senkrecht zur Krystallkante ausgebildet, es dringt aber auch der Serpentin längs den Rissen

in den Krystall hinein. Daneben findet sich auch Eisenerz in den
Rissen und Spalten der Krystalle. Kleine Individuen des Olivins
sind sehr häufig vollkommen in Serpentin umgewandelt.

Der ungefähr in gleicher Menge wie der Olivin vorhandene
Augit ist ebenfalls in gut idiomorphen Krystallen ausgebildet, wobei die Flächen (110), (100), (010), ($\bar{1}$11) auftreten. Die Korngrösse
schwankt von ca. $^1/_{64}$ bis zu $^3/_4$ mm im Durchmesser. Durch-
wachsungszwillinge nach Doma oder Pyramide sind zu bemerken,
wie sie an basaltischen Augiten vorzukommen pflegen; oft sind
hierbei mehrere Individuen zu Knauern verwachsen.

Im durchfallenden Lichte ist der Augit farblos. Ein zonarer
Aufbau der Krystalle ist sehr häufig zu bemerken und zeigt in
Schnitten nach dem Klinopinakoide keinen parallelen Verlauf, sondern weist hyperbelähnliche Umgrenzungen auf, sodass die soge-
nannte »Sanduhrstructur» entsteht, welche recht oft und deutlich
wahrzunehmen ist.

Wandelnde Auslöschungsschiefe, wobei streng genommen gar
keine Auslöschung, sondern nur ein Farbenwandel stattfindet, ist
eine häufige Erscheinung und mag wohl in dem Titangehalte des
Augites begründet sein, welcher die starke Bissectricendispersion
verursacht. Wo jedoch die Auslöschung deutlich ist, ist ihre
Schiefe fast immer sehr beträchtlich in den zufälligen Schnitten
(bis über 40°).

Die Prismenspaltbarkeit ist nur unvollkommen, wie es auch
oft bei basaltischen Augiten der Fall ist. Der Augit beherbergt
wie der Olivin Einschlüsse von Eisenerz.

Olivin und Augit scheinen der Hauptmenge nach ungefähr
gleichzeitig entstanden zu sein, nur hat die Bildung des Augites
wahrscheinlich früher begonnen, da die Formen der Olivinkrystalle
zuweilen Eindrücke von Augitindividuen zeigen, während das Umgekehrte nicht beobachtet wurde.

Älter als diese beiden Mineralien ist das Eisenerz. Es tritt
in zahlreichen kleinen Individuen auf, welche oft gut krystallographisch begrenzte rechtwinklig vierseitige Durchschnitte bilden. Um

die Eisenerzkörner herum befindet sich fast immer ein Kranz von braungelben Hornblendemikrolithen.

Die Grundmasse des Gesteines hat eine gelbbräunliche Farbe im durchfallenden Lichte. Die sie in grosser Menge durchsetzenden winzigen braunen Hornblendenädelchen, deren grösste bis zu $1/5$ mm Länge erreichen, heben sich wegen der ungefähr gleichen Färbung nur schlecht von der Glasbasis ab und sind nur bei starker Vergrösserung zu bemerken. Der Pleochroismus derselben ist: c = gelbbraun und a = farblos. Stellenweise wurde eine Auslöschungsschiefe $c : c$ = ca. 7° an den zufälligen Schnitten beobachtet.

Ausser den Hornblendenädelchen enthält die Grundmasse sehr reichlich andere winzige, nicht genau bestimmbare Mikrolithe, welche wahrscheinlich aus Augit und zersetztem Olivin bestehen.

Der untersuchte Dünnschliff zeigte den Monchiquit im Contact mit dem von ihm durchsetzten Nephelinsyenite. Natürlich finden sich an der Contactgrenze in dem Monchiquite zahlreiche Teile des Nebengesteines vor, wie Feldspath, Nephelin, Ägirin etc.

Das Gestein hat seinem Mineralbestande und seiner Structur nach grosse Ähnlichkeit mit den basaltischen Augititen und Limburgiten. [1] Der Name »Monchiquit», mit welchem ich dieses Gestein bezeichne, wurde bekanntlich zuerst von H. Rosenbusch auf einen Teil der von Derby gesammelten »basaltischen» Ganggesteine aus dem brasilianischen Eläolithsyenitgebiete in der petrographischen und chemischen Characterisierung angewandt, welche er von dieser Gesteinsart entwarf. [2] Der Name ist der Serra de Monchique in Portugal entnommen, da von diesem Gebiete schon vorher derartige basaltische Ganggesteine [3] mit der Zusammensetzung der als Monchiquite bezeichneten Gesteine bekannt waren.

Die Monchiquite der verschiedenen Fundorte der brasilianischen Gebiete zeigen unter sich mancherlei Verschiedenheiten in-

---

[1] H. Rosenbusch, Mikroskop. Physiographie, II, 2. Aufl. 1887. pag. 812.

[2] M. Hunter u. H. Rosenbusch, Über Monchiquit, ein camptonitisches Ganggestein aus der Gefolgschaft der Eläolithsyenite. Tschermaks Mittheil. XI. 1890. pag. 445.

[3] L. van Werveke, N. Jahrb. für Miner. 1880. II. pag. 141.

ihrer mineralogischen Zusammensetzung, so dass ROSENBUSCH nach diesem Gesichtspunkte unter ihnen folgende hier aufgezählte Arten unterscheidet, ohne jedoch wesentliches Gewicht auf diese Einteilung nach dem Mineralbestande bei der sonst gleichen geologischen Stellung und durchweg gleichen Structur der Monchiquite zu legen:

1. Olivin, Pyroxen und Amphibol in Glasbasis = Amphibol-Monchiquit.   .

2. Olivin, Pyroxen und Biotit in Glasbasis = Biotit-Monchiquit.

3. Olivin, Pyroxen, Amphibol und Biotit in Glasbasis = Biotit-Amphibol-Monchiquit.

Nach dieser Einteilung wäre der Monchiquit vom Wudjavrtschorr im Umptek als Amphibol-Monchiquit zu bezeichnen.

Das spec. Gewicht der Monchiquite ist, wie von ROSENBUSCH nachgewiesen, gewissen Schwankungen ausgesetzt je nach der Menge der vorhandenen Glasbasis, welche natürlich eine Verminderung des Eigengewichtes des Gesteines verursacht. Das spec. Gewicht des Monchiquites von Umptek sei hier zum Vergleich mit den von ROSENBUSCH aufgezählten entsprechenden Ziffern der verschiedenen Monchiquite der brasilianischen Vorkommen zusammengestellt:

Amphibol-Monchiquit von der Santa-Cruz-Bahn . . = 2.728

Biotit-Monchiquit vom Festlande gegenüb. Cabo Frio = 2.809

Monchiquit vom Umptek . . . . = 2.827—2.830

$$\text{Monchiquite der Serra de Tinguá. . . . .} \begin{cases} = 2.904 \\ = 2.909 \\ = 2.914 \\ = 3.017 \\ = 3.077 \end{cases}$$

Dieser Monchiquit tritt zusammen mit einem anderen Ganggesteine auf, welches eine makroskopisch dichte graugrünliche bis bräunliche Grundmasse besitzt, in der zahlreiche kleine in allen Richtungen angeordnete Pyroxenprismen sowie einzelne grössere und kleinere dunkle Glimmerblättchen eingebettet liegen. Die Grundmasse des Gesteines scheint ziemlich stark zersetzt zu sein.

Die mikroskopische Untersuchung ergab, dass das Gestein vorherrschend aus Pyroxen zusammengesetzt ist. Grössere Individuen dieses Pyroxenes liegen in einem Gemenge von sehr zahlreichen kleineren Prismen und Krystallkörnern sowie von kleinen
Nädelchen desselben Minerales, welche bis zu mikrolithischer Kleinheit herabsinken. Es lassen sich zwei Generationen von ein und
demselben Pyroxene unterscheiden. Dieser Pyroxen tritt durchgehend in gut idiomorphen Individuen auf, an den Querschnitten
der grösseren Individuen finden sich in der Regel das Prisma (110)
und das Orthopinakoid (100), zuweilen auch das Klinopinakoid (010)
ausgebildet. Die Farbe des Minerales ist farblos bis grünlich, wobei
ein schwacher, jedoch deutlicher Pleochroismus wahrzunehmen ist:

$$\mathfrak{a} \geq \mathfrak{b} > \mathfrak{c}$$

blass grasgrün   blass gelblich grün

Die Doppelbrechung ist nicht sehr stark, gleich der des Ägi-
rin-augites. Die der Längsrichtung am nächsten liegende optische
Richtung ist $\mathfrak{a}$, wobei die Auslöschungsschiefe sehr gross ist (42° ca.).
Ein feiner zonarer Aufbau der Individuen ist deutlich zu hemer-
ken. Seinen Eigenschaften nach scheint dieser Pyroxen dem Ägirin-
augit abgesehn von der grossen Auslöschungsschiefe am ähnlichsten zu sein.

Stellenweise sind diese Pyroxene von einem sehr schmalen
saftig grünen Streifen von Ägirin randlich umgeben. Der Ägirin
kommt auch in selbständigen kleinen Krystallen hier und da in
geringer Menge vor. Die Füllmasse zwischen den Individuen dieses Pyroxengemenges wird von einer nicht näher zu bestimmen-
den Grundmassensubstanz gebildet, welche ungefähr die schwache
Licht- und Doppelbrechung der Zeolithe oder stellenweise des
Feldspathes besitzt. Man kann keine abgegrenzten Individuen in
dieser Füllmasse erkennen, sondern nur einen Wechsel von ungleich
orientierten Feldern mit wandelnder Auslöschungsschiefe.

Ausser den genannten Bestandsteilen finden sich noch Biotit,
Olivin, Eisenerz und Apatit in dem Gesteine vor.

Der Biotit, welcher rotbraune Farbe besitzt, kommt sowohl in
der Grundmasse in kleinen local angehäuften Blättchen als auch in

einzelnen grösseren Einsprenglingen vor, welche meist in ihrer Form durch den Pyroxen beeinflusst sind. Der Olivin ist in frischen Körnern nicht mehr vorhanden, sondern ist so gut wie vollständig in fasrigen Serpentin umgewandelt. Derartige Pseudomorphosen von Serpentin nach Olivin mit noch erkennbarer Krystallumgrenzung des letzteren finden sich vereinzelt als Einsprenglinge vor. Sehr häufig sind auch in der Grundmasse Anhäufungen kleiner Serpentinflecken zu bemerken, welche als umgewandelte Olivine der zweiten Generation aufzufassen sind. Das Eisenerz findet sich nur in winzigen, meist rechteckigen Durchschnitten im Biotit und in den Olivinpseudomorphosen in geringer Menge eingeschlossen vor und ist wahrscheinlich Pyrit. Der Apatit ist in vereinzelten recht grossen Krystalldurchschnitten zu erkennen.

Die in der Grundmasse des Gesteines als Füllmasse erscheinende unbestimmbare Substanz ist vielleicht als ein Entglasungsproduct aufzufassen. In dem Falle wäre die Zusammensetzung des Gesteines aus hauptsächlich Pyroxen, Olivin, Glimmer und Glasbasis eine monchiquitische. Die Beschaffenheit des Pyroxens jedoch, der so verschieden ist von dem basaltischen Augite des erst beschriebenen Monchiquites, macht die Annahme, dass hier ein Monchiquit vorliegt, unwahrscheinlich. Es mag daher dahingestellt bleiben, wie dieses basische pyroxenitische Ganggestein zu definieren ist, zumal da sich über die Natur der adiagnostischen Grundmasse desselben nichts Sicheres vermuten lässt.

III. Gesteine der Ijolithfamilie.

Der Name «Ijolith» wurde bekanntlich von W. Ramsay dem früher für Nephelinsyenit gehaltenen Gesteine des Berges Iiwaara in Kuusamo in Finnland verliehn. Nachdem die Untersuchung Wiiks [1] ergeben hatte, dass dieser »Nephelinsyenit« keinen Feldspath enthalte, kam Rosenbusch [2] auf die Vermutung, dass das

---

[1] F. I. Wiik, Undersökning af Eleolitsyenit från Iiwaara i Kuusamo. Mineralogiska och petrografiska meddelanden. N:o 39. Finska Vetenskapssocietetens förhandlingar, Bd. XXV. Helsingfors 1883.

[2] Miskroskop. Physiogr. II, 2 Aufl. 1887 pag. 781.

Gestein vielleicht das der Gruppe der Nephelinite entsprechende Tiefengestein darstelle. Die Untersuchungen Ramsays [1] an dem von ihm während der im Iahre 1890 nach dem Iiwaara unternommenen Reise gesammelten Materiale konnten diese Vermutung nur bestätigen und bewogen Ramsay [1], dieses wesentlich aus Nephelin und Pyroxen bestehende hypidiomorph körnige Gestein von der Gruppe der Nephelinsyenite abzuscheiden und mit dem oben genannten Namen zu belegen.

Ausser dem Massive, welches der Ijolith im Iiwaara bildet, ist bisher kein weiteres Ijolithmassiv bekannt geworden. Doch, wie unsere Untersuchungen im Umptek ergaben, kommt daselbst an drei Stellen der Ijolith, d. h. ein vollkommen oder fast feldspathsfreies nephelinführendes Gestein, vor. 1) Im Passe Juksporr zwischen Juksporrlak und Wuennumwum und im nordöstlichen Umptek im unteren Kaljokthal, wo ein nach den bisherigen Untersuchungen reiner (vollkommen feldspathsfreier) Ijolith ein mehrere Meter breites Lager zwischen den Bänken einer mittelkörnigen Varietät (beschrieben pag. 137) bildet. 2) Im westlichen Umptek nahe dem Ufer des Imandrasees durchsetzen an einer Bergwand in der Nähe des Baches Jimjegorruaj Gänge von orthoklasführendem Ijolith den in unmittelbarem Contact mit dem Nephelinsyenite stehenden braunen Hypersthen-Cordierit-Hornfels. Beide Ijolithe besitzen gleich feines Korn und die gleiche dunkelgraue Farbe, welche jedoch beim Ijolith vom Kaljokthal fast schwarz ist. Die Möglichkeit ist nicht ausgeschlossen, dass auch der letzt genannte Ijolith hier und da etwas Orthoklas enthalten könnte, doch hat die bisherige Untersuchung das nicht ergeben.

1) *Der Ijolith vom Kaljokthal.*

Dieses dunkelgraue bis schwarze sehr feinkörnige Gestein zeichnet sich durch ausgeprägte Parallelstructur aus. Es besteht hauptsächlich aus einem Gemenge von graugrünlichem Nephelin und

---

[1] W. Ramsay u. H. Berghell, Das Gestein vom Iiwaara. in Finnland. Geol. fören. i Stockholm förh. bd. 13, 1891, pag. 300.

schwarzem Pyroxen. In diesem Gemenge zeichnen sich hie und da einige der Nephelinindividuen durch ihre Grösse vor den andern aus, und stellenweise finden sich auch winzige braune Biotitblättchen vor.

Mikroskopisch konnten folgende Mineralien festgestellt werden: Nephelin, Pyroxen, Biotit, Titanit und Magnetit; fernerhin noch Analcim und Natrolith, welche ich für secundäre Bildungen halte.

Der Nephelin tritt in allotriomorphen Körnern auf von im Allgemeinen ziemlich gleichmässiger Grösse. Man bemerkt öfters an ihm parallele Spaltrisse, zu welchen die Auslöschung parallel ist. Flüssigkeitseinschlüsse sind oft zu bemerken, ebenso Einschlüsse der übrigen Mineralien. Obwohl im Allgemeinen sehr frisch, wie überhaupt das ganze Gestein, ist der Nephelin stellenweise in einen Zeolith umgewandelt. Dieser zeichnet sich durch eine höhere Doppelbrechung aus und ist oft faserig oder radial angeordnet, sodass ein Wandeln der Auslöschungsschiefe entsteht. Wo man einzelne prismatisch ausgebildete Individuen beobachten kann, nimmt man wahr, dass sie parallele Auslöschung besitzen, und dass die der Längsrichtung nächst gelegene optische Symmetrieaxe c ist. Der Zeolith ist wahrscheinlich Natrolith.

Der Pyroxen ist durchweg Ägirin-augit. Auch er ist allotriomorph, besitzt jedoch Andeutung von Krystallformen, besonders von prismatischer Ausbildung. Er ist nächst dem Nephelin das am reichlichsten vorhandene Mineral und steht diesem an Menge kaum nach. Die Farbe ist hellgrün, der Pleochroismus ist ziemlich schwach, wenn auch deutlich:

$$\underline{\mathfrak{a} \quad = \quad \mathfrak{b}} \qquad > \qquad \mathfrak{c}$$
$$\text{grasgrün} \qquad\qquad\qquad \text{gelblichgrün.}$$

Die den Spaltrissen in der Längsrichtung nächst liegende optische Symmetrieaxe ist $\mathfrak{a}$. Die Auslöschungsschiefen in den zufälligen Schnitten sind immer $< 30°$. Häufig ist eine wandelnde Auslöschungsschiefe zu bemerken teils in Folge zonaren Aufbaues, teils durch starke Bissectricendispersion verursacht, bei welcher $c : \mathfrak{a}\varrho < c : \mathfrak{a}v$ zu sein schien.

Zwillingsbildungen nach dem Orthopinakoide sind häufig. — Der Ägirin-augit enthält Einschlüsse von Magnetit, Titanit, Biotit und auch von Nephelin.

Der Biotit ist in zahlreichen Blättchen ohne Krystallform eingestreut und gewöhnlich mit dem Ägirin-augit vergesellschaftet. Es ist schwer zu entscheiden, welches der beiden Mineralien das ältere ist, da zuweilen der Biotit den Pyroxen einschliesst, und zuweilen das Umgekehrte der Fall ist. Die Farbe des Biotit ist rötlich braun, der Pleochroismus deutlich:

$$\underline{\mathfrak{c} \;=\; \mathfrak{b}} \;>\; \mathfrak{a}$$
$$\text{rötlichbraun} \qquad\qquad \text{rötlichgelb.}$$

Es wurden Spaltblättchen aus dem Handstücke losgelöst und im convergenten Lichte betrachtet. Hierbei wurde ein schwarzes Axenkreuz sichtbar, welches bei einigen Exemplaren bei vollständiger Umdrehung des Objecttisches sich überhaupt nicht öffnete, bei anderen wieder sich öffnete und einen kleinen Axenwinkel austreten liess. Die Dispersion der Axen ist $\varrho < v$.

An einem der Spaltblättchen, welches andeutungsweise Krystallbegrenzung zeigte, schien hervorzugehen, dass die Axenebene parallel der Symmetrieebene lag, doch konnte dies nicht mit Sicherheit bestimmt werden. Für Versuche mit Schlagfiguren waren die Spaltblättchen zu klein. Der Biotit enthält Einschlüsse von Magnetit und Titanit, sehr selten auch von farblosen Gemengteilen.

Der Titanit ist sehr zahlreich vorhanden. Vereinzelt erscheint er in vollkommen idiomorphen Krystallen. Gewöhnlich entbehrt er jedoch deutlicher Krystallflächenbegrenzung und zeigt Neigung zu langgestreckten Formen, die unregelmässig begrenzt sind. Zwillinge sind häufig.

Der Magnetit findet sich recht häufig vor.

Ein wasserhelles, schwach lichtbrechendes isotropes Mineral ist stellenweise in grösseren Mengen vorhanden. Es ist vollkommen allotriomorph, äusserst reich an Flüssigkeitseinschlüssen, welche das Mineral reihen- oder kettenförmig in den verschiedensten Richtungen durchziehen. Daneben kommen auch Einschlüsse aller übrigen Gemengteile vor. Dieses isotrope Mineral wurde mit

Essigsäure und Chlorbarium behandelt, wobei sich die Abwesenheit von Schwefelsäure ergab, so dass weder Nosean noch Hauyn vorliegen kann. Ferner wurde auf chem. Wege Na und die Abwesenheit von Chlor nachgewiesen, so dass auch Sodalith ausgeschlossen ist. Daher scheint es wahrscheinlich, dass das Mineral Analcim ist, welches wohl als secundäre Bildung nach dem Nephelin aufzufassen ist.

Die Altersfolge der das Gestein aufbauenden Gemengteile dürfte wohl folgende sein: Magnetit, Titanit, Pyroxen und Biotit, Nephelin und Zeolithe. Da die Gemengteile zum grossen Teil allotriomorph sind mit Ausnahme der teilweise idiomorphen Pyroxene und einiger idiomorpher Titanitindividuen, so kann die Structur des Gesteines wohl als eine im Wesentlichen allotriomorph bis hypidiomorph körnige bezeichnet werden. Die Fluidalstructur ist deutlich ausgeprägt, sowohl makroskopisch in einer an Schiefrigkeit erinnernden parallelen Anordnung der Hauptgemengteile, als auch mikroskopisch an der parallelen Erstreckung der Pyroxen- und der länglich ausgezogenen Titanitindividuen erkennbar. Es ist das die für die Tiefengesteine typische Art von Fluidalstructur, welche die parallele Anordnung der Individuen nur nach *einer* Richtung hin sich vollziehen lässt, ohne das Erscheinen unruhiger, verzweigter und abgebrochener Strömungen, wie sie bei effusiven Gesteinen beobachtet werden. Den fluidalen Erscheinungen dieses Gesteines mag wohl auch eine Begünstigung der magmatischen Corrosion zuzuschreiben sein, welche hier die Krystallformen der Gemengteile verwischt und wohl zum grossen Teile die allotriomorphe Ausbildung derselben verursacht hat.

Die von H. Berghell in Helsingfors ausgeführte Analyse des Ijolithes vom Kaljokthale ist hier unter N:o I angegeben, während unter II die Analyse des Ijolithes vom Iiwaara zum Vergleich beigefügt ist.

	I Ijolith v. Kaljokthal	II [1] Ijolith v. Iiwaara
Si O_2	46.63	42.79
Ti O_2	1.12	1.70
$Al_2 O_3$	15.03	19.89
$Fe_2 O_3$	5.91	4.39
Fe O	5.09	2.33
Mn O	Spur	0.41
Ca O	11.23	11.76
Mg O	3.47	1.87
K_2 O	1.96	1.67
Na_2 O	8.16	9.31
$P_2 O_5$	—	1.70
H_2 O	0.35	0.99
	98.95	98.81

Augenscheinlich herrscht in der Zusammensetzung der beiden Gesteine eine grosse Übereinstimmung, nur hat der Ijolith vom Kaljokthal ein wenig mehr Kieselsäure und weniger Thonerde als der vom Iiwaara. Die im Vergleich zu derjenigen der Nephelinsyenite bei beiden Gesteinen geringe Menge von Kieselsäure und Thonerde ist sowohl durch Fehlen des Feldspathes als auch durch die Anreicherung an Bisilikaten hervorgerufen. Die vollkommene Ersetzung der Feldspathe durch Nephelin erklärt den hohen Gehalt an Natron gegenüber den geringen an Kali. Die Zusammensetzung des reichlich vorhandenen Pyroxenes, der bei beiden Gesteinen eine Mischung von Na- und Ca-haltigen Eisensilikaten bildet, verursacht einerseits ebenfalls ein Anwachsen des Natrongehaltes, andrerseits den für die Ijolithe characteristischen hohen Gehalt an Kalk und an Eisen. Auch der recht reichlich vorhandene Titanit, welcher den verhältnissmässig hohen Gehalt an Ti O_2 erklärt, trägt zur Höhe des Kalkgehaltes bei.

---

[1] W. RAMSAY u. H. BERGHELL, a. a. O. pag. 304.

Der Übereinstimmung in der chemischen Zusammensetzung
entspricht die Ähnlichkeit der Mineralzusammensetzung beider Ijolithe. Beide bestehen wesentlich aus einem Gemenge von Nephelin
und Pyroxen, wobei der Pyroxen des Iiwaaragesteines grosse
Ähnlichkeit mit dem des Gesteines vom Kaljokthal besitzt. Zu
den beiden Hauptgemengteilen gesellt sich bei beiden Titanit,
wogegen die übrigen accessorischen Gemengteile verschieden bei
beiden Gesteinen sind. Der Biotit und Magnetit des Ijolithes vom
Kaljokthal fehlen dem Ijolith vom Iiwaara, dagegen weist der
letztere Apatit und Iiwaarit auf, welche beim ersteren nicht vorhanden sind.

Im Habitus und in der Structur unterscheidet sich das Hauptgestein vom Iiwaara, welches vollkommen grobkörnig ist, wesentlich von dem feinkörnigen, parallel struierten, gangbildenden Ijolithe vom Kaljokthal, doch kommen auch im Massive des Iiwaara
nach RAMSAYS Mitteilungen dunkle feinkörnige Ganggesteine vor,
welche in der Hauptsache dieselbe Mineralzusammensetzung besitzen wie der übrige Ijolith.

2) *Der Orthoklas-führende Ijolith.*

Das Gestein ist dunkelgrau bis schwarz und von feinkörnigem bis dichtem Gefüge. Man unterscheidet makroskopisch in
demselben schwarze Pyroxenindividuen, grüne oder hellgraue fett-
glänzende Nephelinkörnchen und braune Glimmerblättchen, welche
letztere oft ein wenig grösser sind als das übrige Korn. Die vollständige Mineralzusammensetzung, die von derjenigen des Ijolithes
von Kaljokthal manche Abweichungen zeigt, ist nach mikroskopischer Untersuchung folgende, wobei die Gemengteile in der
Reihenfolge des abnehmenden Mengenverhältnisses aufgezählt sind:

Nephelin, Augit, Eisenerz, Perowskit, Biotit, Apatit und Orthoklas.

Die im durchfallenden Lichte farblosen Gemengteile sind fast
ausschliesslich Nephelin. Einer der aus dem Gesteine angefer-

tigten Dünnschliffe wurde mit H C l geätzt, wonach sämtliche farblosen Gemengteile ausser dem Apatit angegriffen waren, so dass, da ihre Eigenschaften im Übrigen mit denen des Nephelins übereinstimmen, kein Zweifel obwalten kann, dass sie sämtlich Nephelin sind. Da jedoch in einem anderen Dünnschliffe sehr vereinzelte farblose Individuen deutlich die zweiaxigen Interferenzbilder des Orthoklases wahrnehmen liessen, mit dem sie auch sonst übereinstimmten, war damit ein, wenn auch nur sehr geringer Gehalt an Orthoklas festgestellt.

Der Nephelin ist gut idiomorph ausgebildet in sechsseitig und vierseitig begrenzten Individuen. Er zeigt nur wenig Einschlüsse von Augit, und ist im Allgemeinen frisch und klar. Doch finden sich auch an einzelnen Stellen zeolithisierte Partien vor. Die Zeolithe bestehen aus winzigen Körnchen und scheinen monoklin zu sein. Weiteres liess sich nicht an ihnen bestimmen.

Der Pyroxen ist ausschliesslich Augit und ist in ungefähr gleicher Menge wie der Nephelin vorhanden. Eine auffallende Eigentümlichkeit für diesen Augit ist seine im durchfallenden Lichte hellgrünlichgelbe Farbe, welche in Folge eines geringen Pleochroismus in der Richtung von $\mathfrak{a}$ = hellgelb und von $\mathfrak{b}$ und $\mathfrak{c}$ = hellgrünlichgelb ist. Die Auslöschungsschiefen $c : c$ sind in den zufälligen Schnitten meist sehr gross, bis zu 45°. — Zwillingsbildungen sind recht häufig, wobei die Verwachsungsebene immer in einem grossen Winkel zur Prismenspaltbarkeit verläuft. Es finden sich auch eingeschaltete Lamellen wiederholter Zwillingsbildung vor. — Der Augit enthält Einschlüsse von Eisenerz und Perowskit. — In Flussäure war der Augit unlöslich, ebenso mit Kaliumbisulfat nicht aufschliessbar.

Der Perowskit. In ausserordentlich reicher Menge finden sich rundliche Körner eines im durchfallenden Lichte hellviolett bis grau gefärbten Minerales von starker Lichtbrechung vor. Das Mineral ist nicht ganz isotrop, sondern fast immer sehr schwach doppelbrechend. Die Körner finden sich gerne zu grösseren Complexen angehäuft und befinden sich fast immer bei den übrigen farbigen Gemengteilen, u. a. Augit und Eisenerz. — Um der

Beschaffenheit dieses Minerales auf den Grund zu kommen, wurde
ein Teil des Gesteines sehr fein pulverisiert, und aus dem Pulver
wurden vermittelst Salzsäure und Flussäure der Augit und das
genannte Mineral isoliert. Die Körner dieser beiden Gemengteile
wurden dann mit saurem schwefelsauren Kalium zusammenge-
schmolzen, und die Schmelze zur Lösung ins Wasser gethan. Sämtliche Augitkörner waren ungelöst geblieben, angegriffen zu sein
schienen die Körner des fraglichen Minerales: sie hatten nicht mehr
eine violette sondern eine braune Farbe. Der im Wasser aufge-
löste Teil wurde nun mit einem Tropfen Wasserstoffsuperoxyd
versetzt, wodurch eine intensive gelbe Färbung eintrat. Diese
Reaction liess das Vorhandensein von Titansäure erkennen. Wahrscheinlich ist daher das fragliche Mineral Perowskit. Für diese
Annahme spricht ferner noch die Thatsache, dass das Mineral beim
Kochen in Salzsäure sich nicht löste; es liegt also kein titanhaltiger Granat vor, der ja in Salzsäure löslich ist.

Das Eisenerz (Magnetit) ist in ungefähr gleich grosser
Menge vorhanden wie der Perowskit, und tritt in derben Massen
und Körnern auf.

Eisenerz und Perowskit gebören zu den ältesten Gemengteilen des Gesteines.

Der Biotit erscheint in grösseren corrodierten Blättchen. Der
Pleochroismus ist der gewöhnliche. Das Mineral enthält Einschlüsse
von Eisenerz, Perowskit und Augit.

Der Apatit ist in einzelnen verhältnissmässig grossen Körnchen vorhanden.

Sämtliche Gemengteile des Gesteines zeigen wenigstens Andeutung von idiomorpher Ausbildung, wobei sie meist corrodiert
sind. Die Structur scheint daher pan- bis hypidiomorph körnig
zu sein; es lässt sich dabei ungefähr folgende Reihenfolge in der
Mineralbildung feststellen: Apatit, Eisenerz, Perowskit, Augit, Biotit, Nephelin und Orthoklas.

Das specifische Gewicht dieses Gesteines wurde mit Thou-
letscher Lösung bestimmt und war etwas höher als 3.15. Eine
chemische Analyse ist leider nicht ausgeführt worden.

J. Fr. Williams [1] beschreibt unter der Bezeichnung Eläolith-glimmer-syenit und Eläolith-granat-syenit Gesteine, welche zusammen mit normalem Eläolithsyenit, Leucittinguait u. s. w. im Gebiete von Magnet Cove in Arkansas auftreten und sich durch einen äusserst spärlichen Gehalt an Feldspath (Orthoklas) und durch sehr reichlichen Eläolith auszeichnen. Die wesentlichen Gemengteile sind ausser Eläolith noch Granat und Pyroxen und auch Glimmer, als accessorische Bestandteile sind Titanit, Apatit und Eisenerze vertreten. Der Granat ist meist Schorlomit und dem Iiwaarit des Ijolithes vom Iiwaara sehr ähnlich. Es haben also diese Gesteine eine gewisse Ähnlichkeit mit den Ijolithen in ihrem mineralogischen Aufbau und sind gleich wie diese Beispiele von orthoklasfreien oder -armen, nephelinführenden, in Begleitung von Nephelinsyenit auftretenden Gesteinen. Sie können jedoch nicht mit den Ijolithen zusammengestellt werden, da sie eine bedeutend abweichende chemische Zusammensetzung besitzen: sie sind beträchtlich kieselsäureärmer und viel reicher an Eisen, Magnesium und Kalk als die Ijolithe, also bedeutend basischere Gesteine als diese.

IV. Der Augitporphyrit.

Am nördlichen Eingange des Kunjokthales befindet sich ganz am Rande der Ebene der Berg Poutelitschorr. An der nördlichen, der Ebene zugekehrten Seite dieses aus Nephelinsyenit zusammengesetzten Berges wurde von W. Ramsay ein augit-porphyritisches Gestein in losen Blöcken angetroffen. Zweifellos haben sich die Blöcke vom Bergabhange losgelöst, und es steht dieses Gestein in unmittelbarer Berührung mit dem Nephelinsyenit, ob als Ganggestein oder als älteres im Contact mit dem Hauptgesteine befindliches Gestein, konnte nicht entschieden werden. Dieser Augitporphyrit besteht aus einer dichten schwarzgrauen Grundmasse, in welcher zahlreiche, mehrere Millimeter lange Augitnädelchen eingesprengt sind.

---

[1] J. F. Williams, The igneous rocks of Arkansas, Annual report of the Geol. surv. of Arkansas. 1890. II. pag. 163.

Die mikroskopische Untersuchung ergab, dass das Gestein
eine hornfelsartige Structur besitzt und aus einer holokrystallinen
von Augit, Plagioklas, Eisenerz und Biotit zusammengesetzten Grundmasse besteht, in welcher zahlreiche grosse Einsprenglinge von Augit und vereinzelte solche von Plagioklas porphyrisch eingestreut sind.

Der Augit erscheint also in zwei Generationen. Die Individuen der älteren Generation, die grossen Einsprenglinge, bilden,
unter dem Mikroskope betrachtet, gut idiomorph ausgebildete Krystalle mit den Formen des basaltischen Augites. Die Krystalle zeigen
jedoch oft mehr oder weniger starke Resorptionserscheinungen, welche weiter unten näher berücksichtigt werden sollen. Sie sind vollkommen farblos, erscheinen jedoch schwarzgrau in Folge davon,
dass sie ganz erfüllt sind von winzigen schwarzen mikrolithischen
Nadeln. Diese Nadeln sind in einer ·Unzahl von Reihen angeordnet, welche parallel den Pinakoiden (100) und (010) mit der Längsrichtung teils horizontal teils vertikal verlaufen.

Im Übrigen zeigt das Mineral alle Eigenschaften des Augites,
die der Vertikalzone am nächsten liegende optische Richtung ist c.

Der Augit der zweiten Generation ist in farblosen allotriomorphen kleinen Körnchen in ausserordentlich reicher Menge
in der Grundmasse eingestreut, so dass er mehr als die Hälfte
derselben bildet. Licht- und Doppelbrechung entsprechen vollkommen denen des Augites; chemisch wurde das Vorhandensein von
Kalk und Thonerde nachgewiesen, und ausserdem das spec. Gewicht an isoliertem Materiale vermittelst Jodmethylen auf 3.3 bestimmt. Es dürfte daher, wenn auch die Kleinheit und Formlosig-
keit der Körner eine Feststellung weiterer optischer oder krystal-
lographischer Eigenschaften nicht gestattet, kein Zweifel obwalten,
dass hier Augit vorliegt.

Der Feldspath ist triklin, die polysynthetische Zwillingsstreifung giebt sich durch strichweise wandelnde Auslöschungsschiefe kund. Aus der sehr leichten Löslichkeit in Flussäure und
den Procentzahlen der Gesteinsanalyse (siehe pag. 193) geht hervor,
dass er Kalknatronfeldspath sein muss. Er ist in der Grund-

masse fast ebenso reichlich vorhanden wie der Augit in teils unregelmässig begrenzten Individuen teils gut idiomorphen Leistchen. Als Einsprengling kommt dieser Plagioklas in etwas grösseren Individuen vor, welche sich hier und da vereinzelt vorfinden
und dann gewöhnlich nesterförmig zusammengehäuft sind.

Der Biotit findet sich in der Grundmasse ziemlich häufig
vor, jedoch in bedeutend geringerer Menge als der Feldspath und
der Augit. Er ist in meist allotriomorphen sehr kleinen Blättchen
ausgebildet, deren Pleochroismus in einem Farbenwandel von hell-
gelbgrau bis gelbbraun und rotbraun besteht. Ausser in der Grundmasse findet sich der Biotit auch in den Augiteinsprenglingen vor,
die Spalten und Risse derselben ausfüllend und sich dadurch deutlich als secundäre Bildung erweisend.

Eisenerz ist in grosser Menge über die Grundmasse und als
Einschluss in den Einsprenglingen in grösseren und kleineren Körnern ausgebreitet. Durch Behandlung mit Salzsäure liess sich das
Vorhandensein von zweierlei Eisenerz feststellen, da ein Teil der
Körner, bestehend aus Magnetit, längere Zeit der Einwirkung
von HCl ausgesetzt, vollkommen gelöst wurde, der andere Teil
dagegen, Titaneisenerz, ungelöst blieb.

Die hornfelsartige Structur des Gesteines giebt sich zu erkennen in dem über den grössten Teil der Grundmasse herrschenden
filzigen Aufbau der Gemengteile, die wie zerrissen und in einander
verwoben erscheinen. Bei der Betrachtung der Grundmasse erkennt man ferner, dass das Korn derselben um die Einsprenglinge
herum in der Regel etwas grösser ist als gewöhnlich. Ganz besonders ist dies da der Fall, wo die Augiteinsprenglinge nicht
mehr ihre ursprüngliche Form ganz ausfüllen, sondern teilweise
resorbiert erscheinen. Wo dieses Grösserwerden des Kornes um
die grossen Augitkrystalle herum zu bemerken ist, beobachtet man
fast stets eine Anhäufung von Glimmerblättchen, die sich hier
deutlich als secundär documentieren. Nun finden sich in der
Grundmasse an mehreren Stellen runde oder ovale Höfe, die begrenzt sind von einem Kranze groberen Kornes und angehäufter
secundärer Glimmerblättchen und Eisenerzkörnchen, ohne dass ein

Augiteinsprengling den Kern des Hofes bildet. Die oft länglich ausgezogene und die Gestalt der Augiteinsprenglinge andeutende Form
lässt sich dadurch erklären, dass an solchen Stellen entweder der Augit vollständig resorbiert worden ist, oder dass ein peripherischer
Schnitt vorliegt, der den im Centrum liegenden Augit nicht mehr traf.

Während nun die Hornfelsstructur des Gesteines sowie das
Auftreten des offenbar secundären Glimmers deutlich auf meta-
morphe Bildung hinweisen, kann man andrerseits an manchen
Merkmalen erkennen, dass die Metamorphose des Gesteines noch
nicht sehr weit fortgeschritten ist.   Vor allem lassen die zweifellos primären Augiteinsprenglinge deutlich die eruptive Natur des
Gesteines erkennen.   Ferner finden sich in der Grundmasse Stellen
vor, welche nicht ganz hornfelsartig aussehn, sondern gut idiomorphe Feldspathsleistchen im Gemenge mit den allotriomorphen
Augitkörnern aufweisen und so einen Teil der früheren ophitischen
Structur zu Tage treten lassen.   Es ist daher unzweifelhaft, dass
das Gestein ursprünglich eruptiv ist und der Gruppe der Diabase
und Melaphyre angehört.

Eine grosse Ähnlichkeit hat dieser Augitporphyrit mit einem
Teile der von Brögger [1] beschriebenen Augitporphyrit-hornfelse
von Langesundfjord, von denen mir einige Dünnschliffe zum Vergleich vorlagen.   Auch in diesen Gesteinen ist, wie aus der Beschreibung Brögges hervorgeht, eine deutliche Hornfelsstructur,
eine teilweise oder vollständig vor sich gegangene Resorption der
Augiteinsprenglinge, eine Ausfüllung derselben mit schwarzen mikrolithischen Nadeln in zwei Richtungen, sowie eine randliche Umwandlung des Augits in Biotit zu erkennen.   Die Metamorphose
ist jedoch bei den norwegischen Augitporphyriten meist weiter vorgeschritten als bei unserem Gesteine, es zeigen die ersteren auch
eine Umwandlung des Augites in Amphibol, welche an dem Gesteine von Poutelitschorr nicht zu beobachten ist.   Bei den norwegischen Augitporphyriten ist die Umwandlung durch Contacteinwirkung des angrenzenden Augitsyenitmassives, welches jüngeren

---

[1] W. C. Brögger, Die Spaltenverwerfungen in der Gegend Langesund-
Skien. Nyt Magazin for Naturvidenskaberne. 28 Bd. 1884. pag. 253.

Alters ist als die Augitporphyrite, entstanden. Bei dem Augitporphyrit vom Umptek konnte es zwar durch Beobachtungen an Ort und Stelle nicht festgestellt werden, ob er einen Gang im Nephelinsyenite bildet, also jünger ist als dieser, oder ob er ein älteres im Contact mit dem Nephelinsyenit befindliches Gestein ausmacht. Seine Hornfelsstructur lässt jedoch die Annahme einer an ihm vor sich gegangenen Contactmetamorphose am wahrscheinlichsten erscheinen. Jedenfalls würde hier eine erneute detaillirte Untersuchung der Localität erwünscht sein.

Interessant ist es jedoch, dass »Gänge von Augitporphyrit» auch am westlichen Rande des Umptek nach den Mitteilungen von M. MELNIKOFF [1], der diese Gegend im Jahr 1890 besuchte, vorkommen sollen. Nach seiner Beschreibung zu urteilen, hat dort das Gestein grosse Ähnlichkeit mit dem unsrigen. Es ist ebenfalls ein dichtes schwarzes Gestein mit porphyrisch eingestreuten Augiteinsprenglingen. Diese Augiteinsprenglinge liegen in einer Grundmasse, die aus Augit, Biotit, Feldspath und Magnetit besteht. Diese vier Mineralien sind in demselben Mengenverhältnisse vorhanden wie in unserem Gesteine, der Feldspath besteht jedoch nach MELNIKOFF meist aus Orthoklas.

Der Augitporphyrit vom Poutelitschorr wurde von H. BERGHELL analysiert, und die Analyse ergab folgende in Procentzahlen ausgedrückte Zusammensetzung:

$$
\begin{array}{ll}
SiO_2 & 48.87 \\
TiO_2 & 0.72 \\
Al_2O_3 & 12.11 \\
Fe_2O_3 & 3.17 \\
FeO & 10.21 \\
CaO & 15.18 \\
MgO & 3.52 \\
MnO & \text{Spur} \\
K_2O & 1.81 \\
Na_2O & 5.11 \\
H_2O & 0.58 \\
\hline
& 101.28
\end{array}
$$

Spec. Gew. $= 3.1$

---

[1] M. Π. Мельниковъ, Матеріалы по геологіи Кольскаго полуострова. Verhandl. der Russisch-Kaiserl. Mineralog. Ges. zu St. Petersburg. 2. Serie. 30. Bd. pag. 233.

Wie aus dieser Analyse hervorgeht, ist für dieses Gestein
der hohe Gehalt an Eisen und Kalk bemerkenswert, der sich mineralogisch in dem ausserordentlichen Reichtum an Augit ausspricht.
Der Kalkgehalt hat wohl auch zu einem gewissen Teile seine Ursache im Vorhandensein von Kalknatronfeldspath, auf welchen
auch das Vorwiegen von Natron vor Kali, da weder Nephelin
noch Na-haltige Bisilikate vorhanden sind, hinweist. Der Gehalt
an Ti O_2 bestätigt, da kein Titanit sich vorfindet, das Vorhandensein von Titaneisenerz.

Die hier beschriebenen Gesteine des Umptekmassives sind
in ihrer petrographischen Reihenfolge dargestellt worden. Fasst
man ihr geologisches Auftreten und ihre gegenseitigen Altersver-
hältnisse ins Auge, so kann natürlich nicht dieselbe Reihenfolge
beibehalten werden. Der zuletzt beschriebene Augitporphyrit muss wohl als die älteste Bildung angesehn werden,
falls er wirklich, worauf seine Hornfelsstructur hindeutet, ein
contactmetamorphes Gestein ist. Seine Metamorphose kann alsdann nur durch den angrenzenden Nephelinsyenit verursacht sein,
und er muss also bereits vorhanden gewesen sein, als die Eruption
des Nephelinsyenitmagmas statt fand. Die Hauptmasse dieses Nephelinsyenitmagmas, welches in eine zwischen älteren Gesteinen
entstandene Dislocationsspalte eindrang und hier die Bildung eines
Laccolithen verursachte, ist natürlich in der Form des allgemein
über das Massiv verbreiteten Haupttypus (siehe N:o I und II
der Tabelle pag. 196) mit seinen geringen localen Abweichungen
in der Art der Zusammensetzung und des Aufbaus der Gemengteile, zur Erstarrung gelangt. Nach der Eruption dieser Hauptmasse des Magmas hat längere Zeit hindurch erneutes Nachdrin-
gen von Magma statt gefunden. Die chemische Zusammensetzung
des nachdringenden Magmas hat manche Veränderungen aufzuweisen, welche den einzelnen Eruptionsperioden entsprechen und als
Producte der im Magma vorsichgegangenen Spaltungen anzusehen
sind. Die verschiedenen Varietäten und begleitenden Gesteine,

welche als Lagergänge und als eigentliche Gänge das Hauptgestein durchqueren, sind die Beweise dieser fortgesetzten Eruptionsthätigkeit. Die angefertigten Analysen, die in der hier beigefügten Tabelle noch einmal zur Übersicht zusammengestellt sind, geben ein ungefähres Bild der herrschenden chemischen Differenzen.

Die Reihenfolge dieser nachfolgenden Eruptionsthätigkeit kann man sich wohl in folgender Weise vorstellen: Unmittelbar nach der vollendeten oder vielleicht noch nicht ganz vollendeten Erstarrung des Hauptgesteines folgte eine Ergiessung von Magma von grösserer Acidität, als die des vorhergegangenen Magmas war, in die durch die Erstarrung des Hauptgesteines entstandenen horizontalen Bankungsklüfte. Dadurch entstanden die zahlreichen Lagergänge der mittel- bis feinkörnigen Nephelinsyenitvarietäten (siehe N:o IV und V der Tabelle). Auch die mittel- bis grobkörnigen Nephelinsyenitporphyre und der trachytoide Nephelinsyenit gehören zu dieser unmittelbar der Haupteruption nachfolgenden Eruptionsperiode. Hierauf folgte eine Ergiessung von bedeutend basischerem Magma ebenfalls noch in die horizontalen Absonderungsklüfte, wobei der dichte Nephelinporphyr (N:o VI) und der ihn begleitende mittel- bis feinkörnige Nephelinsyenitporphyr sowie der Ijolith vom Kaljokthal (N:o VII) und wohl auch der Theralith (N:o VIII) zur Bildung gelangten. Zugleich mit einem Teile der Kieselsäure hat das Magma bei der hierbei vollzogenen Spaltung von seinem Thonerde- und Alkaligehalte eingebüsst und dagegen an Eisen, Kalk und Magnesia eine bedeutende Anreicherung erhalten. Dieser Vorgang zeigt sich bei dem Nephelinporphyre in seinem Beginne, während er im Theralith am stärksten ausgeprägt ist.

Den Abschluss der Eruption haben zuletzt die in Form eigentlicher Gänge das Massiv durchbrechenden Gesteine gebildet. Sie haben sich durch spätere quer zur Bankungsrichtung im Gesteine entstandene Klüfte Bahn gebrochen und bilden deutlich die jüngste Eruptionsfacies. In dieser Facies gelangte wiederum teils ein Magma mit einer von der des Haupttypus kaum abweichenden Zusammensetzung, teils ein basischeres Magma zum Durchbruch.

Dem ersteren entsprechen die Gänge von feinschiefrigem Nephelinsyenit und die Tinguaite (N:o III), dem letzteren der orthoklasführende Ijolith und der Monchiquit.

	I	II	III	IV	V	VI	VII	VIII	IX
Si O_2	54.14	52.25	54.46	57.78	56.40	45.64	46.63	46.53	48.87
Ti O_2	0.95	0.60	Spur	1.83	0.84	2.44	1.12	2.99	0.72
Zr O_2	0.92	—	—	—	—	—	—	—	—
$Al_2 O_3$	20.61	22.24	19.96	15.45	21.36	19.50	15.03	14.31	12.11
$Fe_2 O_3$	3.28	2.42	2.34	3.06	2.96	3.47	5.91	3.61	3.17
Fe O.....	2.08	1.98	3.33	3.11	2.39	3.34	5.09	8.15	10.21
Mn O	0.25	0.53	Spur	0.98	0.49	0.19	Spur	0.22	Spur
Ca O	1.85	1.54	2.12	1.72	1.81	4.45	11.23	12.13	15.18
Mg O	0.83	0.96	0.61	1.13	0.90	3.04	3.47	6.56	3.52
K_2 O.....	5.25	6.13	2.76	2.89	4.83	6.96	1.96	1.58	1.81
Na_2 O....	9.87	9.78	8.68	11.03	8.57	11.57	8.16	4.95	5.11
Cl	0.12	—	—	—	—	—	—	—	—
H_2 O..... (Glühverl.)	0.40	0.73	5.20	0.94	0.01	0.16	0.35	0.20	0.58
	100.55	99.16	99.46	99.92	100.56	100.76	98.95	101.23	101.28

I }
II } Der Haupttypus des Nephelinsyenites. { vom Tschasnatschorr. / von Rabots Spitze.

III   Tinguait vom Njurjavrpachk.

IV   Mittel- bis feinkörniger Nephelinsyenit von Tuoljlucht.

V   Mittel- bis feinkörniger Nephelinsyenit vom Poutelitschorr.

VI   Dichter Nephelinporphyr vom Wudjavrtschorr.

VII   Ijolith vom Kaljokthal.

VIII   Theralith vom Tachtarwum.

IX   Augitporphyrit vom Poutelitschorr.

Endomorphe Modificationen und endogene Contactverhältnisse des Nephelinsyenites im Umptek.

Von

W. Ramsay.

In diesem Abschnitt werden die fluidalflasrigen Nephelinsyenite im östlichen Chibinä, die Umptekite, die aplitischen Gänge im Gneissgranitgebiet im NE sowie die durch Imprägnation von Nephelinsyenit in Sillimanitgneiss entstandene Contactzone am Lestiware petrographisch beschrieben werden.

Fluidalflasrige Nephelinsyenite.

Parallelstructuren treten häufig in den Nephelinsyeniten des Umptek auf. Schon im grosskörnigen Hauptgestein wurde eine mehr oder weniger deutliche subparallele Anordnung der dick tafelförmigen Feldspäthe nicht selten beobachtet, sehr ausgeprägt aber ist diese Structur in den von V. Hackman beschriebenen »Nephelinsyenit mit trachytoider Structur» (S. 142) und «Feinschiefrigen Nephelinsyenit» (S. 143). Während es sich doch hier nur um einen primären, sei es von der Fluctuation des Magmas, oder durch die Nähe der Begrenzung beeinflussten Krystallisationsvorgang handelt, zeigen die auf der Seite 85 erwähnten fluidalflasrigen Nephelinsyenite im Schur Umptek ein ganz anderes Aussehen (Tafel XIX, Fig. 1 u. 3). Die linsenförmigen und flatschenähnlichen Gestalten der in einer Richtung ausgezogenen Partien, die von dunklen Mineralhäuten umgeben werden, lenken den Gedanken in erster Linie auf eine Erscheinung der Druckschiefrigkeit hin. Indessen sind alle Bestandtheile dieser Bildungen lau-

ter solche Mineralien, die den Nephelinsyeniten und ihren Pegmatiten eigen sind, während man, wenn die Structur von äusserer
mechanischer Einwirkung abhängen würde, derartige Neubildungen
erwarten könnte, welche auf Quetschzonen in gepressten massigen
Gesteinen zu entstehen pflegen. Zertrümmerte Gemengtheile kommen allerdings vor, aber Spuren einer gewaltigen Dislocationsme-
tamorphose sieht man nicht. Es liegen hier vielmehr Erscheinungen von »Protoklas» im Sinne Brögger's vor. Wie ich mir ihre
Entstehung vorstelle, habe ich auf der Seite 86 ausgelegt. Unter
früher in Nephelinsyeniten beschriebenen Bildungen dieser Art
zeigen die Grenzzonen der südnorwegischen Augitsyenite [1] und der
grönländischen Nephelinsyenite [2] die grössten Ähnlichkeiten mit
den fluidalflasrigen Gesteinen des Umptek.

Da diese Gesteine grosse Mengen von den in den Pegmatiten
ausgeschiedenen Mineralien enthalten, scheint ihre Bildung zum
Theil in die letzte Zeit der eruptiven Thätigkeit zu fallen. Doch
sind sie älter als der Tinguait, denn im Njurjavrpachk durchsetzen
die Gänge desselben die fluidalflasrigen Nephelinsyenite.

Man kann mehrere Varietäten unter diesen Gesteinen unterscheiden. Der grössere Theil des Njurjavrpachk besteht aus einer
eudialytfreien Abart, welche überwiegend helle Bestandtheile enthält, welche sich in abwechselnd nephelin- und feldspathreicheren
Bändern und Linsen angesammelt haben (Tafel XIX, Fig. 3). Wir
wollen diese Varietät die erste nennen. Eine zweite Varietät
ist durch dunkle Mineralhäute, welche die linsenförmigen Augen
der helleren Bestandtheile umschliessen, und durch ihr Gehalt an
Eudialyt characterisirt (Tafel XIX, Fig. 1). Sie tritt, ausser im Njurjavrpachk, im Eweslogtschorr und im nördlichen Nebenthal des
Wuennumwum auf. In den um Eweslogtschorr herum liegenden
Bergen geht sie in eine feinschiefrige Varietät über, die als dritte
Varietät bezeichnet werden soll. Unter diesen grössere Gebiete

---

[1] W. C. Brögger, Zeitschrift für Krystallographie XVI. Allg. Theil. pag.
101 u. ff.

[2] N. V. Ussing, Graensefaciesdannelser i Nephelinsyenit. Forh. ved det
14 skandinaviske Naturforskermöde. Kopenhagen 1892. pag. 443.

umfassenden Gesteinen kommen kleinere Partien vor, die wohl
mehr als zufällige Mineralanhäufungen, denn als wirkliche Gesteine
aufzufassen sind. So besteht z. B. im Nebenthal des Wuennumwum ein kleiner Hügel aus einem schiefrigen Gemenge von Nephelin, Eudialyt, sehr viel Astrophyllit und Arfvedsonit (Vierte
Varietät). An anderen Stellen, im Njurjavrpachk, finden sich grosskrystalline Schlieren die nur aus langstengeliger Hornblende und
aus Feldspath zusammengesetzt sind.

Die eudialytfreie Varietät besteht aus Orthoklas, Mikroklin, Albit, Nephelin, Cancrinit, Ägirin, Arfvedsonit,
Apatit, Titanit und Natrolith. Die eudialytführenden Varietäten enthalten mit Ausnahme des Cancrinites dieselben Mineralien
und ausserdem Eudialyt, Astrophyllit, Ainigmatit, Pyrochlor und Perowskit.

In allen Varietäten kommen ungefähr dieselben Feldspathe
vor. Verhältnissmässig selten findet man Bruchstücke von Mikroklinmikroperthit, welcher mit dem des grosskörnigen normalen
Nephelinsyenites übereinstimmt (S. 103). Im Gegentheil herrschen
hier Orthoklas und Mikroklin vor. Sie bilden ziemlich grosse Körner mit corrodirter und oft deutlich zertrümmerter Begrenzung.
Der Orthoklas überwiegt und tritt in einheitlichen Individuen auf,
die oft von secundären Albitadern und -nestern erfüllt sind. Wo
Mikroklin vorhanden ist, zeigt er die gewöhnliche Kreuzgitterstructur, welche sonst nicht an den Mikroklinen der Nephelinsyenite des Umptek und des Lujavr-Urt beobachtet worden ist.
Es ist zu bemerken, dass dieser Fall von Kreuzgitterstructur im
Mikroklin hier, wie im Ditróer-Gestein, im Zusammenhang mit
Zertrümmerungs- und Druckerscheinungen gestellt werden kann.
Ausser den Adern im Orthoklas bildet der Albit selbständige kleinere leistenförmige polysynthetische Individuen, die wie eine Art
von Mörtel zwischen den grösseren Körnern der Kalifeldspathe
liegen. Der Orthoklas und der Mikroklin schliessen staubähnliche
Interpositionen und Flüssigkeitsporen ein. Stellenweise, besonders
in der zweiten Varietät hat eine Zeolithisirung der Feldspäthe stattgefunden, wobei Natrolith sich gebildet hat.

Auch der Nephelin tritt in allotriomorphen Körner auf, oft in Haufen von mehreren Individuen, die zahlreiche feine, parallel der c-Axe des Wirthes gerichtete Ägirinnädelchen in ihrem Inneren beherbergen, während eine breite Randzone davon frei ist. Flüssigkeitseinschlüsse und Natrolithbildung kommen vor.

In der ersten Varietät findet man hier und da Cancrinit. Dieses farblose Mineral ist an seiner schwachen Licht- und hohen Doppelbrechung sowie dem optisch negativen Character leicht erkenntlich. Durch Behandeln mit Salzsäure wurde sein CO_2-Gehalt nachgewiesen. Es bildet lange Prismen, die an den Enden von Pyramidenflächen begrenzt werden. Deutliche Spaltrisse nach (0001) sind vorhanden, und längs derselben hat eine Umwandelung des Minerales begonnen, wobei eine optisch gleich orientirte, aber schwacher doppelbrechende Substanz sich gebildet hat. Einzelne Ägirinnädelchen finden sich eingeschlossen vor. Es unterliegt keinem Zweifel, dass der Cancrinit hier ein ebenso ursprünglicher Bestandtheil des Gesteines ist, wie die Feldspathe und der Nephelin, denn ausserdem, dass er idiomorph ist, befindet er sich häufig im Orthoklas eingewachsen.

In allen Varietäten, mit Ausnahme der ersten, ist Eudialyt in einschlussfreien, bis zu 0.5 cm dicken Krystallen, die am häufigsten abgerundete Ecken zeigen und oft in mehrere Stücke zerquetscht sind, reichlich vorhanden. Man findet in ihnen einen ähnlichen zonaren Bau und Theilung in »Anwachskegeln« [1], die ich schon früher beschrieben habe. [2] Auch hier tritt negativer Eukolit in Verwachsung mit positivem Eudialyt und zwar meistens in den gegen (0001) gerichteten Feldern auf. Ausserdem ensteht durch Zersetzung längs den Spaltrissen eine optisch negative einaxige Substanz, die stärker doppelbrechend ist, als der frische Eudialyt und Eukolit, welche im Dünnschliffe nur graue oder dieselben characteristischen blauen Interferenzfarben zeigen, wie z. B. Zoisit

---

[1] F. Becke, Der Aufbau der Krystalle aus Anwachskegeln. Lotos. Neue Folge. Bd. XIV. Prag 1894. p. 1.

[2] Neues Jahrb. für Miner. etc. Beil.-Bd. VIII. 1893. p. 722.

und gewisse Chloritarten. Die Zeolithisirung, welche Feldspath und Nephelin angegriffen hat, scheint den Eudialyt unberührt gelassen zu haben.

Der saftgrün bis gelblich pleochroitische Ägirin besitzt die gewöhnlichen Eigenschaften. In Feldspath oder Nephelin eingewachsen, zeigt er meistens Krystallbegrenzung in der Prismenzone. Sonst bildet er in der ersten Varietät mit Arfvedsonit zusammen derbe Häufchen zwischen den hellen Gemengtheilen und in der zweiten Abart mit Astrophyllit zusammen die dunklen Mineralhäute, in denen die langstengeligen Individuen am häufigsten ungefähr parallel der Schiefrigkeitsrichtung liegen. Der Ägirin ist einschlussfrei.

Arfvedsonit kommt in unregelmässiger Durchdringung mit Ägirin in der ersten Varietät vor, und in der vierten Varietät bildet er kurze und dicke Säulen. Er zeigt folgende Absorptionsfarben:

$$\mathfrak{a} \quad > \quad \mathfrak{b} \quad > \quad \mathfrak{c}$$

dunkelblaugrün   blau stahlgrau   hellröthlichbraun

Die Dispersion der Mittellinien auf (010) ist auch hier bedeutend; annähernd wurde $\mathfrak{a} : \mathfrak{c} = 18°$ gemessen. Er scheint somit dem echten grönländischen Arfvedsonit näher zu kommen, als der von V. HACKMAN beschriebenen arfvedsonitähnliche Amphibol im Haupttypus der Umptekgesteine.

Ainigmatit tritt in der zweiten und dritten Varietät in den dunklen Mineralbändern recht häufig auf. Er ist durchaus allotriomorph, hat amphibolähnliche Spaltbarkeit mit stumpfem Winkel und zeigt eine starke Absorption mit schwarzbraunen und tiefrothen Farben. Seine optische Eigenschaften sind mit denen des in den Pegmatiten auftretenden Ainigmatites übereinstimmend.

Astrophyllit, welcher sonst nur in den Pegmatiten, aber nicht in den normalen Nephelinsyeniten des Umptek vorkommt, ist ein Hauptgemengtheil der dunklen Mineralhäute der zweiten, dritten und vierten Varietäten des fluidalflasrigen Nephelinsyenites. Meistens liegt seine blättrige Spaltbarkeit annähernd in der Schiefrigkeitsrichtung des Gesteines, sehr häufig findet man sie doch

senkrecht dagegen gerichtet. Der Astrophyllit ist jünger als der
Ägirin, dessen lange Stengel er umschliesst. Die mit der glimmerartigen Spaltbarkeit parallele Auslöschung und die Abwesenheit irgend einer Zwillingsbildung nach dem Tschermakschen
Gesetze beweisen, dass das Mineral rhombisch ist. Die zweite
Mittellinie a steht senkrecht zur Spaltbarkeit, c liegt parallel mit
der Längsrichtung der gestreckten Individuen. Die Doppelbrechung
ist hoch. Die Absorptionsfarben sind orangegelb—citronengelb,
und $a > b > c$.

Farbloser bis schwach röthlichgelber Titanit kommt selten
mit Krystallbegrenzung im Feldspath, meistens aber in körnigen
Massen auf den Quetschstellen unter den zuletzt gebildeten Mineralien vor. Apatit tritt in geringer Menge als Einschluss in den
älteren Bestandtheilen auf.

Ausser den aufgezählten Bestandtheilen findet man in der
zweiten Varietät winzige Kryställchen von zwei verschiedenen isotropen, sehr stark lichtbrechenden Mineralien. Der eine von ihnen,
der reichlicher vorhanden ist, wird hellgelb durchsichtig und ist
oft mit einem braunen Rande umgeben. Die Querschnitte weisen
auf die Rhombendodekaëderform hin, nach welcher auch eine Spaltbarkeit zu beobachten ist. Unter den meistens völlig isotropen
Individuen kann man einige wahrnehmen, in denen schwach doppelbrechende Partien vorhanden sind. Ich vermuthe, dass hier
Pyrochlor vorliegt, da unter den übrigen bekannten regulären
Gesteinsmineralien, besonders unter denen der Nephelinsyenite,
kein anderes diese Krystallform, Farbe und Lichtbrechung zu zeigen pflegt. Er befindet sich sowohl in den gefärbten Mineralien
als in den farblosen. Der Feldspath zeigt gewöhnlich um diese
Krystalle herum sternförmig ausstrahlende Risse. Das andere, weniger häufige, isotrope Mineral ist dunkelbraun durchsichtig und
zeigt quadratische Durchschnitte, die einem Octaëder oder Hexae-
der angehörig sein können. Wahrscheinlich liegt hier Perowskit
oder ein ihm nahestehendes Mineral vor. Für irgend eine chemische Bestimmung konnte weder von diesem noch vom anderen
ein Körnchen isolirt werden.

Während Zeolithe sich nur in geringem Grade in den normalen Nephelinsyeniten des Umptek gebildet haben, ist die zweite Varietät der fluidalflasrigen Gesteine stellenweise einer recht umfassenden Zeolithisirung auf Kosten des Feldspathes und des Nephelins ausgesetzt gewesen. Es ist ein faseriges Aggregat entstanden, deren einzelne Stengel stärker doppelbrechend als der Albit sind und parallel auslöschen. Sie sind optisch zweiaxig; die Mittelinie c entspricht ihrer Längsaxe. Alle diese Eigenschaften weisen auf Natrolith hin. In den grossen Feldspäthen hat die Zeolithbildung längs den Spaltrissen nach (001) angefangen, von welchen die Stengel nach beiden Seiten hin parallel (010) ausgewachsen sind. In einigen Partieen des Gesteines ist die Natholithbildung so weit fortgeschritten, dass die gefärbten Mineralien in einer dichten Spreusteinsmasse liegen.

Die mikroskopische Structur erweist in viel geringerem Grade, als man aus dem makroskopischen Aussehen erwarten konnte, Merkmale von Zertrümmerung der Bestandtheile und von Entstehung von Quetschstellen im Gestein. Doch sind die grossen Feldspäthe, die Nephelinindividuen und die Eudialytkrystalle oft zerbrochen. Zwischen ihnen bilden die Albitleisten und die gefärbten Mineralien eine Zwischenmasse ohne Spuren von Knickung oder Zertrümmerung. Meistens sind sie stengel- und blätterförmig in der Schiefrigkeitsebene des Gesteines ausgebildet; sehr oft sieht man doch auch, dass sie eine quergestellte Lage einnehmen, ein Beweis dafür dass sie an ihrem Platze als Füllmasse von Spalten auskrystallisirt sind. Es macht sich somit dieselbe Krystallisationsordnung in den fluidalflasrigen Nephelinsyeniten wie in den normalen geltend. Ein Theil des Ägirines ist nämlich als kleine Krystalle im Nephelin eingeschlossen. Die farblosen Mineralien aber sind doch viel früher ausgeschieden als die grosse Masse der farbigen. Denn nach ihrer Krystallisation wurden sie noch zerbrochen, ehe Ägirin, Arfvedsonit, Astrophyllit, Ainigmatit und Titanit auf den Quetschzonen sich bildeten.

Unter den verschiedenen Varietäten ist die erste am meisten dem Hauptgestein des Umptek ähnlich durch das Überwiegen der hellen Bestandtheile und die Anhäufung der dunklen Mineralien in derbe Massen. Die zweite und dritte Varietät mit den vielerlei farbigen Mineralien und der reichliche Zeolithbildung nähern sich den Pegmatiten.

Umptekit.

Mit diesem Name bezeichne ich die nephelinfreien oder äusserst nephelinarmen Syenite, welche an mehreren Stellen am Rande des Umptek auftreten. Von gewöhnlichen Syeniten unterscheiden sie sich durch ihren Gehalt an natronreichen Feldspäthen. Augitsyenite können sie nicht genannt werden, da ein Amphibol unter den dunklen Gemengtheilen überwiegt. Mit den Laurvikiten Brögger's kann man sie nicht vereinen, da sie eine ganz andere Structur und auch abweichende chemische und mineralogische Zusammensetzung haben, und der fehlende Quarzgehalt lässt sie nicht mit den Akeriten desselben Forschers vereinigen. Eine grosse Übereinsstimmung in der Zusammensetzung erweisen sie mit J. Fr. William's Pulaskite, und Handstücke von diesem sind solchen vom Umptekgestein sehr ähnlich, aber da eine porphyrische Structur dem typischen Pulaskit eigen sein soll, und eine solche im nephelinfreien Syenit des Chibinä nicht auftritt, habe ich für diesen den Namen Umptekit vorgezogen.

Typischer, nephelinfreier Umptekit wurde am Ufer des Umpjavr (S. 75) eingesammelt. Umptekit mit accessorischem Nephelin kommt am Contacte oberhalb des Kybinuaj (S. 57) und im Walepachkwarek vor, und nephelinarme Syenite, welche Übergänge zwischen dem Umptekit und dem normalen Nephelinsyenit des Chibinä bilden, sind am NE-Rande des Gebietes (S. 75) anzutreffen.

Die Umptekite sind gelblich graue Gesteine von wechselnder Korngrösse, feinkörnig bis zu grobkörnig, oft verschieden in Partieen, die wie Schlieren in einander auftreten. Die Structur ist vollkommen richtungslos. Makroskopisch erkennt man vor Allem dicke Individuen von Feldspath und derbe schwarze Flecken die meist aus einem Amphibol bestehen. Wenn Nephelin in etwas bedeutenderer Menge hinzutritt, werden die Feldspathe gewöhnlich

dick tafelförmig nach (010) wie im Nephelinsyenit des Chibinä·
typus.

Die chemische Zusammensetzung geht aus untenstehender, von
Dr. W. Petersson freundlichst ausgeführter Analyse (I) von Umpte·
kit vom Ufer des Umpjavr hervor. Zum Vergleich ist sie mit den
vom normalen Haupttypus des Umptek-Nephelinsyenites verfertigten quantitativen Analysen (II u. III) zusammengestellt:

	I	II	III
$Si O_2$	63.71 %	54.14	52.25
$Ti O_2$	0.86	1.87 (mit $Zr O_2$)	0.90
$Al_2 O_3$	16.59	20.61	22.24
$Fe_2 O_3$	2.92	3.28	2.42
Fe O	0.66	2.08	1.98
Mn O	0.20	0.25	0.53
Ca O	3.11	1.85	1.54
Mg O	0.90	0.83	0.96
$K_2 O$	2.79	5.25	6.13
$Na_2 O$	8.26	9.87	9.78
Glühverl.		0.52	0.73
im CO_2-Strom	0.19		
	100.19	100.55	99.16

Wie ersichtlich ist der Umptekit viel kieselsäurereicher als
der Nephelinsyenit. Da indessen trotz dem hohen Gehalt an $Si O_2$
Quarz nicht einmal accessorisch beobachtet worden ist, liess ich
zur Controlle noch einige Bestimmungen des $Si O_2$ mit folgendem
Resultat ausführen:

	$Si O_2$	$Al_2 O_3$
Der oben analysirte Umptekit	64.62	17.26
Ein anderer Umptekit vom Ufer des Umpjavr .	63.34	
Umptekit vom Westrande des Chibinä (mit ac-cessorischem Nephelin)	58.36	

Der reine, sauerste Umptekit, von welchem die obenste-
hende Analyse gemacht worden ist, nähert sich in chemischer
Hinsicht dem Pulaskite, gewissen saueren Akeriten und Nord-

markiten, zeigen dagegen grössere Unterschiede von den Laurvikiten, wie aus der untenstehenden Tabelle hervorgeht:

	Umptekit	I	II	III	IV	V	VI
SiO_2	63.71	64.04	60.45	60.03	62.52	59.92	58.88
TiO_2	0.86	0.62	—	—	—	—	—
Al_2O_3	16.69	17.92	20.14	20.76	14.13	16.07	20.30
Fe_2O_3	2.92	0.96	} 3.80	4.01	} 8.76	} 7.38	3.63
FeO	0.66	2.98		0.75			2.58
MnO	0.20	0.23	—	Sp.	—	—	—
CaO	3.11	1.00	1.68	2.62	3.36	4.56	3.03
MgO	0.90	0.59	1.27	0.80	1.50	2.07	0.79
K_2O	2.79	6.08	5.12	5.48	3.05	2.82	4.50
Na_2O	8.26	6.67	7.23	5.96	6.25	3.02	5.73
Glühv. od. H_2O	0.19	1.18	0.71	0.59	1.20	0.67	—
P_2O_5	—	—	—	0.07	—	—	.54
		100.19	101.37	100.40	101.07	99.39	97.89	100.99

I Nordmarkit. Zeitschr. für Kryst. XVI. Allg. Theil. pag. 54.

II   »   »   »   »   »   »   » pag. 57.

III Pulaskit, J. F. Williams. Igneous Rocks of Arkansas.

IV u. V. Akerit. Zeitschr. für Kryst. XVI. Allg. Theil. pag. 50.

VI. Laurvikit.   »   »   »   »   »   » pag. 31.

Der hohe SiO_2-Gehalt unterscheidet den Umptekit von den übrigen Gesteinen der Nephelinsyenitmassive auf der Halbinsel Kola. Von den nahestehenden Nordmarkiten scheint mir die nicht unbedeutende CaO Menge, sowie das auffallende Überwiegen des Natrons vor Kali, welcher Umstand auch dem Pulaskite und dem Akerit gegenüber characteristisch ist, ihn zu unterscheiden.

Mineralogisch zeichnet er sich durch den Mangel an Quarz und folgende Zusammensetzung aus: Kalinatronfeldspathe verschiedener Art, Nephelin (accessorisch), Sodalith (accessorisch), Arfvedsonitähnlicher Amphibol, Ägirin, Rosenbuschit(?), Biotit, Ainigmatit, Låvenit, Titanit, Apatit, Magnetit.

Die Feldspathe bilden die Hauptmasse des Gesteines. Unter ihnen findet man mit Ausnahme von kreuzlamellirtem Mikroklin fast alle bekannten Arten und Combinationen von Kali- und Natronfeldspathen. Die dicktafelförmigen Individuen in den Nephe-linführenden Umptekiten sind Mikroklinmikroperthite. In den ech-ten, nephelinfreien Umptekiten treten Orthoklasmikroperthit, Kryp-toperthit (im Sinne Ussing's), Orthoklas und Natronorthoklas auf. In fast allen Varietäten werden diese Feldspathindividuen äusserst von Albit umhüllt.

Der Mikroklinmikroperthit stimmt mit den von V. Hack-man oben beschriebenen (S. 103) überein. Schnitte annähernd nach (010) haben zwischen gekreuzten Nicols ein flammiges Aus-sehen durch Verwachsung von Mikroklin und Albit, wobei die Par-tien, welche langgestreckt oder mit ausgeprägter Lamellenform er-scheinen, den characteristischen Winkel 70°—72° mit den Spalt-rissen nach (001) bilden. In Schnitten senkrecht zu (010) sieht man ebenfalls die zwei Feldspatharten, äusserst fein lamellirten Albit und unregelmässige Felder von Mikroklin, die bald nach der einen bald nach der anderen Seite von (010) auslöschen, nie aber Kreuzgitterstructur aufweisen. Gewisse Partien, deren Auslöschungs-schiefen verschiedene Werthe zwischen denen des Albites und Mi-kroklines besitzen, sind wohl als submikroskopische Verwachsun-gen zu deuten.

Orthoklasmikroperthit ist besonders im Umptekite am Contacte beim Kybinuaj beobachtet worden. Die grossen, Feld-spathe, die gegenseitig ihre äusseren Begrenzungen beeinträchtigt haben, sind hauptsächlich nach (010) ausgedehnt. Ein Theil von ihnen stellt einfache Individuen, ein grosser Theil aber Zwillinge nach dem Carlsbader, und auch nach dem Bavenoer Gesetze vor. Die Hauptmasse derselben ist Orthoklas. Er bildet in jedem Indi-viduen ein einheitlich orientirtes Gerüst mit paralleler Auslöschung in Schnitten der Orthozone und kleinen Schiefen in Lagen, die sich (010) nähern. Dieses wird nun aber von Adern, Lamellen und grösseren Partien eines stärker doppelbrechenden Feldspathes, der zum grössten Theil Albit ist, ausgefüllt. Auf (010) bildet dieser feine, etwas unbestimmte Lamellen, welche wieder den Winkel ca. 70°—72° mit den Spaltrissen von (001) einschliessen. In den Schnitten buer zu (010) ist die Verwachsungsgrenze der beiden Feldspäthe weniger regelmässig, doch im Grossen ungefär parallel des b-Axe. Die Albitpartien zeigen meistens eine sehr zarte Zwillingsstreifung. Neben ihnen kommen aber auch Partien vor, die ungefähr dieselbe Doppelbrechung haben, aber ohne Zwillingsstreifung sind und parallel auslöschen. Sie sind ohne Zweifel einem Natronorthoklase angehörig.

Denn die grösste Menge der Feldspathe des eigentlichen, nephelinfreien Umptekites ist Orthoklas, Kryptoperthit und Natronorthoklas in Verwachsung. Dieser letzte besitzt eine Doppelbrechung von ungefähr gleicher Stärke wie Albit. Auf (010) scheint die Auslöschungsschiefe, $+14°—+15°$, etwas grösser zu sein, als W. C. Brögger und N. V. Ussing in den von ihnen untersuchten Natronorthoklasen gefunden haben. In Schnitten senkrecht zu (010) ist die Auslöschung 0° (parallel). Auch bei stärkster Vergrösserung sind weder Zwillingsstreifung noch kryptoperthische Einlagerungen anderer Feldspäthe zu beobachten. Indessen sind die Feldspathindividuen nicht allein aus diesem Natronorthoklas zusammengesetzt. Neben ihm treten schwächer doppelbrechende Felder auf, von welchen die grösseren Partien deutlich die Eigenschaften des Kaliorthoklases zeigen. Die Verwachsungen zwischen den beiden Orthoklasarten scheinen auf (010) etwas unbestimmt in der Richtung von 70°—74° mit den Spaltrissen nach (001) zu gehen. Auf (001) kann man Grenzen verfolgen, die allerdings nicht ganz gerade und scharfe, annähernd parallel mit den Tracen nach (110) gehen. Hierdurch erscheinen die Schnitte zwischen gekreuzten Nicols in rhombischen Rauten von verschiedener Doppelbrechung getheilt. Die Structur ist schon bei schwacher Vergrösserung sichtbar (Taf. X Fig. 5). Bei starker Vergrösserung findet man aber, dass von den Rauten mit niedrigerer Doppelbrechung äusserst feine und dünne Lamellen in die Felder mit höherer Interferenzfarbe ausstrahlen und zwar in dieselben Richtungen, welchen die erwähnten Verwachsgrenzen folgen. Hierdurch entstehen Partien, die grosse Ähnlichkeit mit den von N. V. Ussing beschriebenen Kryptoperthit mit Kreuzstreifungen auf (001) nach Richtungen, die 64° mit den Tracen nach (010) bilden.

Eine eingehendere Beschreibung dieser Feldspäthe soll in der den Mineralien gewidmeten Abtheilung dieser Abhandlung gegeben werden. Hier ist nur noch zu hervorzuheben, dass Orthoklasmikroperthit, Kryptoperthit und Natronorthoklas nur im nephelinfreien Umptekit auftreten, während der Mikroklinmikroperthit dem normalen grosskörnigen Nephelinsyenit vorbehalten ist. Es stimmt dies mit den Beobachtungen von W. C. Brögger und N. V. Ussino überein, nach welchen auch in Südnorwegen und auf Grönland, die drei erstgenannten Feldspatharten in den Augitsyeniten, nicht in den echten Nephelinsyeniten vorkommen.

Die aufgezählten Arten von Kali- und Natronfeldspath im Umptekit sind ohne Zweifel ursprünglichen Zusammenwachsungen, die zu den beim Erstarren des Gesteines zuerst auskrystallisirten Bestandtheilen gehören. Um die so gestalteten Individuen herum befindet sich aber sehr häufig eine Hülle von Albit mit breiten Zwillingslamellen, ähnlich dem von V. Hackman im grosskörnigen Nephelinsyenit erwähnten Fall (S. 109). Die Verwachsung ist gewöhnlich annähernd krystallographisch parallel. Am dicksten sind die Albitränder dort, wo Zwischenräume zwischen den Feldspäthen sich vorfanden, z. B. an den Wänden der von dunklen Minerallen später erfüllten Miarolen. Sie sind deutlich später entstanden als die Kerne; doch können sie nicht als Resultate von Corrosions- und Neubildungsprocessen nach dem völligen Erstarren des Gesteines aufgefasst werden, denn sie treten in mikropegmatitischer Verwachsung mit Ägirin und Amphibol auf.

Die Feldspäthe sind frisch und auffallend frei von Einschlüssen. Mit Ausnahme von einzelnen Titanit- und Apatitkörnchen, findet man nur einige Ägirine, die dann immer mikropegmatitisch ausgebildet sind (Fig. 18).

Nephelin, welcher den sauersten Umptekit fehlt, tritt in den Übergangsgliedern zwischen ihm und dem Nephelinsyenit accessorisch auf. Im Gegensatz zu seiner dem Feldspath gegenüber selbständigen Ausbildung in diesem Gestein, ist er hier durchwegs später auskrystallisirt. Daher kommt es wohl das er mehr Ägirinnädelchen als der Feldspath einschliesst.

Cancrinit wurde in einem nephelinführenden Umptekit angetroffen. Im Feldspath eingewachsen, zeigt er dieselben Kennzeichen primärer Entstehung wie der oben erwähnte Cancrinit (S. 200).

Ägirin mit den gewöhnlichen Farben und optischen Eigenschaften ist in den echten Umptekiten in geringer Menge im Feldspath eingeschlossen oder mit ihm randlich verwachsen. In beiden Fällen ist er schriftgranitisch ausgebildet (Fig. 18). Die Füllmasse zwischen den von (110) und (100) begrenzten mikropegmatitischen Verzweigungen des Ägirins ist zum Theil Feldspath. Noch häufiger aber ist es eine farblose isotrope Substanz mit niedriger Lichtbrechung. Der Kleinheit der Körne wegen habe ich keine chemische Bestimmungen ausführen können; wahrscheinlich liegt hier ein Mineral der Sodalith-gruppe vor. — In den nephelinführenden Übergangsgesteinen zwischen Umptekit und Nephelinsyenit kommt Ägirin ausserdem unter den Amphibol-partieen allotriomorph vor, und je mehr der Nephelingehalt zunimmt um so reichlicher tritt der Ägirin auf, wobei er am häufigsten radialstengeligen Aggregate unter den hellen Mineralien bildet.

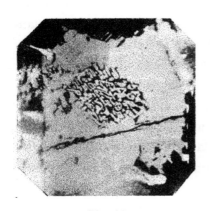

Fig. 18.   Fig. 19.

Während Ägirin unter den farbigen Mineralien des Nephelinsyenites vom Chibinätypus vorherrscht, besteht die Hauptmasse der dunklen Bestandtheile des echten Umptekites aus einem Amphibol, welcher dem Arfvedsonit nahe kommt, aber durch grosse

Auslöschungsschiefen und etwas abweichende Absorptionsfarben sich von ihm unterscheidet. Es scheint ein Glied einer Hornblende-Riebeckitreihe zu sein, zu welcher auch der Arfvedsonit selbst, Barkevikit und gewisse Krokydolithe zu zurechnen sein würden. Ich will diesen Amphibol Arfvedsonithornblende nennen in Übereinstimmung mit H. Rosenbusch' Bezeichnung Ägirinaugit für Pyroxene aus einer Ägirin-Augitreihe. Es ist derselbe Amphibol, den V. Hackman (S. 114) und Ch. Vélain (a. a. O. pag. 99) als Arfvedsonit beschrieben haben. Wie im grönländischen Arfvedsonit ist auch hier die der c-Axe am nächsten liegende optische Mittellinie α. Die Auslöschungsschiefe in der Symmetrieebene ist aber sehr gross. Im weissen Licht bekommt man die dunkelste Stellung ungefähr, wenn $\alpha : c = 37°$. Der grossen Dispersion der Bissectricen wegen ist diese aber nicht sicher zu bestimmen, denn anstatt vollständiger Auslöschung sieht man bläulich-violette Interferenzfarben. An einem nach (010) orientirten Schnitte wurde im Na-Licht gemessen $\alpha : c = 32°$. Für rothes Licht (rothes Glas) ist der Winkel kleiner, ca. 30°; für grünes (Glas) grösser, ca. 35°. So grosse Auslöschungsschiefen sind früher in Amphibolen nur in der basaltischen Hornblende von Arany ($c : c = 37° 12'$) und in den Amphibolen, welche J. Fr. Williams in dem dem ·Umptekit so nahe stehenden Pulaskit beobachtete. Der Pleochroismus folgt folgendem Schema:

α (grünblau) $= \mathfrak{b}$ (grau) $> c$ (röthlich braun).

Die Absorption ist sehr stark. Gewöhnlich gehen diese Arfvedsonit hornblenden in der Rändern in echten Arfvedsonit über, der viel kleinere Auslöschungsschiefe, $\alpha : c = $ ca. 20° im weissen Lichte und folgende Absorptionsfarben besitzt

α (grünblau) $\mathfrak{b}$ (lavendelblau) c (hellbräunlich)

Auch Ch. Vélain (a. a. O) beschreibt ein ähnliches Verhältniss im Arfvedsonit des von ihm untersuchten Nephelinsyenites vom Umptek.

Dieser Amphibol findet sich auch in den Pegmatiten im Umptek in gut ausgebildeten Krystallen, bei dessen Beschreibung die

Resultate einer eingehenden Untersuchung der Arfvedsonithornblende mitgetheilt werden sollen.

In den Umptekiten ist er durchaus allotriomorph. Er füllt
Zwischenräume zwischen den Feldspathen aus. Oft haben sich
mehrere Individuen zusammengehäuft, noch häufiger füllt ein ein-
ziger viel verzweigter Amphibol einen solchen Raum aus. (Fig. 19).
In beiden Fällen findet man regelmässig eine randliche schrift-
granitische Verwachsung von der Arfvedsonithornblende mit
Feldspath, aber nur mit der Hülle von Albit.

Hier und da treten unter den Amphibolpartieen kleine Körner von Ainigmatit auf, leicht erkenntlich an ihrer Spaltbarkeit,
starker Absorption und ihren schwarzbraunen bis tiefrothen Farben.

Biotit, der in den Nephelinsyeniten des Umptek ein seltener Bestandtheil ist, findet sich häufig in den derben Partieen von
dunklen Mineralien im Umptekit vor. Er hat einen sehr starken
Pleochroismus: tiefrothbraun bis röthlich gelb. Die optischen Axen
liegen in der Symmetrieebene. Der Axenwinkel beträgt 25°—30°.

Einzelne gelbe Körner eines monoklinen Minerales welche
im Feldspath liegen, scheinen Låvenit zu sein. Sie ermangeln
der Krystallformen, aber zeigen Zwillingsbildung, oft polysynthetisch wiederholt, nach einer Fläche, die ich für (100) halte. Senkrecht zu ihr, die auch eine gute Spaltungsrichtung ist, liegt die
optische Axenebene, und die Mittellinie c kommt ihrem Normalen
am nächsten, weil die Schnitte in der Richtung der Tracen dieser
Fläche immer optisch negativ sind. Die Doppelbrechung und die
Lichtbrechung sind hoch. Die Absorption ist:

$$c \text{ (braungelb)} > \mathfrak{b} \text{ (braungelb)} > \mathfrak{c} \text{ (hellgelb)}.$$

In den Haufen von farbigen Mineralien kommen noch derbe
Klumpen von Titanit vor. Spährlich treten er und auch einzelne
Apatit-säulchen im Feldspath auf.

Magnetit wird in den Arfvedsonit-partieen gefunden, oft mit
Octaederform.

Sehr selten habe ich kleine, vom Rhombendodekaëder begrenzten Krystallschnitte desselben stark lichtbrechenden, isotropen,

gelben Mineral gesehen, welches ich als Pyrochlor (S. 202) gedeutet habe.

In etwas grösserer Menge findet man in kleinen Zwischenräumen zwischen den Feldspäthen radialstenglige Aggregate eines farblosen stark lichtbrechenden Minerales hoher Doppelbrechung. Es ist zweiaxig; die einzelnen Individuen löschen parallel der Längsrichtung aus, welche die Axe der grössten Geschwindigkeit (α) ist. Dieses Mineral hat eine recht grosse Ähnlichkeit mit Büscheln von Rosenbuschit in Präparaten, die ich zum Vergleich untersuchte.

Der mineralogische Unterschied zwischen dem Umptekit und dem Nephelinsyenit vom Chibinätypus ist bereits bei der Erwähnung der einzelnen Mineralien hervorgehoben worden.

Die structurellen Differensen werden in erster Linie durch die Ausbildung der Feldspathe bedingt, welche, dicktafelförmig oder beinahe isometrisch ausgebildet, in hohem Grade ihre Formen gegenseitig beeinträchtigt haben. Sehr characteristisch sind die lappigen und fingerförmigen Umgrenzungen, mit denen sie in einander hineingreifen (Taf. X, Fig. 5). Ebenso giebt ihre Umrandung mit Albit und dessen Verwachsung mit der Arfvedsonithornblende dem Gestein ein eigenes Gepräge.

Wie im Nephelinsyenit vom Chibinätypus sind auch im Umptekit die allotriomorph erscheinenden Partien von dunklen Mineralien, vor Allem der Amphibol, später ausgeschieden als die hellen. Nur der verhältnissmässig spärliche mikropegmatitische Ägirin im Feldspath und die Nädelchen desselben im Nephelin sind älter oder gleichzeitig mit ihren Wirthen. Diese Krystallisationsreihenfolge kann nicht als ein einfaches langdauerndes Übergreifen der Ausscheidungsepochen der einzelnen Gemengtheile aufgefasst werden, sondern man findet sehr deutlich sowohl hier als im Nephelinsyenit (S. 126 u. ff.), im Pegmatit und in den fluidalflasrigen Varietäten, dass die Alkalithonerdesilicate schon auskrystallisirt waren, ehe die Hauptmasse der farbigen und eisenreichen Mineralien sich auszuscheiden anfingen. Allerdings kommt in allen diesen Gesteinen ein Theil des Ägirines im Feldspath und im Nephelin eingeschlossen vor. Aber die grosse Menge von Ägirin,

Arfvedsonithornblende, Titanit, Eudialyt u. a. füllen Zwischenräume aus, deren Begrenzung von den farblosen Mineralien bestimmt wird. Mehrere Umstände sprechen sogar dafür, dass ein Hiatus in der Krystallisation zwischen den hellen und den gefärbten Bestandtheilen sich vorfindet.

In den Pegmatiten z. B. ist die Ausscheidung des Eudialytes und des Ägirines so verspätet, dass es Spalten giebt die gar keinen Feldspath oder Nephelin enthalten (S. 88).

In den fluidalflasrigen Nephelinsyeniten kommen die beiden scharf getrennten Phasen der Krystallisation dadurch zum Vorschein, dass die Mineralien der ersteren Merkmale von Protoklas zeigen, die der letzteren solcher ermangeln (S. 203).

Im Umptekit selbst müssen die aus Orthoklasmikroperthit, Kryptoperthit und Natronorthoklas bestehenden Feldspathe älter als ihre Albithüllen sein. Diese aber sind gewiss früher oder höchstens gleichzeitig mit den Füllmassen von dunklen Bestandtheilen auskrystallisirt.

Obgleich, wie es scheint, immer an einer schmalen Randzone des Umptekmassives gebunden, tritt der Umptekit doch nicht allenthalben an den Contacten auf. Im SW grenzt an die contactmetamorphosirten Sedimente und an den Olivinstrahlsteinfels ein normaler Nephelinsyenit. Eine besondere Art von endogener Veränderung am Contacte zeigt dagegen der Nephelinsyenit, welcher im Berg südlich vom Jimjegorruaj über den Hypersthencordierithornfels liegt (S. 51). Während dieser äusserst von einer Glimmerhaut umgeben wird, ist der Syenit in 1—2 cm Breite in der Berührung mit ihm nephelinfrei und von ca. 1—2 mm dicken und bis zu cm-breiten Biotittafeln erfüllt, die alle senkrecht auf der Grenzfläche stehen. Dieser Biotit hat dieselben Eigenschaften, wie der des Umptekites.

Aplitische Gangbildungen.

Die in den Gneissgraniten und Graniten des Lestiware und des Walepachkwarek auftretenden, von mir als »aplitisch» bezeichneten Gangbildungen sind fein-zuckerkörnige, Granitapliten ähnliche Gesteine, die aus folgenden Mineralien bestehen: Mikroklin, Oligoklas, Albit als Hauptgemengtheile, spärlich Ägirin, Arfvedsonit und Titanit, sowie Biotit, Eudialyt, Quarz und Flusspath als zufällige Bestandtheile.

Die grösste Menge des Gesteines bilden der polysynthetische Albit und der Mikroklin mit Kreuzgitterstructur. Sie sind isometrisch entwickelt und entbehren deutlicher Krystallform, da das Gestein panidiomorph oder richtiger panallotriomorph ist. Stellenweise sieht man Partien mit Mörtelstructur, besonders dort wo der Oligoklas vorkommt. Er bildet grosse zerknickte und gebogene Körner, deren gequetschte Stellen mit Albit geheilt sind. Da dieser Oligoklas dem der Granite 2 u. 3 (S. 71) ähnlich ist, vermuthe ich, dass er aus Bruchstücke desselben herstammt, die im Aplite fein vertheilt sind. Von derselben Herkunft scheint mir der hier und da auftretende Quarz zu sein, sowie vielleicht auch die spärlichen braunen Biotitschuppen.

Die Zusammenhörigkeit dieses Gesteines mit den Nephelin-syeniten geht aus den allerdings spärlichen, aber doch characteristischen, farbigen Mineralien hervor. Unter ihnen ist Ägirin der häufigste. Zwischen den Feldspäthen auftretend, ist er allotriomorph, aber an seiner Spaltbarkeit und optischen Eigenschaften leicht erkenntlich. Nebst ihm kommt eine Amphibolart vor, die folgenden Plechroismus zeigt:

$$\mathfrak{a} \text{ (blaugrün)} > \mathfrak{b} \text{ (lavendelblau)} > \mathfrak{c} \text{ (gelb)},$$

wobei $\mathfrak{a} : \mathfrak{c} = $ ca. 15° gefunden wurde, welche Zahl doch der starken Bissectricendispersion wegen nicht ganz sicher ist. Unter allen Amphibolarten in den Umptek-gesteinen scheint dieser dem echten Arfvedsonit am nächsten zu kommen. [1] Sowohl makroskopisch als mikroskopisch erkennt man hier und da Eudialyt. Flusspath hat sich an einzelnen Stellen abgesetzt, und dort scheint der Feldspath gewöhnlich ausgefressen zu sein.

---

[1] Auf der Seite 73 ist er als Riebeckit erwähnt worden, eine auf Grund des negativen Characters der Längszone zuerst gemachte Bestimmung, welche leider dort nicht berichtigt wurde.

Diese Aplite sind nicht durch scharfe Grenzen vom den umgebenden Gesteinen getrennt, sondern gehen randlich in Breccien-
ähnliche Bildungen über, die aus Gneissgranitbruchstücken und
Albit-Arfvedsonitadern bestehen.

Sillimanitgneiss, mit Nephelinsyenit imprägnirt.

Die auf der Seite 73 beschriebene Contactzone am Lestiware
besteht aus einem auf Grund seiner petrographischen Beschaffenheit Sillimanitgneiss genannten schiefrigen Gesteine, zwischen dessen annähernd horizontalen, aufgeblätterten Schichten Nephelinsyenitmagma intrudirt worden ist. Von den unteren Schichten sind
einige 3—4 Meter breit. Zwischen ihnen und über ihnen haben
sich noch dünnere Partien abgelöst, von denen die dünnsten als
dunkle Schlieren im eingeschalteten Nephelinsyenit erscheinen.
Ein vollständiges Verschmelzen vom sedimentären Gestein mit dem
eruptiven hat doch nicht stattgefunden. Denn selbst wo die Schlieren schon mikroskopische Dimensionen besitzen, sieht man noch
immer eine scharfe Grenze zwischen ihnen und dem Magmage-
stein, welche so deutlich ist, dass man sie noch erkennt, wo die
Einschlüsse sich in einzelne Mineralien aufgelöst haben. Das mas-
sige Gestein seinerseits ist meistens grobkörnig und wie in feinen Adern überall in den Gneiss eingedrungen. Diese sind häufig
angeschwollen, so dass grosse dem Syenit zugehörigen Feldspathe
wie Augen im schiefrigen Gestein auftreten. Fig. XIX Tafel 2 zeigt
die Oberfläche eines Handstückes, in welchem die dichten dunkel-
violetten—schwarzen Partien aus dem schiefrigen Gestein herstammen, die helleren, grobkörnigen dem Massigen. Zunächst sollen die
beiden Gesteine, jedes für sich beschrieben werden

Der Sillimanitgneiss.

Ich habe diesen Namen für das Gestein gewählt, weil die
Dünnschliffe aus den dickeren Schichten ein gneissähnliches Aussehen zeigen, und weil Sillimanit ein sehr characteristischer und
reichlich vorhandener Bestandtheil ist. Die blättrigen und stenge-

ligen Mineralien sind in der Schiefrigkeitsrichtung angeordnet, und dazwischen liegt eine allotriomorphkörnige Quarz-Feldspathmasse. In dünneren Schichten dagegen ist eine Veränderung eingetroffen, welche für das Gestein den Namen Hornfels mehr berechtigt erscheinen lassen würde, denn erstens ist der Sillimanit nicht mehr vorhanden, die makroskopisch wahrnehmbare Schiefrigkeit ist verschwunden, und auch mikroskopisch sieht man nur ein regelloses Durcheinander der Gemengtheile.

Folgende Mineralien sind in diesem Gestein beobachtet worden: Quarz, Oligoklas, Biotit, Muscovit, Sillimanit, Zoisit, Granat, Spinell, Korund, Magnetit, Zirkon und als Zersetzungsproduct des Feldspathes Kaolin.

Der Quarz kommt in grosser Menge sowohl in den dickeren gneissähnlichen Schichten als in den dünnsten Schlieren vor und bildet zusammen mit dem Oligoklas, der bald breite Lamellen bald eine äusserst feine Streifung aufweist, eine allotriomorphkörnige Masse, deren Structur sich der sog. Pflasterstructur nähert.

Biotit ist reichlich vorhanden. In den gneissähnlichen Schichten bildet er auf den Schichtflächen parallelliegende grosse Blätter mit zerissenen Rändern. In den dünnen Schlieren hat er sich in Pflöcken von kleinen Schuppen angesammelt. Seine Absorptionsfarben sind braun bis blassbraun.

Muscovit findet sich in den gneissähnlichen Schichten, nicht in den Schlieren, und scheint aus dem Sillimanit entstanden zu sein.

Der Sillimanit, welcher nur in den dickeren Schichten vorkommt, bildet faserige, oft kerbenähnliche Aggregate zwischen den Quarz-Feldspathpartieen. Die Nadeln sind sehr fein und lang, an mehreren Stellen quer abgebrochen. Sie zeigen eine hohe Lichtbrechung, bedeutende Doppelbrechung und einen optisch positiven Character der Längszone. Unter ihnen befinden sich einzelne, auch parallel auslöschende Fasern mit optisch negativem Character der Längsrichtung und den bläulichen Interferenzfarben des Zoisites.

In den gneissähnlichen Schichten kommen grosse allotriomorphe Körner eines hellroth durchsichtigen Granates ohne optische Anomalien vor.

Sehr characteristisch für gewisse Schlieren sind die streifenartig ausgezogene Haufen von Spinell, Korund und Magnetit, die in den Quarz-Feldspathpartieen liegen. Die winzigen Spinellkörner, an ihrer Isotropie und hoher Lichtbrechung erkenntlich, sind theils reingrüner theils blaugraulich grüner Farbe, meistens rundlich allotriomorph oder tropfenähnlich ausgebildet. Der Korund tritt ebenfalls als ganz kleine, sehr stark lichtbrechende und schwach doppelbrechende, farblose bis bläuliche Körner auf, an denen man bisweilen isotrope hexagonale Umrisse sehen kann.

In den dickeren Schichten treten einzelne Zirkonkrystalle auf; in den mikroskopisch dünnen Schlieren sind unter den Biotithaufen Titanitkrystalle nicht selten.

Das eingeschaltete Eruptivgestein.

Es ist in dickeren Lagern dem Umptekit am meisten ähnlich, ist nephelinfrei und reich an aus Natronorthoklas und Kryptoperthit bestehenden Feldspathen, die mit zackigen Conturen in einander übergreifen. Unter den dunklen Bestandtheilen herrschen die Arfvedsonithornblende und Biotit vor. Dieser letzterer mit seinen rothbraunen—gelben Absorptionsfarben unterscheidet sich gut von dem braun—blassbraunem Glimmer der Einschlüsse.

Indessen entdeckt man noch unter den Natronorthoklas und Kryptoperthit eine Art von Feldspath, welche im Umptekit nicht wahrgenommen wurde. Sie zeigt eine äusserst zarte rechtwinkelige Kreuzlamellenstructur, wie Mikroklin. Da sie stellenweise in Natronorthoklas ohne scharfe Grenze übergeht, vermuthe ich, dass hier Natronmikroklin vorliegt, ohne doch die genügende Beweise dafür feststellen haben zu können. Besonders in den schmäleren Schichten wird dieser Feldspath häufig.

Eine ganz besondere Bildung kommt in den feinsten Adern und überall längs der Grenzen gegen die Schlieren zwischen gekreutzten Nicols zum Vorschein. Es sind allotriomorphe Körner, die augenscheinlich aus Feldspath bestehen, aber ausserdem voll rundliche oder etwas langgezogene Einschlüsse eines farblosen

Minerals sehr schwacher Licht- und Doppelbrechung sind. (Taf. X Fig. 6). Der Feldspath scheint die Eigenschaften des Natromikroklines in gewissen Schnitten zu haben, in anderen die des Orthoklases. Die Einschlüsse sind theils isotrop, theils schwach doppelbrechend; beim Behandeln mit Salzsäure und Fuchsinlösung wurden sie angegriffen und tingirt, während der Feldspath keine Einwirkung erlitt. Nach meiner Meinung tritt N e p h e l i n hier in m i k r o p e g m a t i t i - s c h e r   V e r w a c h s u n g   m i t   F e l d s p a t h auf. Alle Nephelinpartien sind parallelorientirt in demselben Feldspathkorn und scheinen im Bezug auf demselben ihre optische Axe parallel (010) zu haben.

Während Arfvedsonithornblende in den dickeren Umptekit ähnlichen Lagern vorherrscht, wird sie in den dünneren Adern und überall in den Randpartieen von Ägirin ersetzt. Besonders reichlich hat dieser sich an den Berührungsflächen gegen die Einschlüsse entwickelt. Seine kleine säulenförmige Krystalle, deren äussere Gestalt von den anderen Mineralien etwas beeinträchtigt ist, stehen dicht an einander oft ungefähr quer auf der Grenzfläche, welche dadurch sehr gut markirt ist, besonders da auf ihrer anderen Seite gewöhnlich eine reiche Biotitanhäufung vorkommt. Selbst die winzigsten Biotitblättchen oder Titanitkryställe, welche den Schlieren des Sedimentgesteines entstammen, werden im massigen Gesteine von einem Ägirinkränzchen umgeben.

Es ist deutlich, dass die Schichten und Schlieren vom Syenit metamorphosirt worden sind. Dafür spricht die Hornfelsstructur der dünneren Partien, die eigenthümliche Entwickelung des Biotites in schuppigen Pflöcken oder als rundliche Einschlüsse im Quarz, das Auftreten der Haufen von Spinelliden und von Korund, sowie vielleicht auch von Sillimanit in den dickeren Schichten, deren gneissähnliche Structur indessen wohl schon vor der Contactmetamorphose zu Stande gekommen war.

Wie die contactmetamorphosirten Sedimente am Ufer des Imandra, ruht auch der Sillimanitgneiss annähernd horizontal, discordant auf den aufgerichteten Gneissen· und Gneissgraniten. Ob er aber mit jenen Sedimenten geologisch zusammengehörig ist kann nicht gesagt werden. Gegen eine solche Annahme spricht der grosse petrographische Unterschied. Die Schichten auf der SW-Seite des Umptek sind reich an Pyroxen, Amphibol; die auf der NE-Seite enthalten Mineralien, die aus einer an Quarz und Thon reichen Masse entstanden sein können.

Berichtigungen.

S. 3 Z. 18 von oben	lies unentbehrlich	statt unentberlich
S. 5 Z. 17 von unten	» Maasstabe	» Maastaabe
S. 8 Z. 9 von oben	» 1115 km²	» 1145 km²
S. 9 Z. 11 von oben	» Gebirges	» Gebirge
S. 11 Z. 9 von unten	» erstreckenden	» erstrechenden
S. 29 Z. 12 von unten	» breiten	» breite
S. 30 Z. 5 von oben	» kleine	» kleinen
S. 32 Z. 6 von oben	» mindestens	» mindenstens
S. 32 Z. 3 von unten	» den Inseln	» der Inseln
S. 41 Z. 6 von oben	» ungeschichtetem	» ungeschichteten
S. 42 Z. 12 von unten	» weil	» denn
S. 44 Z. 15 von oben	» Landeises	» Landeis
S. 45 Z. 10 von oben	» älterer	» älteren
S. 55 Z. 12 von oben	» $Fe_2 O_3$	» $Fe_2 O_5$
S. 58 Z. 27 von oben	» Olivinstrahlsteinfels	» Olivinstrahlsteinsfels
S. 59 Z. 21 von unten	» Strahlsteinfels	» Strahlsteinsfels
S. 61 Z. 18 von oben	» »	» »
S. 75 Z. 2 von unten	» Namuajv	» Namuaj
S. 78 Z. 15 von unten	» Eruptivgebietes	» Eruplivgebiet
S. 79 Z. 2 von oben	» 1115 km²	» 1145 km²
S. 79 Z. 3 von oben	» 1600 km²	» 1630 km²
S. 79 In der Anm. 1.	ist »Allg. Th.» vor dem »p. 32» einzuschalten	
S. 90 Z. 8 von unten	lies Theilen	statt Theile
S. 99 Z. 14 von unten	» Man	» Mann
S. 107 Z. 13 von oben und ff.	lies Bissectrix	» Bisectrix
S. 110 In der Anm. 1.	ist »Spec. Teil» nach Bd. 1890 hinzuzufügen	
S. 117 In der Anm. 1.	» » » » » XVI	»
S. 119 In der Anm. 2.	» » » » Nephelinsyenit	»
S. 119 Z. 12 u. ff. von oben	lies Bissectrix	statt Bisectrix
S. 128 Z. 17 von oben	lies Individuen	» Individuem
S. 130 Z. 15 von oben	» Albitleistchen	» Albitleischen
S. 132 Z. 7 von oben	» John	» Jahn
S. 140 Z. 26 von oben	» $c : \alpha$	» $c : \alpha$
S. 148 Z. 16 von oben	» worden	» wurden
S. 179 Z. 32 von oben	» Bestandteilen	» Bestandsteilen

Erklärungen der Tafeln.

Tafel I.

Topographische Karte über die Gebirge Umptek und Lujavr-Urt. Maasstab: 1:200,000. Die Höhencurven, auf den Imandra bezogen, liegen in Abständen von je 100 M mit Ausnahme der höchsten von ihnen im Umptek (höher als 1100 M ü. d. I.), welche nur die Begrenzungen der Gipfel angeben.

Taf. I a auf durchsichtigem Papiere giebt die Marschrouten der Geologen sowie den Ort und die Richtung der auf den Tafeln III—IX reproducirten photographischen Aufnahmen an.

Tafel II.

Geologische Übersichtskarte des Nephelinsyenitgebietes. Im beigefügten schematischen Profile ist das Verhältniss der Höhe zur Länge 2:1.

Tafel III.

Fig. 1. Aussicht von SE über den See Jun Wudjavr im Umptek.

Fig. 2. Lappenlager auf der Insel Seitsul im Eneman. Die auf der Seite 37 erwähnten 3 horizontalen Terrassen aus Moränenmaterial befinden sich auf dem Abhange des zwischen den hohen Fichten sichtbaren Berges; leider treten sie in der Reproduction der Tafel nicht ganz deutlich hervor.

Tafel IV.

Fig. 1. Thal des Baches Jimjegorruaj auf der Westseite des Umptek. Ein typisches V-Thal.

Fig. 2. Das obere Ende des Thales des Tschilnisuajendsch im Lujavr-Urt. Ein typisches sog. »Taalgim» oder halbkesselförmig abgeschlossenes U-Thal.

Tafel V.

Fig. 1. Aussicht vom Berge Aikoaivendschtschorr im Umptek nach NW, die Plauteauform der Berge zeigend.

Fig. 2. Das Plateau auf dem Aikoaivendschtschorr. Eine sterile Steintundre, wo die durch Frostspaltung entstandenen Blöcke und Scherben noch in situ liegen.

Tafel VI.

Fig. 1. Das Delta in der Bucht Tuljlucht.

Fig. 2. Aussicht nach E vom Augwundastschorr, dem höchsten Punkte des Lujavr-Urt, die Plateauform dieses Gebirges zeigend. Im Hintergrund ist der See Seitjavr und eine Partie vom Lujavr sichtbar.

Tafel VII.

Fig. 1. Aussicht nach E vom Passe zwischen dem Jiditschwum und dem Kunwum im Umptek.

Fig. 2. Das Thal Kunwum im Umptek, ein typisches trogförmiges Thal, vom oberen Ende gesehen.

Tafel VIII.

Fig. 1. Bergwand auf der Nordseite des Baches Jimjegorruaj im Umptek.

Fig. 2. Schlucht am Westrande des Umptek. Beide Figuren zeigen die Absonderung und Verklüftung des Nephelinsyenites.

Tafel IX.

Fig. 1. Aussicht über den See Seitjavr im Lujavr-Urt nach dem Angwundastschorr zu.

Fig. 2. Aussicht über den Seitjavr nach dem Tschivruajthal, ein typisches U-Thal im Lujavr-Urt.

Tafel X.

Fig. 1. Imandrit. (S. 46). Eine mikropegmatitische Partie secundärer Entstehung. × Nicols. Vergr. 50:1.

Fig. 2. Hypersthencordierithornfels (S. 51). Ein Drilling von Cordierit, quer zum Prisma geschnitten. × Nicols. Vergr. 400:1.

Fig. 3. Plagioklasähnlicher polysynthetischer Cordierit. (S. 60). × Nicols. Vergr. 125:1.

Fig. 4. Contactmetamorphosierter, »Quarzitischer Gneiss« (S. 55) Bienenwabenstructur. Gew. Licht. Vergr. 125:1.

Fig. 5. Umptekit. (S. 206). Fingerförmig in einander hineingreifende Individuen von Orthoklasmikroperthit. × Nicols. Vergr. 50:1.

Fig. 6. Schliere von Nephelinsyenit im Sillimanitgneiss (S. 219). Die hellen Partien sind Feldspath mit dunklen Flecken von eingeschlossenen Nephelin. × Nicols. Vergr. 50:1.

Tafel XI.

Fig. 1. Feldspath randlich von einem Albitstreifen umgeben, im grobkörnigen Nephelinsyenit. In der Mitte ein Feldspathskrystall, reich an Einschlüssen, um ihn herum der sich hier weiss abhebende Albitring Vergr. 32:1.

Fig. 2. Dasselbe Phänomen im mittel- bis feinkörnigen Nephelinsyenit vom Poutelitschorr. Vergr. 65:1.

Tafel XII.

Fig. 1. Ägirin in seiner Form von den farblosen Mineralien beeinflusst, im mittel- bis feinkörnigen Nephelinsyenit vom Poutelitschorr. Die dunkle Partie in der Mitte ist Ägirin. Vergr. 65:1.

Fig. 2. Dieselbe Erscheinung im grobkörnigen Nephelinsyenit. Die dunklen Partien sind Ägirin. Vergr. 32:1.

Tafel XIII.

Fig. 1. Allotriomorpher Arfvedsonit im grobkörnigen Nephelinsyenit. Die dunklen Partien sind Arfvedsonit. Vergr. 65:1.

Fig. 2. Dasselbe im mittel- bis feinkörnigen Nephelinsyenit vom Südrande des Umptek. Vergr. 65:1.

Tafel XIV.

Fig. I. Poikilitische Verwachsung von Ägirin und Arfvedsonit im grobkörnigen Nephelinsyenit. In der Mitte der aus beiden Mineralien zusammengesetzte Krystall, in welchem die Arfvedsonitteile hell, die Ägirinteile dunkel hervortreten. Vergr. 65:1.

Fig. 2. Dieselbe Erscheinung im mittel- bis feinkörnigen Nephelinsyenite vom Poutelitschorr. In der Mitte bis nach unten sich erstreckend der zusammengesetzte Krystall, in welchem die fetzenartigen Teile von Ägirin und Arfvedsonit mit einander verwoben sind. Vergr. 65:1.

Tafel XV.

Fig. 1. Allotriomorpher Titanit im Arfvedsonit eingeschlossen. Das ganze Gesichtsfeld ist von einem Arfvedsonit-individuum mit parallelen Spaltrissen eingenommen, in der Mitte des letzteren jedoch allotriomorphe, mit stark schattierten Rand sich abhebende Titanitpartien, deren grösste wiederum den Querschnitt eines Arfvedsonitindividuums einschliesst. Grobkörniger Nephelinsyenit. Vergr. 115:1.

Fig. 2. Allotriomorpher Titanit, von Nephelin und Feldspathskrystallen in seiner Form beeinflusst. Die grauen von deutlichen schwarzen Rändern begrenzten und von Rissen durchzogenen Partien links oben und in der Mitte nach rechts zu sind Titanit. Mittel- bis feinkörniger Nephelinsyenitporphyr vom Wudjawrthal. Vergr. 65:1.

Tafel XVI.

Fig. 1. Parallel angeordnete Feldspathsleisten im Nephelinsyenit mit trachytoider Structur vom Kukiswumthal. Vergr. 32:1.

Fig. 2. Allotriomorpher Eudialyt im mittelkörnigen Pegmatit. Die schwarze Füllmasse, in welcher die hell erscheinenden Feldspathsleisten und Nephelinkrystalle eingeschlossen sind, bezeichnet den Eudialyt. Vergr. 32:1.

Tafel XVII.

Fig. 1. Theralit vom Tachtarwum. Das Gesichtsfeld ist wesentlich von winzigen Teilchen von Augit und Biotit, die wirr durcheinander liegen, eingenommen. Vergr. 65:1.

Fig. 2. Monchiquit vom Wudjawrtschorr. Die dunkle Grundmasse ist besäht mit Krystallen von Olivin und Augit. In der Mitte ein grosser Olivin-, rechts daneben ein Augitkrystall. Vergr. 65:1.

Tafel XVIII.

Fig. 1. Tinguait vom Njurjawrpachk. Die kleinen Ägirinnädelchen erscheinen hier schwarz, in dem filzigen fluidal struierten Gewebe derselben sind in grosser Menge rundliche oder längliche weisse Einschlüsse zu erkennen. Diese Einschlüsse bestehen meist aus isotropen Körnchen, Nephelin und Feldspath. Vergr. 65:1.

Fig. 2. Ein nach dem Bavenogesetze verzwillingter Orthoklaskrystall im Tinguaite vom Njorkpachk. Das eine Individuum hell, das andere dunkel. In dem hellen zwei Reihen weisser parallel mit den äusseren Krystallkanten verlaufender Albitpartien. Rechts oben ein sechsseitiger Durchschnitt eines eingeschlossenen Nephelinkrystalles. Vergr. 32:1.

Tafel XIX.

Fig. 1. Fluidalflasriger Nephelinsyenit. Zweite Varietät.

Fig. 2. Sillimannitgneiss und Nephelinsyenit. Die dunkleren Partien stellen die Sillimannitgneissschlieren vor.

Fig. 3. Fluidalflasriger Nephelinsyenit. Erste Varietät.

Ältere Gesteine.

- ▦ Amphibolpyroxenhornfels.
- ▦ Contactmetamorphosirte Sedimente.
- ▥ Gneiss.
- ▦ Gneissgranit.
- ∴ Granit.
- ⊗ Imandrit.
- ⌄ Chloritisirter Labradorporphyrit.
- ◆ Olivinstrahlsteinfels.
- ▮ Grünschiefer.
- Ⅰ Quarzitischer Gneiss.

Gesteine im Umptek.

- ⋎ Gross-, mittel- und feinkörnige Nephelinsyenite vom Chibinätypus.
- ∴ Umpteki.
- ⫴ Ns. Gänge von feinschiefrigem Nephelinsyenit.

Fluidalfasriger Nephelinsyenit.

- ≣ Tl. Tinguaitgänge.
- ⫶ Th. Theralith.
- I. Ijolith.
- – M. Monchiquit.
- ⇒ Sg. Einlagerungen von Sillimanitgneiss.
- ≡ Schlieren der Unterlage.

Gesteine im Lujavr Urt.

- ⣿ Lujavrit.
- ⫶ Eudialytlujavrit.
- ⋰ Lamprophyllitlujavrit, Lujavriporphyr etc.
- ⋎ Nephelinsyenit vom Chibinätypus.
- T. Tawit.
- I. Ijolith.

Basische Gänge: Augitporphyrit, Fourchit, Pikriporphyrit.

⊢—⅒—⊣

Fig. 1.
Am See Jun Wudjavr im Umptek. Aussicht von SE.

Fig. 2.
Lappenlager auf der Insel Seitsul im Imandra. Der Umptek im N.

Fig. 1.
Thal des Baches Jimjegorruaj im Umptek.

Fig. 2.
Das obere Thalende des Tschilnisuajendsch im Lujavr-Urt.

Fig. 1.
Aussicht nach NW vom Aikuaiwendstschorr; Umptek.

Fig. 2.
Plateau des Aikuaiwendstschorr im Umptek.

i

Fig. 1.
Das Delta in der Bucht Tuljlucht.

Fig. 2.
Aussicht nach E vom Angwundastschorr im Lujavr-Urt.

Fig. 1.
Aussicht nach E vom Passe zwischen dem Jiditschwum und
dem Kunwum im Umptek.

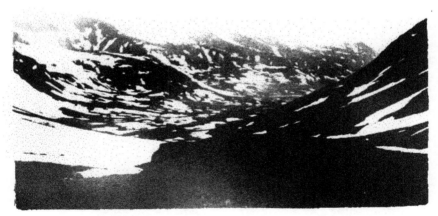

Fig. 2.
Das Thal Kunwum im Umptek, vom oberen Ende gesehen.

Fig. 2.

Schlucht am Westrande des Umptek in der Nähe
des Kuakrisnjark.

Fig. 1.

Bergwand auf der Nordseite des Baches
Jimjegorruaj im Umptek.

Fig. 2.
Aussicht über den See Seitjavr nach dem Tschivruajthal
im Lujavr-Urt.

Fig. 1.
Aussicht über den See Seitjavr im Lujavr-Urt nach dem
Angwundastschorr zu.